景观体验中的意象研究

李 璇 著

东南大学出版社
SOUTHEAST UNIVERSITY PRESS
·南京·

内 容 提 要

本书面对当代人景之间的关系异化、人对景观的感知粗糙等问题的出现，回归人与景观之间内在的精神关联，对体验视角下的景观意象进行梳理与研究，并结合理论与实例的双重视角，形成体验视角下的景观意象创构方法，为景观设计理论提供新的角度与思路。

本书可供环境艺术设计、景观设计、城市规划、建筑学等相关领域教师学生与研究人员阅读与参考。本书可作教材使用。

图书在版编目(CIP)数据

景观体验中的意象研究 / 李璇著. — 南京：东南大学出版社，2021.8
　ISBN　978-7-5641-9642-4

　Ⅰ.①景…　Ⅱ.①李…　Ⅲ.①景观设计-研究　Ⅳ.
①TU983

中国版本图书馆 CIP 数据核字(2021)第 170705 号

景观体验中的意象研究	Jingguan Tiyan Zhong De Yixiang Yanjiu

著　　者	李　璇
出版发行	东南大学出版社
社　　址	南京市四牌楼 2 号(邮编:210096)
出 版 人	江建中
责任编辑	胡　炼
经　　销	全国各地新华书店
印　　刷	江苏凤凰数码印务有限公司
开　　本	787 mm×1092 mm　1/16
印　　张	13.5
字　　数	328 千字
版　　次	2021 年 8 月第 1 版
印　　次	2021 年 8 月第 1 次印刷
书　　号	ISBN　978-7-5641-9642-4
定　　价	79.00 元

本社图书若有印装质量问题，请直接与营销部联系，电话:025-83791830。

前言 | Preface

　　随着快速城市化,人口加速向城市集中,专家预测 2050 年发展中国家将会有三分之二的人生活在城市中。在快速城市化的背景下,在经济利益的驱动下,景观流水线式生产形成的城市景观格式化、模式化、去精神化等现象,成为景观设计师迫切需要解决的问题。景观环境的简化与单一,让其无法吸引人们视觉、听觉、嗅觉等的注意,更难引发人们情感上的满足,景观丢失了它的叙事性(信息成分),也丢失了诗意的体验(丰富的表达),这使得人与景观间的冲突越来越激烈。维尔纳·努尔(Werner Nohl)曾指出,由于景观结构在连接人的感性需求方面的弱化,使得现在人们看到的景观在感知方面是单一的、被干扰的,并且缩小了景观感知领域。而这一弱化很可能使人的感知能力变得粗糙、贫瘠、失衡、异化。景观环境的生动印象总是更多地与可感知的景观体验相关联。凯文·林奇(Kevin Lynch)将人感知到的景观称为景观意象,景观意象是研究人景关系的桥梁,人与景的意象性关联,可使景观体验成为动态流畅的连续统一体,而不是景观与体验者没有联系与“交流”。因此,在当今的时代背景下,提出体验视角下的景观意象创构这一思考角度与方法,既十分重要又具有挑战性。

　　本书以体验视角下的景观意象创构为主要研究对象,对体验视角下的景观意象构成层级以及当代景观意象创构方法进行了系统的研究。将景观意象体验分为三个层级:景观意象的知觉感知、景观意象的情感感触、景观意象的符号感悟。结合理论与实例的双重视角,形成体验视角下的景观意象创构方法,为景观设计实践提供新角度与新思路,本书分成以下三个部分:

　　第一部分理论基础,包括绪论及意象构成与形成机制两个章节。绪论部分对现状问题,现有理论研究、内容、方法及意义进行了说明。第二章对景观意象演进与特征、意象的认知需要与审美需要、意象体验构成进行了论述,在理论基础部分主要强调了体验视角下的景观意象研究的重要性,并提出了意象体验构成的三个层次,为第二部分的论述奠定了基础。

第二部分由景观意象知觉感知、景观意象情感感触、景观意象符号感悟三个章节组成，它们是意象体验的三个层次，相互渗透又逐层加深。每个章节从理论出发，通过对理论的分析与总结，提出每部分在景观意象创构过程中，可以思考与创构的角度，并细致梳理，发掘出规律性的内容。

第三部分由景观意象创构原理与方法和景观意象创构实证剖析两部分构成。景观意象创构方法是以体验者与景观间的意象关系为出发点，以意象体验三个层次为基础，形成空间情境创构、沉浸体验创构、体验视角创构三种景观意象设计方法，并通过景观作品实例进行详细分析。

本书所论述的景观意象设计方法，不是对未来景观设计趋势的预测，也不是对其他景观设计方法持有否定的态度，而是希望在其他设计方法的基础上，加之以意象体验设计的思考，将景观设计回归到生活体验的基线上，从人景关系这一视角，寻找一种对解决当代景观问题有一定价值和意义的设计方法。

本书出版之际，感谢我的导师曹磊教授，在我每次陷入写作瓶颈，对内容难以取舍时，他都能切中要害，条分缕析，给我指出明确的方向。在追随曹磊教授学习的过程中，我在各方面收获颇多，曹磊教授治学思想深厚，治学眼界广阔，治学态度严谨，治学方法科学及与时俱进的科学态度，这些都让我受益匪浅。

感谢天津大学建筑学院曾坚教授、天津大学建筑学院刘庭风教授、天津大学建筑学院王洪成教授、天津大学建筑学院刘新华教授、天津大学建筑学院董雅教授、天津农学院园艺园林学院李双跃教授为本书提出的宝贵建议。

感谢河北工业大学与河北省健康人居环境重点实验室对本书出版给予的大力支持。

感谢我的朋友、同学，以及我求学道路上遇到的前辈们，和你们的交流让我开阔了视野。

我还要把本书献给我的家人，谢谢你们一如既往对我的关心与鼓励。是你们的理解和支持给了我源源不断的动力，让我可以战胜困难，不断向前！

目录 | Contents

第 *1* 章

绪　论

1.1　课题背景及问题提出

1.1.1　人与景观的意象关联

日常人们体验景观总是在一种非刻意的状态下,更多的是通过生活经验,而不仅仅凭视觉感受。他们对场所的生动印象总是与可感知的景观体验关联。景观空间与绘画、雕塑空间不同,景观空间将人完全包围住,人是身在其内的。景观对于人来说,不仅是客观的实体,还应该是参与其中的体验。它是与人类发生亲密互动的存在。叶朗先生在《美在意象》中指出:审美体验是人的一种精神文化活动,它的核心是以审美意象为对象的人生体验。在这种体验中,人的精神超越了"自我"的有限性,得到了一种自由和解放,回到人的精神家园,从而确证了自己的存在。王夫之曾写过"心目之所及,文情赴之",直接指出,意象是人的直接体验,是情景相融、是人的创造。"身之所历、目之所见、心目之所及"正是这体验最原始的含义。因此,景观体验实际上是指对景观的空间意象体验。①

---

① 叶朗.美在意象[M].北京:北京大学出版社,2010:78.

意象存在于人类生活的各种细节之中,意象是我们面对周围客观事物而产生的心理表象,是我们对世界认识的重要依据。当我们过马路时,看见迎面飞奔过来的汽车,会下意识地向后退,因为我们有和质量大的运动物体碰撞会对自己产生伤害的经验意象;当我们心情沮丧时,会觉得周围的一切看起来都很灰暗,其实外界没有任何改变只是由于情感的介入,使得我们头脑中呈现表象与情感结合,就形成与客观事物稍有区别的意象;我们每天都会重复性地做一些事情,比如早晨从家到单位,晚上从单位回家,我们不会迷路是因为在过去经验的基础上,已经形成了对周围环境的综合表象,既包括事件的简单顺序,也包括方向、距离,甚至时间的信息,类似于头脑中的地图模型。

同理,人们生活在这个世界上,无论身处闹市街区,还是在自然的田间地头,无论身处富丽堂皇的皇家庭院,还是在清秀迤逦的自然山川,面对情景化场面的不同,内心捕获的空间意象也截然不同。其中,那些或温馨或凄凉,或粗犷或温和的景观场面总会对人们的内心产生别样的触动,并在人们的意识中烙下深刻的意象。意象与感知、记忆有关,源于心理分析思想并且逐渐发展为一门意象理论学科。生活中所有的体验都会以意象的形式存储于脑海中,尤其是在三维空间中的运动和居住体验,则更加依赖于自身所存储的独特的意象。这些意象与客观事物和量化的知识不同,个体似乎拥有着无意识的和变化着的意象。如果我们了解怎样获得和修改自身的意象,就可以更好地领会感知的对象和我们所生活的周围的环境背景。帕拉斯玛在《碰撞与冲突——帕拉斯玛建筑随笔录》中说过:"如果我们想要体验出建筑的意义和感觉,成功的关键,就是建筑的效果必须能够与观赏者的意象相呼应。"①

1.1.2 当代城市对景观意象体验的忽视

意象是人与景观进行双向沟通的桥梁,景观环境中的任何体验都与意象有关。景观意象体验关注的是景观品质与人之间的精神交流关系,包括记忆、想象、思考及伴随其中的积极情感。凯文·林奇最早提出了城市意象的概念,经过分析,他归纳出环境意象由三部分组成,即个性、结构、意蕴。虽然他的环境意象概念是针对城市宏观层面提出的,但不可否认这三个部分也是形成景观意象的基础。

景观意象的个性是指作为景观场所的可区别性与可识别性。而当今,由于在快速全球化的背景和环境中以及在经济利益的驱动下,致使新建成的广场几乎一样、景观

---

① (芬)帕拉斯玛.碰撞与冲突:帕拉斯玛建筑随笔录[M].(德)美霞·乔丹,译.南京:东南大学出版社,2014:6.

大道几乎一样,甚至路灯标识也几乎都是统一模式,差不多的步行商业街、差不多的建筑形态、差不多的居住景观、差不多的口袋公园,千城一面,千景一面。景观设计者没有充分挖掘场地的物理特征与人文特征,未能使场地的潜在能量显现,无法创造出景观的独特性。城市景观的个性消失了,文化线索也断裂了,在这种情况下,景观丢失了它的叙事性(信息成分),也丢失了诗意的体验(丰富的表达)。我们逐渐生活在了一个"景观失忆(landscape amnesia)"的环境中,如库哈斯所说:"我们对城市的记忆正在消失,以后可能要靠图片来拼凑我们的记忆了……可识别性的消失导致大量没有历史、没有中心、没有特色的通俗城市的出现。"而记忆是人们借以穿越到过去经历的"剧场",是一个动态的中介,人们将体验到的过去的记忆加入到当下的体验与场所氛围中,并在心理及意识中重建当下体验的现象,这是诺伯格-舒尔茨称之为"场所精神"的具体表现,也是卒姆托称之为氛围的东西。它在特定的场景下被激活,从而影响当下的体验,同时也为未来提供了一个同过去有意义联系的方向。城市景观记忆通过时间与文化的线索使人可以穿梭于过去、当下和未来,景观的形成需要时间来使之生根发芽,开花结果。

意象的结构是指景观与体验者及景观元素与整个景观空间在形态上的关联。不仅需要考虑景观各部分布局与联系的方式,同时也需要考虑连续的体验过程和不同的体验模式的连接。人在城市中生活与体验一系列连续的感知时,每一个感知到的信息都将会成为引发接下来行为与体验的起因。丹·凯利接受罗宾·卡森(Robin Karson)被采访时曾说:"你必须唤醒人们,使他们更加感性,使他们去感受大地,这就是我们生活在这里的理由。"但是,当今景观的流水线式生产,已经使得景观简化到了一定的程度。对生活在其中的人们来说,当前景观的知觉刺激越来越少,景观无法吸引人们视觉、听觉的注意,并且当代城市景观很少能引发人们情感上的满足与兴奋,景观也不能够告诉观赏者任何东西,无论是感知的还是象征的。维尔纳·努尔(Werner Nohl)曾指出,景观结构在连接人的感性需求方面的弱化,使得现在的人们看到的景观在感知领域是单一的、被干扰的,并且缩小了人们的景观感知领域。而这一弱化很可能使人的感知能力变得粗糙、贫瘠、失衡、异化。

意象的意蕴是指客观物体需为观察者提供实用的或是情感上的意蕴。詹姆斯·科纳在《复兴景观是一场重要的文化运动》一文中说,当今对于景观的要求主要集中在对脆弱情感的保护特征上。情感语言是人对景观信息处理后所获得的抽象内容,是表达人对景观和景观构成元素作出的某种心理反应,在设计中我们把这种心理的抽象反应定义为情感语言。这种语言虽然是无声的,但却能使人与景观产生对话,产生"物我双向"的交流、互感。对景观意象的理论研究多集中在以认知心理学、环境心理学为基础的意象结构、意象个性方面的研究,却对景观意象意蕴方面的研究很少见于系统的理论研究中。

1.2 国内外研究现状分析

1.2.1 人文社科领域的意象研究

意象研究主要集中在人文社科领域的两个方面:其一是西方意象哲学、美学、心理学领域的研究方面;其二是我国传统哲学与诗、文、画论中对意象的研究方面。

哲学、美学方面:哲学思潮与艺术思潮没有一一对应的关系,然而从整体上看,艺术思潮必定与哲学及美学思潮有关。没有哲学和美学思想指导的艺术思潮只能是过眼云烟,是没有生命力的。因为艺术必然涉及人对存在和事件的理解,必然涉及人的存在和事件。具有生命力的艺术思潮必定与哲学和美学思想有关,并使这种思想成为人的生活方式和思想方式的一部分。

西方对意象的哲学、美学研究主要经历了三个阶段。一、希腊时期的本体论意象观点阶段。这一时期具有代表性的意象理论为柏拉图(Plato,427BC—347BC)的"树洞"理论、亚里士多德(Aristotle,384BC—322BC)的"四因论"[①]。这一时期的意象理论具有客体性及神秘性的特点。二、基督教神学意象观点。欧洲中世纪,基督教神学十分受追捧,因此,大部分理论都在这一思想体系下建立。这一时期的代表理论为奥古斯丁(Augustinus Hipponensis,354—430)的"身体意象观"[②]。三、近现代认识论意象观阶段。这一时期,在资本主义经济快速发展的背景下,哲学的相关研究也取得了重大进展。实验科学方法带来的巨大成就把对意象的探索纳入对知识来源、性质、范围等问题的探

---

① "四因论"是对事物动因的解说。比如把建造一座房子的过程看作运动,那么,房子的砖头、石块是质料因;房子的设计图是形式因;建造者是动力因;成品房屋就是目的因。(1. 质料因是物质基础,即事物在运动中存在的原因。2. 形式因解释物质或存在以何种方式运动或表征。3. 动力因则可以理解为主体性因素,尤其是具有意向性的主体对物质的能动性。4. 目的因则完全体现了意向性,这个意向性是带有"意象"的意向,即主体已经有了对客体的心理表征,进而朝着这个表征或意象之物的趋向过程)

② 将身体意象分为两个方面:血气之身和属灵之体。奥古斯丁的理解是:血气之身为感觉和营养传输的承担者,是灵魂认识世界的基础和条件。灵魂藏于深处,因而不能直接接触外物,必须利用血气之身,借助该"身"之动作和知觉,方能获得后天知识。所以,血气之身尽管没有灵魂的高度,但是却为灵魂提供了帮助。

讨中。这一时期形成的理论对意象研究大发展起到了巨大的推动作用。以下着重介绍这一时期重要的学者及观点。

十八世纪末,伊曼努尔·康德(Immanuel Kant,1724—1804)首次从理论上阐明了审美意象的主体性、超越性和非理性的特征。在《判断力批判》的第 49 节中,康德认为审美意象是一种"心意能力",是由想象力引发的活动。它具有"主观合目的性",可以引发人的普遍共鸣。康德对审美意象特征做了深入分析,并将其从哲学领域引入到美学领域。贝奈戴托·克罗齐(Benedetto Croce,1866—1952)从直觉主义角度继承和发展了康德关于审美意象的观点。克罗齐的意象理论成果主要有三点:一、他将审美意象的非理性特征推演到极端,他将审美意象列入纯粹感性范畴,特别强调它的非理性的直觉特征。二、直觉力而非想象力赋予了审美意象的整体。三、艺术的本质源于审美意象与审美情感的结合。克罗齐将审美意象归结为形式与情感的关系问题。他认为,在审美中,形式乃是情感的表现。这个形式即审美意象。康德和克罗齐对审美意象的研究奠定了近现代西方审美意象的理论基础。随后英国学者鲍山葵(B. Bosanquet,1848—1923)从感知出发,通过自由不受逻辑限制的活动,将感知的意象材料组构成想象的世界。他认为,审美情感具有三种性质:A 非功利性:稳定的,区别于生理快感。B 关联性:它总附着于对某一对象之上,而且跟一切细节相关联并且具体生动。C 共同性:具有社会分享性,可与其他人分享价值并未有所改变。由于审美情感是通过审美表象传达,因此这三种特性共属于形式与情感。鲍山葵与克罗齐都将审美意象看作情感与表象的结合,看作整个审美经验中贯穿始终的东西。但在情感与表象如何结合的问题上两人产生了根本的分歧,鲍山葵对表象的研究更关注审美经验与心理事实。

二十世纪,德裔美国学者苏珊·朗格(Susanne K. Langer,1895—1982)把审美符号作为研究视角,为意象理论的研究注入了新的力量。苏珊·朗格在《艺术问题》一书中写道:"艺术作品作为一个整体来说,就是情感的意象。对于这种意象,我们可以称之为艺术的符号。"[①]按照朗格的理论,审美意象从感知出发,然后形成表象,表象与想象结合从而演变为结合情感的表象,这就是所谓的意象。在审美意象中,情感与形式互为表里,无法剥离。

西方近现代认识论意象观代表学者和观点如表 1-1 所示。

---

① (美)苏珊·朗格.艺术问题[M].滕守尧,译.南京:南京出版社,2006:129.

表1-1 西方哲学、美学方面代表意象理论研究

时间	人物	视角	结论	价值
1724—1804	伊曼努尔·康德	主体性、超越性、非理性	1. 想象力形成的特殊表象 2. 模糊性 3. 主观合目的性 4. 普遍可传达 5. 引起共鸣	分别从先验主体论和非理性直觉论的角度奠定了近现代西方美学审美意象理论的基础
1866—1952	贝奈戴托·克罗齐	直觉主义立场	1. 纯粹感性 2. 直觉力非想象力 3. 形式(审美意象)是情感的表现 4. 整个审美经验贯穿始终的东西	
1848—1923	鲍山葵	感知—非逻辑地将感知得来的经验组合—想象的世界	1. 稳定性 2. 附着于某一对象,并和其具体细节相关 3. 可分享性(价值未改变) 4. 情感与表象的结合 5. 整个审美经验贯穿始终的东西	较克罗齐更加贴近美感经验本身,更加贴近审美的心理事实。把康德的审美意象论从先验哲学中拯救出来
1895—1982	苏珊·朗格	情感符号	1. 主观生活对象化 2. 形象化表象情感共鸣 3. 表现情感的形式,既直接可感,又带有幻象的性质 4. 对艺术品的欣赏即对情感符号的解读 5. 观者在艺术中体验的是自己的情感,所产生的心理效果	以卡西尔的符号形式哲学为基础,将艺术这种非推理符号与科学语言这种推理符号进行了周详的分析,大大推进了对艺术的特征与本质的探讨

我国关于意象理论的研究最早可追溯到先秦,"象"杂糅在哲学家们的哲思中。《老子》说:"大音希声,大象无形。""象"是虚无缥缈的,由主客体杂糅形成的。老子所说之"象"是超越了物体的形状,是一种现实世界与意识世界的融汇存在。《庄子》说"天地有大美而不言""言者所以在意,得意而忘言",这里"意"不是意思之意,而是指通过"象"体悟天地之道,是指一种与道相适应的天人合一的境。《周易·系辞上》有:"是故夫象,圣人有以见天下之赜,而拟诸其形容,象其物宜,是故谓之象。"子曰:"圣人立象以尽意,设卦以尽情伪,系辞焉以尽其言……"这句话中"象"为卦象之意,是对天

地万物自然之象的概括整理,是通过卦辞与爻辞的形式表现出的符号之象,"意"是卦象中的象征意义,同时也是一种直觉的表达。《周易》是最早将意与象联系到一起考察的著作。"象"在周易中至少有三层含义:一是独立的天然之象;二是主观对客观的模拟;三是模拟自然时创造的符号系统。二、三层的意思表明了万物自然之象与人心营构之象,都是对具象的超越,带有明显的象征意思,同时,这里意象也体现出了其万物归于一象的本源意义,这也是我国意象理论的源头之一。

魏晋时期,审美与艺术进入一个自觉的阶段,抒情诗与山水画的逐渐成熟,使得意象说也进入一个新的阶段。这一时期,儒释道合流,玄学兴起,"意"与"形""神""道""玄""妙"等结合,成为当时的一种重要思想,表达出创作者超越物象进入自由境界,如"随意所适""有意无意""文已尽而意有余"等。此外,王弼在《周易略列·明象》中将言、象、意结合起来分析,重在表达道理存在于象外,应舍象而求不可言说的意,对当时的文学、美学发展起到了推助作用。这一时期,最早提出审美意象理论的是南朝的刘勰,他对审美意象的许多理解与思考,都见诸于《文心雕龙》的各篇中。《神思篇》中有言:"独照之匠,窥意象而运斤;此盖驭文之首术,谋篇之大端。"他认为文学创作需要想象力和意象来驾驭。"神用象通,情变所孕,物以貌求,心以理应"则阐述了意与象在创作过程中的关系,在刘勰看来,在艺术创作中,最重要的就是通过意象形成的对直觉的观照。至此之后,对意象的研究从审美经验转向融合审美意象和物种,对蕴含自然、宇宙、生命等精神性内容的研究。

唐宋以来,意象一词被广泛使用,意象呈现出多义的局面。物象、景物、韵律节奏、面貌等释义均出现在不同的诗文对意象的解释中。白居易的《金针诗格》中有言:"诗有内外意,内意欲尽其理,理谓义理之理,颂美箴规之类是也。外意欲尽其象,象谓物象之象……内外含蓄,方入诗格。"白居易认为意象有内外意二重特征,其中内意是指理性内涵,外意指物的表象,意象是内外意的兼容并蓄,具有多重意义。这一时期意象的内涵在文艺理论方面得到了拓宽,"意象说"大多体现为集知、情、意为一体的直觉心意内涵,如王昌龄在《诗格》中提出的"诗的三格"即获得意象的知、情、意的三种途径,司空图《诗品》中"意象欲出,造化已奇"以及"不着一字,尽得风流"等言论,融汇并深入了意象"妙造自然""照神返真"的内涵。此外,严羽在《沧浪诗话》中提出的"气象"说,殷璠在《河岳英灵集》中提出的"兴象"说等均在审美层面表达出意象的意蕴内涵。中唐以后,意象说逐渐向意境说演变,更加注重意味、意蕴的感悟与表达。

明清时期,意象说进入了成熟阶段,意象普遍运用在各种诗文、书画中,意象的概念也逐渐清晰、统一。意象被认为是感性与理性、认知与情感、抽象与具体的综合产物。章学诚在《文史通义·易教》中指出意象为"人心营构之象"。王廷相在《与郭介夫学士论诗书》中,将意象视为一种令人回味的事物,而诗的成功之处也在于可以产生此种意象。叶燮在《原诗》中言:"诗之至处,妙在含蓄无垠,思致微妙,其寄托在可言不可言之间,其指归在可解不可解之会。言在此而意在彼,泯端倪而离形象,绝议论而穷思维,引人于冥漠恍惚之境,所以为至也。"这写出了意象的审美特征,即在与可言说与不可言说之间,同时又是通过直觉体验表达情意。这些言论均为之后的意象理论起到了重要作用。王夫之在《姜斋诗话》中用情与景来讨论意与象的关系,他认为情与景是相辅相成、相互融合的,如"情、景名为二,实则不离……巧者则有情中景,景中情""夫景以情合,情以景生""含情而能达,会景而生心",这些对情与景关系的言论,避免了意象论述时空泛的弊端,强调了情与景的内在统一。在此基础上,情景交融,成为了我国传统美学的基本结构。中国古代各时期意象特征如表1-2所示。

表1-2　中国古代各时期意象特征

时间	阶段	特点
先秦时期	起源时期	杂糅在各家哲思之中,以直觉体悟的方式使得意象向审美靠拢
魏晋时期	自觉阶段	与"形""神""道""玄""妙"结合,意象转向对自然、宇宙、生命等精神内容的研究
唐宋时期	多义阶段	意象说的内涵拓宽,意象向意境转变,更注重情感、意蕴的表达
明清时期	成熟时期	意象被认为是感性与理性、认知与情感、抽象与具体的综合产物

二十世纪二十年代初,王国维和梁启超将科学形态美学引入国内,他们分别提出了意境说和趣味说,随后,朱光潜、宗白华等美学家在吸收中国传统美学思想的基础上,形成各自意象理论的重要观点。朱光潜认为意象是美的本体,他在《诗论》中写道:"诗的境界是情景的契合。宇宙中事事物物常在变动发展中,无绝对相同的情趣,亦无绝对相同的景象。情景相生,所以诗的境界是由创造来的,生生不息的。"在这里他用诗的境界来表达有关意象的观点。他认为意象是主体与客体不断相互交流所创造的,它是一个动态平衡的状态,是主客的统一体,而不可单独存在。宗白华在其文章中写道:"美与美术的源泉是人类最深心灵与他的环境世界接触相感时的波动。"他曾引用瑞士思想家阿米尔的话:"一片自然风景是一个心灵的境界。"[①]这些言论均指出,意象是情与景的沟通,意象世界是一个情景交融的世界。

---

① 宗白华. 中国文化的美丽精神[M].武汉:长江文艺出版社 ,2015:144.

　　二十世纪七八十年代,我国对意象的研究逐渐走向成熟,形成了"百花齐放"的局面。主要代表有汪欲雄提出的以审美意象作为审美心理基元的理论,认为审美意象可分为美感心理构成要素和艺术审美活动两方面,其中美感心理构成要素包括感知、想象、情感、理解四要素;艺术审美包括艺术创作和艺术欣赏两部分。顾祖钊提出了典型、意境、意象三元的艺术至境观,他认为意象的本质在于"意",而"象"是意义或理想的载体。夏之放在朱光潜的意象理论上,进一步区别生活意象与审美意象,并将审美意象分为当下审美意象、象征意象、想象意象与幻想意象四种。郭外岑将全部艺术活动分为喻象艺术、形象艺术、意象艺术三种,并论证了三者的区别,认为意象是借象表现意的手段,形式已经全部转换为内容本身。劳承万提出审美中介论,认为"审美表象"(含审美意象)是审美活动中联系主客体的"中介",中介即过程,审美全过程不能脱离"审美表象",从而确立审美意象的中心地位。

　　心理学方面:弗洛伊德(Sigmund Freud)用梦的理论解释了意象无意识的深层心理动因,在其1900年发表的《释梦》中,他认为无意识是心理学理论的中心,而梦由大量视觉形象构成,体现出意象性的特征,意象往往不表示其形式本身的内容,而具有象征意义,也就是说意象是一种符号。弗洛伊德从梦切入,对意象展开研究,并发现梦中的意象具有象征性的特点,如:人梦到蛇有可能是一种欲望的表达。因此也证明了意象不仅是视觉呈现的图像,同时也有超越形象的象征意义。其后,卡尔·荣格(Carl Gustav Jung)重提原型理论,他认为人在长期的进化过程中,不但有生理本能与基本需求,同时,人的心灵也形成了本能与基本模式。他认为审美意象并非后天获得,而是生来就具有的潜藏在大脑深处的"原型意象",也称"原始意象"。他曾说:"人的无意识同样容纳着所有从祖先遗传下来的生活行为模式,所以每一个婴儿一生下来就潜在地具有一整套适应环境的心理机制。这种本能的、无意识的心理机制始终存在和活跃于人的意识生活中。"[1]因此,这种原始意象在原始时期就已形成,随着历史的发展,成为一种可遗传获得的最古老、深层次的心理结构,它非个人独有,甚至是不可察觉的"集体潜意识"。二十世纪另一位重要的心理学家让·皮亚杰(Jean Piaget)的心理建构学说也对个体与群体意象的审美发生研究起到重要的作用。他认为个体的审美结构既受先天遗传和习得遗传因素的影响,同时他也认为个体审美结构又会随环境和刺激的变化而变化,因此,他得出,个体心理发生对族类心理发生起到积淀与超越的双重意义。除此之外,认知心理学领域的研究成果也对表象的研究起到了推动作用。认知心理学注重人内在的知识结构与经验对当前活动

---

① 程金城.西方原型美学问题研究[M].哈尔滨:黑龙江人民出版社,2007:41.

的影响,认为主体的知识结构会决定外界事物的反应过程和策略。科斯林(S. M. Kosslyn)纳尔逊(T. O. Nelson)、史密斯(E. E. Smith)等人,分别通过不同的实验证明人的记忆表象具有空间性和模拟性;巴德勒(Baddley)、里伯尔曼(Lieberman)等人通过实验证明表象具有抽象性;谢帕尔德(R. N. Shepard)等人证明了表象具有心理可操作性。

表1-3 心理学代表意象理论研究

人物	研究视角	研究结论
弗洛伊德 (Sigmund Freud)	用梦的理论解释了意象无意识的深层心理动因	1. 具有象征性(可以表达意义且不是形象的直接意义) 2. 意象是一种符号
艾瑞克·弗洛姆 (Erich Fromm)	意象的象征层面	1. 是一种象征性的语言 2. 图像和文字的符号象征是意象的表达方式
卡尔·荣格 (Carl Gustav Jung)	基于原型理论	1. 潜意识、集体无意识是具有意象性的,而非概念性 2. 原型意象是原型在意识中的表征 3. 原型意象是不断发生的心理经验的典型形式
让·皮亚杰 (Jean Piaget)	审美发生研究	个体的审美结构既有先天遗传和习得遗传因素影响,同时个体审美结构也随环境和刺激的变化而发展
雷纳·韦勒克 (René Wellek)、 罗伯特·佩恩·沃伦 (Robert Penn Warren)	心理学视角	1. 意象表示有关过去的感受上、知觉上的经验在心中的重现或回忆 2. 这种重现和回忆未必一定是视觉上的
S. 阿瑞提 (Silvano Arieti)	心理学定位和阐释	1. 想象的一种类型 2. 产生和体验形象的过程 3. 一种内心活动的表现,是一种主观的体验 4. 赋予不在场事物以心理呈现或心理存在的一种方式
鲍尔(Bower)	关联-组织理论	记忆角度研究表象
约翰逊·莱尔德 (Johnson Laird)	表象的心理模型理论	认知

诗歌与文论方面：第一个将意象合为一词在诗词研究中使用的是南朝的刘勰，在其《文心雕龙·神思》中有"窥意象而论斤"的说法，并将其看作"驭文之首术，谋篇之大端"，放在艺术构思的首要位置来看待。此后，王昌龄、白居易、司空图等诗人和诗评家都有论及。明朝胡应麟在《诗薮》中也说："古诗之妙，专求意象。"清代沈德潜在《说诗晬语》中评孟郊的诗说："孟东野诗，亦从风骚中出，特意象孤峻，元气不无所削耳。"虽则如此，意象仍是两个意义的相加，即意与象。故宋代梅圣喻在《续金针诗格》中说："诗有内外意，内意欲尽其理，外意欲尽其象。"所以，意是指心意，象是指物象，意象即意与象的有机结合，说到底，意象是情景统一，融情于景的艺术处理手段。

意象在西方的文学研究中是一个独立完整不可分割的词"image"。二十世纪意象派诗歌的出现，使得意象一词被广泛运用，意象诗首先在美国出现，随后在英国生根发芽。代表人物有庞德、罗威尔、艾略特、乔伊斯等人。有关意象的定义，意象派诗人的看法大体相似。福特、弗莱契、琼斯等人，都在著作中表达出意象包含主观与客观的双重含义，庞德在《意象主义的几"不"》中给意象下的定义为"在那一瞬间呈现的理智与情感的复合的东西"。在这里理智就是指客观的原则、外在的规律等，而情感就是主体产生的情绪、感受等，因此，意象是一个双重性质的综合产物，是理智与情感相遇而产生的始终伴随着的诗人的内在体验，而诗人在表达这些情感时，往往借助于相应对应物，通过刺激读者的感官而引发意象，避免了诗人情感的直接表达，增强了诗的文学性与创造性。意象派作为一个诗歌流派，虽然存在只有短暂的几年，却对现代诗歌的发展起到了促进的作用。

我国文学上真正对意象进行"心平气和"的广泛研究是十一届三中全会后的十年。一些论者从意象的研究中找到了诗歌的新角度，我国的文学研究者对意象有着和西方文论中相近的定义。钟文、翁广宇、李元洛等人，都在文章中表明过意象具有主客双重特性，一些学者对意象的重要性给予了高度评价。如陈良运在《意象、形象比较研说》一文中认为，通过意象品评诗文可以更好地理解诗人的构思及审美活动，同时也更能感受到读者阅读诗文的愉悦感。冯国荣也认为，"艺术思维只能是意象思维""意象思维的提法体现了我国传统艺术思维重主观、重情志、重写意、重主客观统一的民族特色……还反映着重象征、重含蓄、重精约、重虚活的其他民族特色"。吴晓在《意象符号与情感空间——诗学新解》中，从本源的角度研究诗的意象，认为诗歌由意象出发又由意象结束，而诗中的各种意象组合实则为意象符号的规律呈现，构成了意象的整体情境，这种对意象组构的研究也给景观意象创构带来启发。

以上对意象的发展与研究进行了简要回顾，列举了对意象发展起到重要作用的时期及代表人物及相关观点。从中可以看出,一直以来意象都是哲学、美学、心理学、文学、艺术的主要研究对象,随着时代的发展,意象的研究也不断深入、全面,它与艺术创作与体验均有重要关联。

1.2.2　景观领域的意象研究

（一）国外景观领域的研究

景观意象概念方面:意象是意与象的统一。所谓"意",指的是意向、意念、意愿、意趣等主体感受的"情意";所谓"象",有两种状态:一是物象,是客体的物(自然物或认为物)所展现的形象,是客观存在的物态化的东西;二是表象,是知觉感知事物所形成的映像,是存在于主体头脑中的观念性的东西。一切蕴含着"意"的物象,都可以称为"意象"。[①]在景观领域中,许多哲学家、美学家在对景观美学研究时,也从不同角度表达了他们对景观意象的理解。

史蒂文·C. 布拉萨(Steven C. Bourassa)、威廉·詹姆斯(William James)、梅宁(Meining)、凯文·林奇(Kevin Lynch)认为由于社会环境与个人经历的不同,景观意象具有主观性的特征。史蒂文·C. 布拉萨认为,形式主义理论必须着手解决这样一个难题,审美特质不仅是景观的形式或物理的特征问题,它也是我们由文化和个人态度带给景观的某种东西。威廉·詹姆斯的一篇论文中曾引用一个例子:他对北卡罗来纳州的农场开拓者曾表达过这样的感触:因为对我来说,空地除了被砍伐一空之外什么也不能诉说,所以我原以为对于那些用坚实的臂膀和锋利的斧头造就这些空地的人们来说,他们也不会说出其他的故事。但是当这些伐木工人看到这些面目狰狞的树桩时,他们所想的却是个人的丰功伟绩……木屑,剥了皮的树和粗糙地切成的横木,都诉说着辛勤的汗水、不懈的努力和最终的回报。因此说明,对于不同的个体和群体,空地象征着不同的含义。而且不同的感受也会出现在同一个人身上。梅宁(Meining)说:"景观不仅是眼前所展示的组成物,而且是我们心目中所呈现的意向与情感。"[②]凯文·林奇(Kevin Lynch)将意象和认知地图的概念运用于景观与城市空间形态的分析与设计中,认识到城市空间结构不只是凭客观的物质形象和标准判定,而且还要凭人的主观感受来判定。

马西亚(Maciá)和西班牙美学家乔治·桑塔亚纳(George Santayana)则认为景观是

① 侯幼彬. 中国建筑美学[M]. 哈尔滨:黑龙江科学技术出版社,1997:273.
② 王紫雯,陈伟. 城市传统景观特征的保护与导控管理[J]. 城市问题,2010(7).

需要感知的,是一个头脑中重新呈"象"的过程。马西亚对景观有过这样的表述:"直到人们感知它,环境才成为景观"。西班牙美学家乔治·桑塔亚纳在他的《美感》一书中指出:"一个被观看的景观必须是被构造的⋯⋯事实上,从心理学上讲,不存在作为景观的东西,我们称作景观的东西,是次序的被给予的碎片和瞥见构成的无限。"朗格(Langer)和英国诗人华兹华斯(William Wordsworth)则认为艺术性的景观意象,会使景观具有更大的审美价值。朗格(Langer)主张:"只有对发现自然形式的艺术想象来说,自然才变得富有表现力。"华兹华斯和他的妹妹创造了一种意象景观,像画家一样,诗人将价值灌输到景观之中,这些价值转化了实际所看到的景象。巴什拉(Bachelard)也说过:"自从莫奈注视那些睡莲开始,巴黎地区的睡莲就更漂亮,也更大了。"①环境美学家阿诺德·伯林特与段一孚强调景观意象具有经验性与情趣性。环境美学家阿诺德·伯林特提出了一个"参与的"(partici—patory)美学模式,宣称作为审美对象的景观既不是纯主观的也不是纯客观的,而是经验的:它包含了主体与客体的交互作用。段一孚把审美经验定义为"在很大程度上是一种由心灵以不同形式灌注的官能快感"。一些专家学者也认为景观意象具有象征性。如贝尔(Bell)提出,审美经验包含一种具有"有意味的形式"的对象所引起的"特殊情感"。有意味的形式被定义为那种引起审美情感的形式。

国外景观意象特征阐释主要观点如表1－4所示。

表1－4 景观意象特征阐释

意象特征	代表人物	内容
主观性	史蒂文·C.布拉萨	审美特质不仅是景观的形式或物理的特征问题,它也是我们由文化和个人态度带给景观的某种东西
	梅宁	景观不仅是眼前所展示的组成物,而且是我们心目中所呈现的意向与情感
	凯文·林奇	城市空间结构不只是凭客观的物质形象和标准,而且要凭人的主观感受来判定
感知后的重新呈象	马西亚	对景观有过这样的表述:直到人们感知它,环境才成为景观。
	乔治·桑塔亚纳	一个被观看的景观必须是被构造的⋯⋯事实上,从心理学上讲,不存在作为景观的东西,我们称作景观的东西,是次序的被给予的碎片和瞥见构成的无限

① 史蒂文·布拉萨.景观美学[M].北京:北京大学出版社,2008:52.

意象特征	代表人物	内容
想象性与审美性	马西亚	对景观有过这样的表述:直到人们感知它,环境才成为景观
	乔治·桑塔亚纳	一个被观看的景观必须是被构造的……事实上,从心理学上讲,不存在作为景观的东西,我们称作景观的东西,是次序的被给予的碎片和瞥见构成的无限
经验性与情趣性	阿诺德·伯林特	提出"参与"的美学模式,意象包含了主体与客体的交互作用
	段一孚	把审美经验定义为"在很大程度上是一种由心灵以不同形式灌注的官能快感"
符号性	贝尔	审美经验包含一种具有"有意味的形式"的对象所引起的"特殊情感"

景观感知美学方面:二十世纪随着景观感知美学(Landscape Aesthetic Perception)的兴起,景观意象逐渐被越来越多的研究者关注。大量的学者们从不同的角度对景观意象进行研究。1935 年德国颁布了《帝国自然保护法》,将"景观意象"的概念在法律中明确,认为景观具有物质性与精神性的双重属性,并根据景观的精神属性提出稀有度、美感度等明确的审美评价指标。这种分类方法与评价指标也为德国景观自然保护研究奠定了基础。

20 世纪 60 年代,凯文·林奇出版了《城市意象》一书,从此,人们更加关注城市环境与人类主观感受之间的关系。林奇在研究中归纳了城市环境意象的三个组成部分:一、个性:作为独立个体的可识别性;二、结构:物体与观察者及物体与物体间的空间或形态上的关联。三、意蕴:观察者与物体情感上的关系。而林奇的意象研究主要集中在结构这一部分,他运用认知地图的方法,提出了城市五大意象要素,即标志、道路、边界、区域、节点。在这之后,许多学者根据林奇的方法,进行了一系列的城市结构意象方面的研究。如 70 年代,弗朗西斯卡托和麦彬(Francescato. D And Mebane)对米兰和罗马两个城市的意象及市民的满意度进行了比较研究;Milgram 进行了巴黎和纽约的城市意象调查研究;除此之外,还有许多研究人员对洛杉矶、东京、阿姆斯特丹等一些知名的城市做了意象研究,揭示了不同城市的意象结构。

20 世纪 60 年代至 70 年代之间,出现了大量的景观审美与景观美学系统的分析与研究。在这期间美国和英国都颁布了相应的法律法规,直接针对风景资源的管理和可识别性。(美国的法律法规主要涉及自然景观对开发项目的影响,包括审美影响海岸带管理和自然资源规划。英国在 1968 年颁布的乡村法案中要求,在确定这些土地的功能时,有

关部门应该考虑到保护乡村的自然风光)①

在 20 世纪 70 年代至 80 年代间,出现了大量的研究,以神经学、生物学为基础的从景观认知主体的角度分析景观意象。其中包括:关于景观刺激反应的研究,如 Gibson's 通过心理实验的方法研究个体人对环境刺激的反应。Daniel and Boster's 采用了同样的方法进行景观美景度的研究。在景观的刺激构成研究方面,Wohlwill 从神经学的角度,根据视觉模型获得的信息,研究个人和文化的影响。在人对景观的偏好研究方面,R. Kaplan、S. Kaplan 从神经生物学的的角度,研究景观偏好与环境的适应需求和环境刺激的关系。除此之外,阿普尔顿(Appleton)1975 年提出了"瞭望与庇护理论"(Prospect and Refuge Theory),该理论认为景观的愉悦感根植于人在景观感知过程中的生物本能。

二十世纪至今,有许多学者从社会文化因素影响角度,对景观意象进行研究与探讨。认为景观不仅是实体存在的场所,同样也是意识形态的呈现。贝克认为,景观的意识形态的呈现是一种相对抽象化的概念,由人的意识形成,后又通过景观的物质来表达。诺埃(Nohl)区分了不同层次的审美认知意象,将审美认知分为四个层次:一、知觉层面,指景观观赏者通过感官感知获得的相关信息。二、表现层面,指观赏者用感觉和情绪将审美认知到的元素与结构相联系。三、表征层次,这里指的景观已经超越了物理层面本身,景观客体被理解为符号或象征的东西。四、符号层次,指体验者将符号层面的认知变成了理念、想象、乌托邦式的图景,并存在于脑海中。

环境心理学方面:有关景观意象的理论与实践的研究始于 1960 年凯文·林奇出版的《城市意象》一书。他认为市民心中的城市意象与城市的可读性,对城市的规模、尺度、复杂性具有十分重要的作用。一处意象清晰、可读的环境,可以带给在其中生活的人以安全感,同时也可以扩展人类经验潜在的深度与强度。在书中他提出了环境意象的研究方法,详细介绍了对美国三个城市的市民认知地图的调查与研究。他在书中将环境意象分为个性、结构、意蕴三部分。由于城市环境的复杂性,他主要针对城市意象中的个性与结构之于复杂可变的城市环境的特殊关系进行了研究,林奇在研究中主要进行了两个基本分析:一、认知地图绘制:让受训者在实地考察后,在地图上绘出存在的元素及可见性、意象的强弱、相互联系等,并标出形成潜在意象时有利及不利的因素。二、访谈:通过对部分居民长时间的访谈交流,获取他们对城市物质环境的意象信息。将以上所有被试的个人认知地图分析、统计,获取城市公共认知地图,或称公共意象图。同时,林奇总结出

---

① Zube E H, Sell J L, Taylor J G. Landscape perception: research, application and theory[J]. Landscape planning, 1982, 9(1):1-33.

了使城市具有可识别性和可见性的环境五要素,即道路、边缘、区域、节点、标志。以上五要素相互配合与协作,形成了人们的心理意象。

自林奇的开拓性工作之后,不断有人从实践和理论两方面充实这一领域的研究。1971 年,舒尔茨运用格式塔的视觉组织原则和拓扑几何学的原理提出了认知地图的三要素:场所、道路、领域,弥补了林奇忽视社会及文化影响的不足,探求在认知形成背后的成因。1973 年弗朗西斯卡托和麦彬并就米兰和罗马的市民对各自城市的态度及意象进行对比研究,希望分析其中差异以得出一般性的结论。除此之外,自 20 世纪 70 年代至今,各国的学者也分别针对城市、建筑、景观等不同的尺度与角度进行研究。虽然认知地图的方法还有许多缺陷与不足,但方法简单、便于理解和掌握,因此在城市、景观等领域得到了广泛的应用。

此外,从知觉、体验方面进行的意象研究,也是本书的理论基础。1977 年在《身体、记忆与建筑》一书中,作者从建筑体验的角度,将身体-意象作为一种感知模型并通过边界、内部、外部、心理坐标、中心位置、共同边界等关键概念来解释身体-意象的具体含义。1979 年诺伯舒兹(Christian Norberg-Schulz,1926—2000)提出了场所精神的概念,并在他的著作《场所精神——迈向建筑现象学》《建筑——存在、语言和场所》中,回答了如何创造一个可以栖居的场所,他给出的回答是定位(orientation)和认同(identification),这两个要素与场所意象直接相关。场所意象是指在该场所活动的人实际内心中感知到的场所形态及想象与情感。积极的场所意象具有生动清晰的空间结构,会让人们产生安全感与归属感,是品质的体现。明确而清晰的空间结构与形态是获得积极心理意象的基础,也是场所感产生的首要条件。确认则是对环境更深一层的认知,它使人们产生归属感,意味着人们努力熟悉、理解和亲近环境。确认不仅可以通过上述论述形成,同时也可以通过事物间的相互关系形成的意义来形成。场所精神和意象的关系可以总结为图 1-1 所示:

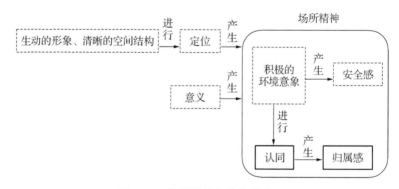

图 1-1　场所精神与意象的关系

（二）国内景观领域的研究

我国学者对景观意象的研究,可分为两条主要线索,一条线索是以中国古典哲学、美学、诗歌、绘画对意象的研究为基础展开的。侯幼彬在《中国建筑美学》中,对建筑意象进行了分析,总结了建筑审美意象具有形象性、主体性、多义性、直观性、情感性的特点。王鲁民在《中国古典建筑文化探源》中,通过"一池三山"原型意象与玄圃的比较研究,探讨了神话对园林中原型意象的影响及文化的演进。俞孔坚在《理想景观探源:风水的文化意义》中总结了中国人心目中的仙境和神域模式,即理想居所的意象,主要分为①仙境神域模式,即昆仑山模式、蓬莱模式、壶天模式;②艺术家的理想模式,即陶渊明模式、沟壑内营的可居模式。[①] 在分析他们的构成特点时发现,如果将"围合－开口"的结构形象地比作葫芦,那么昆仑山模式是"高山上的葫芦";蓬莱式是"漂浮的葫芦";壶天模式是"悬空着的葫芦";陶渊明式是"带柄的葫芦";沟壑内营的可居模式是"山上或山边的葫芦"。当然不可否认将自然理想神居的景观结构都与葫芦做比不免有附会之嫌,但葫芦确是中华民族传统的吉祥物,有着多种吉祥的寓意。袁忠在《中国古典建筑的意象化生存》中认为由于意象的作用,庭园从被围合的消极被动状态,转升为具有组织作用的核心积极状态。他还提出了古典建筑庭院的三个意象化特征:天然与人工一体、虚实与阴阳流转、自我与"他者"的同构。朱建宁在《从"制器尚象"到"立象尽意"——以"意象"为核心的中国传统园林设计方法》一文中,阐明了"制器尚象"的造物的意象设计方法,认为方法由三个部分构成:道生万物、观物取象、观象制器,在此基础上,由于对意境的更高追求,从而形成了"立象尽意"的设计方法。除此之外,丁绍刚、李丽媛、王琰、张骏、崔启月、张蕾、李雄都在传统园林文化的基础上,针对不同景观类型的各个侧面进行着研究。

另一条线索主要是在凯文·林奇的理论基础上,从城市意象五要素及认知地图的调研方法为基础展开研究,在景观及城市规划学科均有大量成果。研究主要集中在以下几个方面:景观、城市结构,景观、城市评估,景观文化、城市独特性。其中一些学者的研究扩展了景观意象的研究方法,如朱庆、冯舒殷、鲁政将空间句法的方法运用到空间结构意象和景观评价中。田逢军以南昌城市居民游憩者为研究对象,采用认知地图、访谈调查和GIS相结合的方法做了大量尝试。胡玉莲、张蕾将SD法与SPASS运用到景观意象的研究中。除此之外,王云才从景观规划、地理和生态的视角,将乡村景观意象分为原生景观意象和引致景观意象两大类,总结了乡村意象具有个性化、地方

[①]　俞孔坚.理想景观探源风水的文化意义[M].北京:商务印书馆,1998:72-73.

性、社会性三个特征,并提出我国古村落景观具有山水意象、生态意象、宗族意象、吉利意象和辟邪意象等。张蕾从景观设计的角度提出基于心理层面的原型理论景观意象创构方法:原型呈现方法、原型再现方法、原型深化方法和原型转换方法。朱晓青以环境心理学和景观生态学为理论基础,运用多种调研方式和模糊数学评价模型,对杭州城市景观要素进行了评估。

第 2 章

意象构成与形成机制

　　本章主要论述意象的构成与形成,这两方面是意象理论得以展开的基础。首先,通过意象的形成过程,明确意象的概念及意象形成过程受哪些因素影响,而这些影响因素,可以成为设计方法建构的切入点。其次,通过景观意象的演进过程,总结景观意象的两种特性,进而发现这两种特性的产生来源于人体内部的两种动力因素,即认知需要与审美需要。景观意象的认知需要在体验者对景观信息的获取、重组与推断方面起着至关重要的作用。而景观意象的审美需要是引发审美意象活动的重要动因,也是人与景观间进行双向交流的基础。根据意象的特性及意象产生的内在动因,可将景观意象分为知觉感知、情感感触与符号感悟三个层次。

2.1 景观意象演进与特性

2.1.1 景观意象的产生与创构

1. 意象产生

对意象的研究应先从表象谈起,人们所获得的丰富多样、复杂多变的世界的样貌,不是与刺激物一模一样的镜像,而是通过主体对客体的分类概括借由概念性的语汇或图式来归纳复杂多样的事物。从神经生理学的角度看视觉系统,其传入系统和传出系统分别在各级水平上实现综合与分解,在各个环节上由各级神经元对上一级信息进行过滤、舍弃、选择,抽取、汇合与放大有意义的特征,形成类似于外部客体或其象征内容的抽象形态。有一点需要注意:抽象不是无象,也不是实象,而是具备客观事物某些主要特征的代表之象,若明若隐。例如"树木"的代表之象是对某种常见树木的一般性概括性形象。这可因人而异,如:柳树、杨树,或古树、幼树等。狭义的表象是指实物的形象动态(如人、动物、植物、风景、物品)的感知觉反应。广义的表象是指人所有表象都是一种"符号表象",因为这些表象或者是实物的一种感知代号,或者是对实物代号(如文字、数码)的象征反应。即除了实物形象动态外,现代文化表象对于人的高级心理活动极其重要。例如,文字、单词等也是一种视觉表象,可以称其为"符号表象"或"文化表象"。

意象分一般意象与审美意象两种。一般意象是指刺激物被主体选择与重组后,与特定的理性认知相融合而形成在脑中的具体形象,一般存在于人们的认知活动中,处于尚未抽象为观念与概念前的阶段。而审美意象是在这一过程后又经想象、情感的创造而形成,主体会在内心自我体验,是一种在表象上渗透着主体的审美评价、情感态度、审美理想及创造力的意中之象。但无论哪种意象,其最初形成意象的过程是一致的。意象是在表象的基础上经过组合、拼贴、加工等过程而形成的,融合了主体的情感与观念,是表象之上的一个概念。在表象上升为意象的过程中,需要经历一系列的步骤。由表象上升为意象,基本前提是需要有客观表象的存在。这些表象可能是模糊的,通过意识的选择与分解,使得潜意识状态的这种表象逐渐清晰,随后与情感、想象或理智的结合形成了意象。

因此,由表象到意象的生成这一过程大体分为三步(图2-1):一、前意象状态的表象分解;二、确定意象的表象选择;三、与情感、想象或理智的结合。

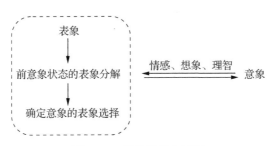

图 2-1　意象的产生过程

2. 意象的双重创构

意象的表现与意象创造和意象欣赏有关,都是在审美意象的基础上展开的。在创作过程中,设计者、艺术家、诗人等通过记忆中、生活中的意象积累与情感与观念相碰撞,在想象中重新生成审美意象,随后通过物质载体形成物化的形式,最终呈现为意象的表现。而意象欣赏,是在创构出的审美意象的基础上,按照设计者的引导与隐含的提示进行审美意象解读,是在设计者创造的审美意象基础上进行的再创造,因此,意象的表现与设计者的创构及体验者的解读均有内在联系。

在诗歌中,诗歌的意象贯穿全诗。诗人在创作时,首先构思的是意象,然后是意象的组合、衔接、发展等,意象是诗人在创作过程中始终要思考的关键。然而,不同的诗歌要表达的内涵不同,因此,意象所占的比例也并非相同。按诗歌中意象所占的权重来分,可将诗歌分为全意象诗与部分意象诗。以诗人舒婷为例,她的诗歌《思念》与《往事二三》整首诗歌均为意象构成。而诗歌《赠别》就呈现为大部分意象成分与少部分非意象成分的组合。意象是诗歌中最重要的部分,如果诗歌中没有意象,就变成了直白的叙述,无法给读者创造出想象、解读的空间。诗歌的创作,包括了诗人对意象的捕捉、创造及规范有序的组合。意象的组合可以展示情感活动相互作用及其发展变化等复杂关系。在诗歌中,意象间是相互影响与渗透的关系。正如布洛克所说:"诗的独特意义完全来自它的各个部分和各个部分间的独特的结合方式。"以如黛兰·托马斯写的诗歌《冬天的童话》为例,布洛克就曾对其中意象的关系做过精辟的剖析。诗歌的全文如下:

这只鸟儿躺下了,身边聚集着一群精灵,它似乎睡了,又好像死了。它曾振翅飞翔,在赞歌中举行了婚礼,它欣赏着新娘诱人的大腿,前有女人挺起的乳房,上有茫茫苍天,鸟儿被迫下降,它在女人的爱床上焚毁了,在爱的漩涡中,在温情脉脉的幸福拥抱中,在情欲的蓓蕾中,他终于同它一起"升起来"了,在被她融化的白雪中,花儿开放了。①

布洛克认为,如果单独只看第一句,那么"鸟儿"就是字面的意思,但如果将其与第二句中的"同伴"及后一句中的"赞美"联系起来理解的话,鸟儿就可以理解为天使或圣灵。这一合成的意象又与"床""新娘""大腿"等意象词汇结合理解,就会有进一步的意义解读。这些词语中明显带有爱情、婚姻、性爱等暗示,因此就可以很自然地在头脑中呈现出代表圣灵的鸟与圣母玛利亚的情感联系。在此基础上继续向下联系解读,"鸟儿"又和"焚毁""融化的白雪""蓓蕾""花儿开放"等意象词汇联系思考,就会使读者产生凤凰浴火重生、复活的意象。整个诗的意象组合、连接与演变可以概括为图2-2。

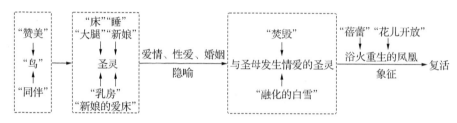

图2-2　意象作用分析图

从图2-2的意象作用分析中可看出,诗歌中有四个主要的意象进行情感、意义的演变与升华,而每个主意象之所以会表达准确的情感意义,是因为又有几个次意象产生协同和烘托,而中间两个主意象还运用了隐喻与象征。因此,整首诗的意象给人以环环相扣的感觉,每个意象存在都有其作用与目的,从而形成由鸟到圣灵的意象转变,给读者提供了丰富的想象空间。这种意象的巧妙布置是诗人才能的体现,同时也为读者提供了解读的线索,读者按照诗人创作的结构线索,实现了对诗歌的理解与升华。

艺术作品的意象创构与解读同诗歌大同小异。艺术作品的艺术性尺度不存在于它的物理实体,而只存在于它的体验者的意识之中。对一件艺术品进行分析,最真实的层面是对其所属意识的一种反思。艺术品的真正意义不存在于它的形式之中,而存在于借助形式而传递的图像里,以及在这些图像中蕴含的情感力量之中。形式,只有当它蕴含了某种象征意义,才能够对我们的感觉产生影响。

一件艺术作品是否丰满,取决于人们在观赏它时,能否体会图像的生命力。然而让人疑惑的是,那些由最简单和最原始的形式导出的图像往往最具诠释性。艺术的语言,就是被我们的生存所认同的隐喻语言。如果艺术和栖身于潜意识中各种感知记忆毫无

---

① 吴晓.中国古典建筑的意象化生存[M].北京:中国社会科学出版社,1990:29.

关系,艺术就会退化成毫无意义的、徒有虚表的装饰。体验艺术,就是让我们脑海中呈现的记忆和现实世界进行相互交流。正如阿德里安·斯托克斯的观点:"从某种程度上来说,所有艺术都源于人体。"1961 年—1962 年克里斯多和珍妮·克劳策划了《包裹国会大厦》的作品。作品是用一种材料将国会大厦整体包裹起来,用一种特殊的方式纪念这栋建筑及这段历史。最终艺术家选用一块面积 11 万平方米(建筑物表面积两倍的面积),重量高达 90 吨以上,每一次折叠深度可达 1 米的帆布。选择这种材料,是因为它可以显现出强烈的反差,在阴天的时候也可以辨识出建筑物的规模。艺术家们希望让大家看到它超乎常规的规模体积。帆布通过绳索来固定,但绳索不仅可以固定帆布,同时它也维持了相当的自由性,它与墙面保持了 1 米多的距离,因此在风的影响下可以保持无止境的律动。

整件巨大的作品通过帆布和绳索的覆盖捆扎,形成一个概括性的外罩。整件作品的意象只有一个:通过捆扎覆盖呈现表面的张力以及怪异的外形。但这个捆扎动作并不是简单地在物体表面加上新的艺术元素,它要的不是装饰的效果。艺术家用这种方式既考虑到了景观的物质呈现,又考虑到了体验者头脑中的意象,通过这种方式改变了建筑物的存在状态。包裹的建筑如同拉开幕布前的演出舞台,给体验者提供期待、猜想和等待。当每个人面对这个被包裹的国会大厦时,都试图在脑海中恢复帆布覆盖下的意象,搜索自己曾经与国会大厦的交集及情感经验。此时,主体与客体间产生了交流与情感移注,客体通过外形的刺激与象征,激发了主体的经验及记忆,使主体产生了联想,引发了观者即时及意象中的情感。而这一过程就是通过意象设计手段,达到设计师设计的"纪念"效果。

景观设计师进行创作,要从大量的场地表象及大脑中的记忆表象中,筛选并确定符合设计并与设计师想传达的情感、氛围、精神相契合的表象,从而形成景观设计的意象。如 1999 年枡野俊明设计的净土宗莲胜寺客殿庭院(普照亭),由于庭院很小,枡野俊明将墙椽设计为画框,从屋内向屋外望时,景观就像一幅绘画一样存在。在这幅景观画中,设计师希望传达日本独特的普世价值观和美的意识。设计师将这种情感与意识转化成抽象的意象景观,"瞬息变化万千的美""光影交织的美""迎风摇曳的枝叶""倒影水中的石组与树木"等,并进一步搜索可以将意象具体表现的景观表象,如选择枫树来表达"迎风摇曳的枝叶"这一意象以展现变幻无穷的美。

场地及记忆中的表象分解是获得头脑中应用于设计的清晰表象的基础,经过分解后,使原先混杂模糊的表象特征明朗化,同时也会更加生动丰富,因此,分解是获得创作意象的前提。经过分解后获得的丰富的表象使得选择有了可能。在对表象进行细致分解后,接下来要进行表象筛选并最终引发意象。闻一多说:"选择是创造艺术程序中最紧要的一层手续,自然不都是美的,美不都是现成的。其实没有选择就没有艺术。"表象的选择需要有一个方向,即服从要表达的情绪和精神。这种选择包括两部分,其一是设计师选择能蕴含要表达的精神与情感的表象,是一种设计构思的选择。其二是选出的表象还要符合场地、功能等要求,需要不断优化表象。

2.1.2 景观意象的演进

园林是人们理想的天堂,建造园林就是在大地上建造人间的天堂,而天堂就是一种最美好的景观意象。可以说,景观建造活动也是景观意象的建造活动。因此,景观意象的历史应该和景观历史一样悠久。

史前的天地景观具有宇宙崇拜的特征,这一时期人类文明试图在景观建造中重塑或表达山水环境以及自然秘密和精神内涵。这种原始的宗教、神话形成了景观最初期的原始意象。这时的景观特征是用极度抽象的形态象征、隐喻一种神秘的氛围。这时的表达方式大多用高高堆起的石块以及奇异的大地标识,有的呈简单的几何图形、有的呈放射式的排列。如巨石阵(2950BC—1600BC),虽然考古学家还没有明确当时它的建造目的,但是其所有结构均面朝东北开敞,巨石正好同夏至那天太阳升起的位置排成一线,而且其附近还发挖掘出一些牛骨头和燃烧后的痕迹,因此,巨石阵很有可能是宗教活动的场所。除此之外,还有英格兰的"灵线"、澳大利亚的"梦话线"等,用石块的简单几何式排列与看不见的能量网或行走路径联系,隐喻地表达出某种意义。

古代园林时期(约 3000BC—500),各地区的人们对自然崇拜有着相似之处,景观除了满足日常生活的实用功能外,还包含了自然崇拜、宗教、神话等意象。随着历史的推演,文化的传承,人与自然的关系发生着变化,人掌控自然的能力逐渐增强,园林成为满足身心愉悦的建造物。如埃及的陵园景观,由于宗教原因,他们认为住房的周围应尽量有庭园,以作为死后的安息之所。不仅如此,园内饲养的动物和种植的植物的选择也都受宗教思想的影响;古希腊、古罗马的长方形景观构图也与"天堂"花园联系在一起,表示神话中的伊甸园、天堂,这种景观意象已经深深植入他们的思想中。这一时期,中国对神话和神仙的崇拜,重点体现在君主借助园林来营造意象中的神仙居所,寄托他们对长生不老的渴望。其中,汉武帝在长安建造的建章宫,就创造了"一池三山"的原型,在宫中开挖太液池,在池中堆筑三座岛屿,并取名为"蓬莱""方丈""瀛洲",以模仿仙境。此后这一原型一直被后世效仿,如杭州的西湖、北京颐和园都采用这一模式。

中古园林时期(约 500—1400),宗教思想影响着各地域的园林建造,基督徒和穆斯林都借用了文学和艺术作品里把天堂比作花园的比喻。两种花园都发展了景观与上天恩赐的意象关系。伊斯兰花园中的四条水渠和基督花园中通向中心喷泉的四条道路,象征着《古兰经》和《圣经》中提到的天堂的四条河流。清凉、闪烁、反着光、淙淙的泉水有益于人们进行一些关于世界的沉思,也适合于人们幻想安静、美丽的天堂。这些地区受欧洲基督文化的影响,发展了修道院园和堡垒园。这一时期,自然景观被视为忏悔之地,封闭式的园林则成为驯服荒野的代名词。这一时期的花园通常包括围墙或篱笆、几何形状的植被划分、草皮长凳、水景或喷泉、青草或花卉图案的草地。带有围墙的花园被赋予了象征意义。如《所罗门之歌》中提及的带围墙的花园象征着圣母玛利亚的纯洁。围墙内的花园也是一个安全舒适的空间,既可以作为冥想空间,也可以作为消遣场所,同时也是逃离黑暗幽闭城堡的一种方式。园内的植物也具有象征意义,如百合象征纯洁,玫瑰代表殉难,紫罗兰代表谦逊。西亚地区受伊斯兰教文化的影响,发展了波斯伊斯兰园、印度伊斯兰园和西班牙伊斯兰园。这一时期的伊斯兰花园延续了《古兰经》中伊甸园的布局,其形制很好地适应了地中海地区的气候。封闭围合的天井和庭院以及水景元素营造了阴凉、清爽的环境氛围。由于《古兰经》禁止使用人物或动物的装饰造型,花园多使用装饰性的地面铺装、几何形的瓷砖贴片图案。矩形和轴向对称的几何图案占据主导地位。东亚地区佛教禅宗无色世界观影响着造园,并波及日本,在中国有些地方的造园,亦受老子、道教崇尚自然的影响,因此这一时期发展的自然山水园的类型较多。园林中充满了景观意象,每种景观元素大多蕴含着丰富的感情及象征意义。在山水构成的园林中,假山代表着山川,象征着一种男性的力量(即阳);而水象征着女性的力量(即阴)。阴阳原则也可视为城市结构和装饰性要素等线性几何形状(代表着中国古人的智慧)与花园不规则的形制(代表自然)之间的对比。除了山水之外,植物、置石等均具有不同的意象。一位中国画家也曾对其学生说:"绝不要画没有神的画,甚至画石头也是一样。"

在文艺复兴和风格主义的花园中,寓言扮演了很重要的角色,在这里,古典神话被人本主义学者复活和重新解释了。比如埃斯特别墅,为了表彰主人的善举,花园中大部分的肖像雕塑都与正义的英雄海格力斯在一起。在十七、十八世纪的许多花园中都可以见到用寓言的形式来美化主教们和王子们的形象,正如凡尔赛宫,那里有大量的太阳神阿波罗的象征物,也有代表路易十四的象征物。自文艺复兴以来,花园被称为"第三自然",不同于田园风光的"第二自然"和荒野的"第一自然"。它再也不是一处封闭的空间,经过拉伸轴线,似乎通向了远方的地平线。勒·诺特在凡尔赛以"太阳王"规划花园,就是一种开放的、对新生的"日心说"宇宙观的表现。那时候它被认为与我们所居的银河相邻，是路易十四统治上半时期的法兰西信心、乐观与骄傲的象征。

十八世纪启蒙运动对景观设计产生了重要影响，远离宗教信条的支配，进入了智慧思维所创造的有序世界。通过联想意象景观能够产生愉悦精神的潜能，为表达对此的尊重，花园设计师们尽其全力创造一种如诗如画的自然景观，他们通过复古的天元式主题来唤起人们对古代的回忆。花园不再是展示力量的舞台，也不再是社会交往的竞技场，而是一个能够提供幽静或反映主人乐于交友愿望的地方。这一时期的东亚花园起源更早，且更富于诗意的联想。中国与日本的花园的景物引起联想的潜力是设计中主要考虑的因素之一。例如置石，在中国的园林中往往引起某些险峻山峰的联想。植物也如此，人们对于某些特定种类的植物都很欣赏并具有很强烈的情感，比如牡丹、菊花、桃花、竹子等。

十八世纪后期，悲怆和回忆的意象开始在西方花园设计中扮演角色，浪漫主义代替了古典秩序而成为西方文明中文化的主要推动动力。让-雅克·卢梭重视自然中以个人体验与民主方式组织起来的公民美德的作用，对景观设计有很大的影响。逐渐地，对于洛克式思维的注意力从文学和政治转向了诗和个人，于是西方的花园变成了国家英雄的荣誉之地，也成了他们的安息之所。这就产生了有感染力的，甚至挽歌一般的如画式园林在十九世纪被用作郊区公墓设计语言的现象。

十九世纪浪漫主义成为缓解机械化社会内在问题的一剂良药。对中产阶级而言，感性胜于理性，想象力比学术沉淀更受人重视，自然成为灵感的源泉。十九世纪下半叶，美国公园运动和郊区住宅的发展则表达了对农耕时代的怀旧，这也是伴随工业和现代的城市成长而出现的。

二十世纪以来，现代主义设计师一直试图摆脱典故、语言和隐喻等精英主义元素。但事与愿违，在现代科学和心理分析理论的影响下，这些手法却以一种新型的象征语汇重新回到景观设计中。二十世纪早期的森林墓园在抚慰人心的母性山丘中隐含了普遍的心理形象，瑙姆科吉庄园引人遐想的午后花园表现了美国富有的知识分子对于潜意识理论的兴趣。二十世纪末，从老年的杰弗里·杰里科到年轻的林璎，都尝试在公共纪念景观中采用典型的心理意象，从下行坡道和反射面到上行坡道和围合空间，黑暗和光明的对比也被用于展现深沉景观的语言。在文艺复兴园林传统的指引下，宇宙思考花园尝试用隐喻的手法来诠释晦涩的科学理论。比如受到热力学第二定律：所有物质都不可避免地走向消亡规律的启发创作了螺旋形防波堤。

2.1.3 景观意象的两种特性

景观意象的两种特性是在景观体验者的角度上提出的,现有理论研究发现意象具备两方面的特性,即认知性与审美性。通俗地讲,意象就是人的心理活动,就是人们在"心目中"看到的各种事物、听到的各种声音、闻到的各种气味等等。因此,在"心目中"的所见、所听、所闻、所触、所感,既可以给人们提供认知方面的信息,也可以带动情感的变化而成为审美的对象。人的心理活动,是由外部情境对象来激活、由内部的动机目的所推动的。情感附着于表象的特点,更是审美活动区别于认知活动的关键。

认知活动无疑也要以情感为动力。好奇感、求知欲、认知活动、成功的喜悦和失败的痛苦,这些被称为"理智感"的高级情感,在人们追求真理的过程中起着重要的作用。然而,不论人的理智感何等地强烈,在认知活动开始之时,类似的情感却始终处于被压抑的状态,人们总得控制住内心的激动,做冷静而细心的观察,做连贯而周密的思考。从感知开始,人们一获得当下特殊对象的具体表象,就迅速将其归为一般表象,归为某一概念,按一定的逻辑思考程序,以判断、推理的方式,做出相应的逻辑推理而得出结论。在整个认知过程中,主观的情感因素并不渗入过程本身,若有渗入,也会将它们作为干扰成分尽量加以排除。因此,认知对象绝不受主体情感左右,一是一,二是二,来不得半点含糊。

情感渗入活动过程,附着于表象,乃是审美活动最显著的特征,是它区别于日常实用活动、科学认知活动的最突出的标志。这种浸染着全部情感色彩的表象,就是审美意象。康德在《判断力批判》中开宗明义地写道:"为了判别某一对象是美或不美,我们不是把(它的)表象凭借悟性联系于客体以求得知识,而是凭借想象力(或者想象力与悟性相结合)联系于主体和它的快感和不快感。鉴赏判断因此不是知识判断,从而不是逻辑的,而是审美的。"审美判断中与主体情感相联系,经过想象力再造过的表象(朱光潜译为"形象显现",康德称为"审美意象")。"我所说的审美意象是指想象力所形成的一种形象显现,它能令人想到很多东西,却又不可能由任何明确的思想或概念把它充分表达出来,因此也没有语言能完全适应它,把它变成可以理解的。"(《判断力批判》第 49 节,译文引自朱光潜《西方美学史》下卷,1964 年版,第 51 页)

景观体验是景观创作的反向活动,以创作的终点为起点。对景观实体外在形式的直接感知,导致与景观进行双向的情感意象与思考意象的交流,进而获得欣赏中再创造的喜悦,这一过程,与设计师在景观设计中的暗示、引导有关,使体验者产生相应的意向活动,并按照景观线索,通过想象、解释、思考等意象活动,进行体验过程中的景观意象创构。

正是在这个意义上,我们可以把景观设计称为审美意象创作,把景观审美体验称为审美意象的解读。审美意象不仅是景观所包含的意蕴整体,也是整个艺术审美活动的活灵魂。因此,本书所研究的意象创构,就是要在景观信息获取的基础上,从景观审美意象体验的角度,来探讨景观意象意蕴的生成与相关因素。

2.2 意象的认知与审美需要

2.2.1 意象之认知需要

从认知学角度来看,意象是主体受到客观事物刺激之后,根据不同的感觉通道传入的刺激信息,在头脑中呈现事物整体结构及形象的过程。意象是一种承载记忆的结构体,它可以是过去经历过的事情的内心呈现,或是在此基础上的重新组合。意象是想象的平台,在记忆意象的基础上,经过想象的再创造而得来,艺术创作就要经过这一过程。意象也是形成思维的基本要素,每一个意象都可以指代相应的事物,可以相应地唤起不同的知觉记忆,这些记忆意象的组合与衔接就成为主体与外界交流与沟通的工具。如识别出广场中的一片区域为树阵广场,我们可以将意象识别的过程简单拆解为三个部分:①感觉登记,即我们首先发现广场中的这片区域;②模式识别,主要通过抽取景观的特征来加以判断,如树阵广场就是树木均匀整齐地、有序地、多行列地排列在地面上;③知觉加工,根据知觉搜集的特征,与记忆意象比对,从而确认该区域为树阵广场。在这一层面上,景观观赏者通过如看、听、闻的感官会立即获得相关的信息。他感觉到的景观如果是在高速公路上看到的茂盛的或光秃秃的山,那么在这一层面,观察者在景观中则获得了单一元素、复杂的结构和整个视野内的综合信息。

在以意象为形态的认知思维中,人对信息的建构(指判断推理与想象分析构想)过程是合成性、重组性和创造性的处理。例如,在记忆性意象和想象性意象中,人使用了过去的经验知识和观念模式,对头脑中的对象在保持基本真实完型再现时,会发挥虚构、推测和臆想的能力,来使对象的某些形态或内容发生变形或改观,实现美化效果或机制认识,添加补充进去新的信息,从而在大脑中能动地认识事物的深一层含义,积极地实现观念中的对象改造。

信息接收与注意选择:感官是信息的接收器,景观信息只有被看到、被听到、被触摸到才能使体验者产生反应,从而形成景观意象。注意决定着景观知觉过程中的信息原料。在这些原料面前,注意是选择者,是放大器。通过注意,体验者捕捉到景观中的信息,产生情感,演绎信息中的含义,然后把了解的含义与情感组织起来形成意象存入记忆中。这整个过程,就是知觉的过程。简而言之,注意力是一系列景观信息处理至意象产生的主导。机能主义心理学派的重要人物詹姆斯(James)对注意的定义是:所谓注意就是心灵从若干项同时存在的可能事物或思想的可能序列中选取一项,以清晰、生动的形式把握它。聚焦、集中、意识,是注意的本质,它意味着从若干事物前脱身,以便更有效地处理其他事物。[①] 注意是感觉、知觉、记忆、想象等心理过程的共同特性,当体验者在景观体验过程中,注意着某一景观元素时,就表示他的感觉、知觉、记忆、思维等都集中在这一景观元素上。注意同时也是情绪过程和意志过程的共同特性。当体验者在纪念景观中陷入一种悲痛的情绪中时,他正注意着引起悲痛的原因……因此,注意表现在景观体验的全部心理活动当中,也决定着意象的形成。

具体来说,注意具有以下几种功能:

1. 注意的选择作用。在面对纷繁复杂的世界时,人们需要利用注意的选择作用,对认知的信息进行筛选与加工。体验者在景观中游览时,往往处于搜索与发现的认知活动中,而注意的选择作用,则会帮助我们在众多风景信息中筛选值得留意的部分。

2. 注意的专注作用。选择作用筛选了体验者需要主要留意的信息,而专注作用,就是在选择作用的基础上,进一步强化这些需要留意的信息,让其进入知觉加工的过程中,对其各部分的特点放大处理,让体验者留意到更多的细节。

3. 注意的指引作用。知觉对信息的加工除了来自外部环境的刺激外,同时也有自上而下的概念加工,因此,体验者在景观体验过程中,知觉也许始终处于不同的加工过程,但无论处于哪种过程,注意始终引领着体验者的认知方向。

4. 注意的分配作用。体验者在景观欣赏的过程中,常常处于同时处理多种知觉的状态,但是由于知觉资源是有限的,因此,注意还有一个作用就是决定每个刺激知觉所分配到的时间,同时在知觉处理的变化运动中,注意也时刻改变着时间的分配,会联合各部分协作处理,尽可能在最大限度上处理更多的信息。

以上是从不同角度对注意的审视,这些功能相互依存互相补充,其中注意的选择及专注是有关意象形成的两个重要因素,选择决定了意象的方向,专注决定了意象的深度及全面与细致程度。

模式识别与意象匹配:被注意到的景观信息,首先被存储在感觉储存区内,然后由注

---

① 邵志芳. 认知心理学:理论、实验和应用[M]. 上海:上海教育出版社,2013:31.

意进行二次处理,在二次处理时,需要借助形态识别来进一步分析景观信息,知觉过程的核心研究是模式识别,在模式识别的研究中,有三个较为重要的理论:样本比对理论、特征分析理论与原型匹配理论。

样本比对理论认为,储存在感觉储存区内的信息,需要与记忆储存的众多意象进行形态比对,这类似于拿着照片寻人。它的基本观点是不同事物在个体的头脑中会有对应的样板,如果储存在感觉区的信息和记忆样板匹配成功,那么知觉意象就会被认同。但是此理论也存在着缺陷,如信息意象资料是先被识别还是先被储存,这一理论无法解决;科学家尝试把样板对比的算法用计算机进行模式识别,而计算机却无法做到像人类一样灵活识别。由于样本对比理论无法解决上述问题,认知心理学家又提出了特征分析理论。特征分析理论是指,将刺激模式整体分解或还原为特征集合。吉布森(James J Gibson)曾用这一方法分析了拉丁字母的特征组合,他建议研究一套更为详细可靠的特征组构,可以预测视觉混淆的可能性。原型匹配理论比前两个理论更加灵活,这里的原型指事物形态的精简心理表征。当体验者接受知觉刺激时,这种刺激也许和标准的刺激模式有不同程度的偏离。心理学家在通过多种实验验证后,认为这些偏离的刺激会使人产生一种相对抽象、精简的模式,这就是原型,这种原型是一种心理表象通过学习而获得的。

材料驱动与概念驱动:现代认知心理学关于知觉加工学说、关于平行式和串联式加工、关于自下而上和自上而下的加工理论,都支持视觉信息的立体双向加工特性;有关实验和模拟研究也部分地证实了这种特性。美国著名认知科学家 A. L. 格艾斯指出,人对客体信息的知觉加工,一般采取两种形式:自下而上的"材料驱动"加工和自上而下的"概念驱动"加工。[①] 材料加工是一种场景、氛围对体验者的随机影响,而概念加工是运用知识或经验图式对知觉进行操作,在意象理解的过程中,概念操作成为主导部分。

知觉对刺激的加工,除了受到从环境中接收的感觉信息外,还受到环境背景、个人经历等自上而下的因素影响,而知觉经验就是影响对信息自上而下处理的资料库,启动效应就是这一过程的重要理论。启动效应是指之前对信息加工的结果,对之后相似的刺激有协同促进的作用。自 20 世纪 70 年代起,认知心理学家迈耶(Meyer,1971)、马塞尔(Marcel,1983)、鲍尔斯(Bowers,1990)等人分别通过不同的实验验证,证实了启动效应的存在。启动效应的产生是一种不自觉的行为,属于潜意识的

---

① 丁峻,邓琇珍,崔宁. 认知的双元解码和意象形式[M]. 银川:宁夏人民出版社,1994:4.

范畴。在景观体验的过程中,所体验到的景观意象会受到潜意识的连接与影响,这是一个逐层递进的过程,而不是没有联系的片段的集合。先前对景观刺激的加工影响后续的景观体验,从而证明了在知觉体验过程中,人会受到自上而下的加工影响。如在 IBM 克里尔湖园区景观中,彼得·沃克通过几何轴线及汀步的设计,将营造出宁静而神秘的几个区域巧妙地连接与组合,景观中每个节点与区域都显得那样宁静与优雅,体验者顺着园路游览感觉到的是逐渐加深的宁静与优雅,相当于每个区域都起到一个强调与连接的作用,从而使整个体验的过程沉浸在一种流畅而连续的宁静与优雅的氛围中。

但无论是概念操作还是材料操作,都是具体而生动的主观或客观的意象形式,他们都属于人的主观认知范畴。除此之外,关于表象及意象的研究证实,人的记忆意象不是对客观事物的模拟或镜像,而是通过主观的经验对客观事物进行改造与拼贴,是主体与客体的双元整合。

信息构建与意象创造:在以意象为形态的认知思维中,人对信息的推断、想象、分析等建构是经过合成、重组以及创造性的结果。例如,在想象性意象中,人运用过去的经验图式、观念等,对头脑中的表象进行虚构、推测、臆想等操作,从而实现美化、夸张、增添解读的效果,实现了通过现实的观念对表象进行改造与创造。以视觉为例,人所意识到的视觉意象,是对经验与图式的激活,形成适应当下情境所需要的内在意象。海德格尔认为人的"前认知"与"前理解"很重要,因为它们是人可以加以利用的并创造性解决问题的主要动力。视觉认知活动的创造性更多表现在与睁眼联想、闭目沉思、梦境想象和无意识幻想等过程中。此时,人的视觉感受器并未接受外在的信息刺激(或未注意它),从视网膜、丘脑、外侧膝状体到视觉中枢,没有传入视觉信息。然而,大脑皮层的单纯型细胞、复杂型细胞和超复杂型细胞等,在额前区概念意象和视听中枢的感觉意象的相互刺激环路中,可以生成多种多样的绮丽图景,实现大脑皮质有关区域细胞团的定向串联并网,形成虚拟而又真如的崭新意象,带来独特的意义与价值。[①]

2.2.2　意象之审美需要

审美意象是情感与形式的综合产物,是动力心理与认知心理的交集,同时也需要表层操作系统与深层动力系统的整合与融汇,它产生于审美心理结构的产生与运行,

---

① 丁峻,邓琇珍,崔宁. 认知的双元解码和意象形式[M]. 银川:宁夏人民出版社,1994:5-6.

而有关心理结构的问题也受到众多美学研究者的关注。对心理结构的探讨始于夏夫兹博里(Earl Shaftesbury,1671—1731)所提的假说"审美能力来自人内心的特殊结构",经过克罗齐(Benedetto Croce,1866—1952)、科林伍德(Robin George Collingwood,1889—1943)、朗格(Susanne K. Langer,1895—1982)等借助康德美学对审美知觉论的各种研究,结合叔本华(Arthur Schopenhauer,1788—1860)为代表的哲学美学对审美内在动力的研究,在二十世纪初,西方对审美结构的研究主要集中在两个方面。一、注重外部体验,以审美知觉研究与审美体验研究为主要核心;二、注重内在驱动力,以审美内在驱动力的研究为主要核心。两者在二十世纪中后期呈现了相互综合、相互融合的趋势。

（一）审美需要与动力结构

汪裕雄在《审美意象学》中指出,意象的深层结构深藏于个体的无意识中,深层结构可分两个层级:其中最直接的一层是审美需求,它影响着体验个体对外部世界的注意;而引发这一层级的需求,则源于人更深层的原初需要,它有关生命的直接需要,也是审美需要的深层动力。

原初需要是审美需要的原动力,它是个体对生命活动的需要、对隐藏的需要、对安全的需要等等,这些需要是人存在于世界之中的基本心理需求,而审美需求深深扎根于这一需求中。原初需要以非压抑的方式转化为物质造型需要。因此,无论设计者还是体验者都可以仅从产品的外观就产生好恶的评价,这导致了对物质产品的外观追求。原初需要经过压抑的方式转化为虚拟造型的需要。由于人的原初需要常常受到自然的无情阻碍,为了克服来自自然的困难,迫使人类诉之虚拟造型,凭借想象力来代替满足。如神话,巫术,祭祀,原始的诗、歌、舞等。除了自然的阻碍,压力还来自社会与文化,社会制度、规范。在维护群体普遍性的同时,必然对个体活跃的感性权利做了限制,这种矛盾冲突,催生了把艺术形象作为表达、寄托的结果。物质造型和虚拟造型虽都由原初需要转换而来,却属于不同层次。前者是后者的前提、基础,后者是前者的虚拟化即非现实化。其共同根源在物质资料的生产实践中。原初需要通过物质及虚拟造型的中间产物对原初需要积淀与超越的结果,实现了向审美需要的过渡。尤其在原初需要向虚拟需要这一转换的过程中,形成了意象－想象系统,形成了从基本需求到精神需求的跨越,因此,从原初需求到审美需求的成功转换,需要积累与超越的双层内容(图 2-3)。

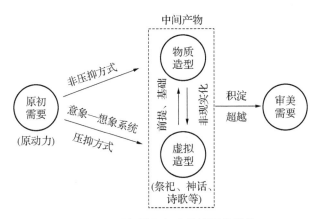

图 2‐3 原初需要向审美需要的转换

景观审美需要是对景观外观—结构、形式与秩序的需要。景观观赏者一旦进入审美状态,审美需要便得到激活,使主体把全部的注意力投向对象的外观,这种指向力一直指引和伴随着观赏者当下的美感心理活动。而这种指向力的来源是不自知的。因此,尽管审美态度是处于意识水平之上的心理状态,可为主体意识所察觉,主体在审美时,对自己的心理活动(知觉、想象、体验等)也能做反观内省,但这些活动如何被激活,以及如何相互转换,仍是意识水平之下的事,为主体意识所无法察觉。正因如此,审美表层操作,虽然整体上处于艺术水平之上,却渗透着大量不可言说的无意识的心理内容(图 2‐4)。

图 2‐4 意象活动的过程

这些无意识内容是审美需要隐秘的原动力,弗洛伊德(Sigmund Freud,1856—1939)认为人的一切创造性文化活动,其动力全部源于欲望遭受现实条件而形成的无意识,这种无意识再以“白日梦”的方式转化为艺术形象,但是这无法解释本能欲望如何在审美中转化为对结构、形式、秩序的需要。荣格补充了弗洛伊德的一些理论上的不足,将生命力作为原始的心理动力潜藏于个体无意识,而且潜藏于集体无意识中。集体无意识以“心理原型”的方式存在着,它经历世代非压抑性的积淀,在后世艺术创作中一再不自觉地呈现出来。荣格的“心理原型”有“心理模式”和“原始意象”两种意思。作为"原始意象","原型"既具象又抽象,具有强大的情感凝聚力与引力。"原始意象"的瞬间呈现,能使潜藏着的夹带强大激情的本能力量得到释放。而设计师在创作过程中,与其说在表达个人的情感与思考,不如说是在表达可以引起共鸣的集体记忆,而这种集体记忆的表现,必须根植于人类的原始意象,它是心理力量源源不断的动力。

杰里科在临近退休之时接触到了心理分析法,对荣格的集体无意识理论深感兴趣。荣格的学说包含了各种人类原型,启发了杰里科、劳伦斯-哈普林等一大批美国景观设计师。杰里科曾写过一篇文章《荣格与景观艺术》(*Jung and the Art of Landscape*),专门谈潜意识在他的设计中起的作用。他在文章中写道:"荣格让我第一次知道了潜意识的作用能增强在景观中的可知性物体的设计,就像在所有艺术创作中那样。通过插入只有潜意识才能感知的想法来提升一个设计是可能的……"杰里科认为,通过内涵丰富的景观,激发人类基本原型,影射隐藏在人类意识深处的概念,如母亲、自我保护、童年、旅行渴望等,这些意象原型能够调和远离自然的人类同脆弱环境间的矛盾。杰里科对现代主义的理解不同于格罗皮乌斯、密斯、柯布西耶等建筑大师,他更多倾向于尼克尔森(Nicholson)、亨利·摩尔(Moore),赫普沃思(Hepworth)等艺术家的理解。杰里科不是一个功能主义者,他更关心对潜意识的探索研究。杰里科曾经说:"就像肖像画家不仅需要掌握形态和色彩方面的技能,还需要掌握许多其他方面的知识,景观设计师首先应该是个心理学家然后是个技术人员。他需要洞察到人类的潜意识。"而这种潜意识是一个隐藏的世界,杰里科曾写道:"按照荣格的理论,人类其实同时存在于两种世界中,即潜意识世界与意识世界。两者作用相反时,我们头脑中的表象就处于一种模糊的状态,两者相互独立,相互分离时,我们没有任何改变,而一旦两者作用力为同一方向时,艺术就产生了。"杰里科在《来自艺术的景观》(*Landscape From Art*)中写道:"所有景观设计无论农村还是城市,它们的终极目标是对人类产生影响。如何获得这种影响已经被证实,那就是景观设计必须对意识和潜意识有吸引力。"他对景观的潜意识设计做了进一步研究,认为景观设计不仅仅是将灵魂、情感投射到自然中,因为心灵本身是分层级的,它就像一系列透明胶片的叠加,这与人类进化有关。

他将心理层级分为五层,认为最基础的原始层级是"岩石和水层",它们存在的时间如此之长,以至于"几乎察觉不到,当然目前也没有人知道它们对人类心理的影响"。在"岩石与水层"之上是"森林层",我们的祖先在很长一段时间内生活在热带森林中。森林在景观设计中会给我们的感知与触觉带来特别的体验。其中还包括我们喜爱的花朵。杰里科设计的许多小型花园都隐含了这一意象。在"森林层"之上是"猎人层"。它的原型是非洲大草原,人类在潜意识中会喜欢有树丛的开阔草地,因此,许多来自十八世纪的浪漫风景源于这一意象。在"森林层"之上是"移民者层",它代表了在从游牧经济到农业时期的过程中,人类开始喜欢数学上的秩序,也发现了几何。最高层级是"旅行者层",旅行中的问题不是表面上的、外显的,而是内在的、本质上的。杰里科认为,在创造设计景观时,可将潜意识概括分为这五个层级(图 2-5)。例如,凡尔赛这种正式的花园,会引发移民者的直觉;那种有树丛的开阔草地类型的景观,又会唤起我们猎人的能力。

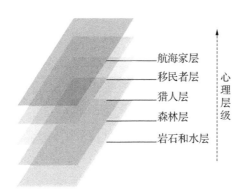

图 2-5　景观情感原型意象的心理层级

杰里科在设计穆迪历史花园时就运用了这种分层级的心理意象方法,在这个花园的表面意象之下,至少有三个潜意识层级。最上一层是最容易的,因为体验者普遍存在情感共鸣的情感意象;中间是通过寓言隐喻表达的神话与宗教故事;最下一层就是原始而神秘的山水。在这些表面意象与潜意识意象的构成中,体验者就像一位穿越千年及半个地球的浩瀚时空的旅行者。杰里科同时认为潜意识是一些可以沟通的形式,有以下的特点:

1. 设计师要洞察他自己的潜意识。

2. 对潜意识探索和发现的内容必须可以被描绘。在杰里科自己的景观作品中,这些内容经常涉及一些象征和寓言。

3. 潜意识的内容被直接表达出显然是不够的。它们必须是有感染力的,引人入胜的。为了"景观的终极目标"这些影响是有益的。

杰里科的园林设计作品就是基于他的潜意识设计研究展开的,理论与实践相辅相成,因此,他设计的园林富有人情味,宁静隽永,带有古典主义的神秘色彩,同时又能与观者进行精神上的交流。

杰里科一直尝试将他的潜意识理论融入到他的设计实践中,因此,他经常使用的景观设计元素中,总会传达出自然、神秘、哲学、寓言等景观意象。埃弗顿公园(Everton

Park,1975)坐落在 Repton 公园附近,沿着公园到宅邸有几百米的距离。长步道在园内的观赏视角分别朝向西面和南面。视野上可以看到英国贝德福郡平原,两条长步道定义了花园的长度,并同时强调了西面方向委托人的房间。

长步道两侧的界面通过建筑物与植物巧妙的设计与搭配,随着不同季节的变化,形成了变化的颜色、形式与围合度。沿长步道前行,南边树丛的设计受到了业界高度的评价。长步道被南立面的玫瑰花丛强调,成片薰衣草的边界在西面平台,沿着草药花园从北到南,创造了在行走中丰富的颜色变化,吸引观赏者感知大自然中丰富的色彩变化。向北,长步道最终延伸到树丛里,在终点处设有装饰性的水缸、雕塑、花瓶等,拉伸了西面的景色,同时也有了情感的聚焦,加强了长步道营造的静谧、自然、和谐的氛围。长步道在花园的设计中起到了平衡古典的秩序和自然的无序的作用。在萨顿庄园(Sutton Place)的设计中设计师营造了一个冥想、幽思的园林氛围,设有爬藤植物廊道、雕塑水池、三个寓意园,利用体验者森林层的情感意象,创造了一个充满自然浓荫又具有神秘感的植物通道。而链式瀑布与鱼形池塘的布置,则是杰里科用隐喻的方式表达了宇宙万物的思想。鱼形池塘和小湖,则为更深层次的潜意识意象。它们与周围的小山精心组合,代表着阴阳结合。整个花园似乎微妙地潜藏了一些当今世界之外的东西。在皇家旅社(Royal Lodge)的项目中,杰里科通过一条茂密植物的长步道连接建筑与公园。步道的材料与沿路的座椅都使用了与建筑物一样的材料,从公园方向看着时隐时现的建筑,会感受到一种神秘的氛围。

在肯尼迪总统纪念公园中,杰里科用长步道将纪念碑与国王纪念长椅相连,就如同一道天梯,将总统及夫人的灵魂引入天堂;在哈维商店的屋顶花园(Harvey's Department Store)中,杰里科设计的花园的潜在意思是连接天空和大地,给人一种天与地间均衡的和谐感。

这个区域相对较小,因此整个水景反射着天光,水中塑造出一块块岛屿形状的小块陆地,代表着大地,水中反射的天光与塑造的小块岛屿组合在一起,把天与地联系在了一起,让人仿佛看到了空气在流动,一种天与地和谐共生的宇宙观油然而生。在穆迪园(Moody Gardens)中,设计师将人类 3000 年的景观历史融入花园之中:隐喻西方古典文化的园林围栏、象征浪漫主义文化的不规则花园图案、暗指中国及日本文化的小桥流水等,在这景观史的大观园中,蕴含了东西方文化深刻的内涵与哲理。

(二)审美偏好与生物基础

1. 栖息地理论

英国地理学者阿尔普顿(Jay Appleton)在美学生物学理论的基础上,提出了"对于景观的审美偏好,必须有可能是对生存能力的增强的假设"的观点。[①]

　　阿尔普顿的观点在杜威所说的"人类和动物一样都是在基本需求得到满足时,产生心理愉悦"的基础上,认为人类的基本需求同动物一样,都喜欢利于躲避、逃跑的环境。阿尔普顿提出栖息地理论,基本内容是与动物一样,人类也有在满足生物性的环境中得到积极的心理反馈的生理本能。自从阿尔普顿的"栖息地理论"提出以后,一些学者通过研究进一步发展了这一理论,具体如表 2-1。

表 2-1　基于栖息地理论的有关学者研究

人物	研究内容	研究对象	结论
巴特泽(Butzer)和艾萨克(Isaac)	史前人类居住的景观特征	非洲、欧洲、亚洲等一些文明点	1. 环境偏好:开阔、多草并伴随大群食草类群聚动物的环境的根本偏好 2. 丰富的、相对可靠的猎物供应比气候条件更为重要
奥里恩斯(Orians)、伍德科克(Woodcock)、威尔逊(Wilson)	早期人类居住地对于现代景观偏好的意义	非洲、欧洲、亚洲等一些文明点	1. 人类进行狩猎时用火烧改变了景观,这样也可以刺激类似热带草原生物群落的出现 2. 对景观偏好的排序热带草原>开阔森林>稠密森林
琼斯(Jones)奥里恩斯(Orians)	早期人类对景观的偏好对当今的影响	澳洲土著	1. 澳洲史前人类存在的大部分时间生活在热带草原或园林似的生物群落区 2. 人类逐渐倾向于这样的栖息地可能持续到今天
鲍灵(Balling)、福尔克(Falk)	对热带雨林、沙漠、热带草原、温带落叶林、针叶林的自然偏好研究	美国东部地区学生、职业林务人员、生物学教师、退休人员及其他成年人	1. 热带草原、落叶林、针叶林被选为适于生活和参观的地方,且参观的评价高于生活的评价 2. 最不偏好景观类型:干旱草原风景、沙漠风景

　　拉宾诺维兹、卡夫林、伍德科克、鲍灵和福尔克等学者的研究成果与"栖息地理论"基本相同。他们主要就史前人类对景观类型的偏好进行研究。就先天偏好园林式景观来说,鲍灵和福尔克的研究结果是最令人信服的。他们还发现三至六年级的学生更

---

① 史蒂文·布拉萨.景观美学[M].北京:北京大学出版社,2008:101-104.

喜欢热带草原类型的景观,其他年龄段的体验者没有明显景观偏好。这说明儿童对热带草原的强烈先天性偏好,这种偏好被后天习得的其他如落叶林、针叶林景观类型所代替。

奥里恩斯提出,不同文化的景观设计似乎都在寻求创造类似热带草原原型的环境。威尔逊指出,日本花园不仅从总体结构上而且从所拥有的一些树的形态与非洲洋槐的相似性上,都体现出"热带草原格式塔"。日本花园在事实上是否体现了"热带草原格式塔"或许是有待争议的话题,但英国相关设计师还原日本花园和它的衍生物(包括美国郊区的庭院)确实与栖息地理论相符,这几乎是没有争议的。无论如何,景观设计的历史似乎没有提供任何与栖息地理论不一致的明显反例。即使存在一些重要的反例,也可以作为文化的畸形来解释它们。

2. "瞭望—庇护"理论

阿尔普顿(Jay Appleton)继续将栖息地理论展开,提出了"瞭望—庇护"理论。这一理论主要关注人"能看见的能力"。他认为"栖息地理论"的假设是基于人的审美愉悦,来自生物本能的基本需求,而"瞭望—庇护"理论是基于在生物本能的需求得到满足后,还会产生能看见外界而不被外界看见的这一中间过程的需求满足,而这可能是审美需求的更直接的来源。

"瞭望—庇护"理论描绘了一个保护个体免受危害的机制。能看见而不被看见的能力在追捕猎物和躲避食肉动物(这是两种人类早期重要的生物需要)时尤为重要。"瞭望—庇护"理论连同他对环境刺激物的三个宽泛分类成为阿尔普顿《景观的经验》的绝大部分的亮点。如克劳福德(Crawford)所评论的那样,阿尔普顿强调"瞭望—庇护"理论的重要性,而把其他与生物生存的景观特征排除在外,如清洁水的获得,这是相当奇怪的。这些景观特征中有一些与了解环境信息的基本需要有关。就人类的信息需要来说,一致性、易辨性、复杂性和神秘性都是令人想要的景观特征。

阿尔普顿在书中区分了瞭望、危险、庇护的基本形象和符号体系,他通过讨论表面、明亮和黑暗、符号体系的层次、规模和运动而进一步发展了这个框架。他同时也用各种艺术形式中的景观为例来阐释他的理论。这些例子源于景观设计、建筑设计和城市设计、绘画作品、诗歌和散文。所有例子都是他精心选择来支持他的"躲藏寻找"理论的,但是,在发展符号框架时,阿尔普顿仅仅列出各种景观特征并加以分类。这些特征中许多是含混不清的瞭望、庇护或危险的符号。尽管他对景观因素的分类过于简单,但阿尔普顿还是对景观美学理论做出了重要的贡献。

表2-2列出的景观评论家的作品,可以进一步阐释阿尔普顿的理论。许多艺术家通

过庇护符号的使用,使得作品产生了庇护意象,从而极大地增强吸引力。

表 2-2　证明景观庇护理论的例子

人物	例子	解释
荣格 (Jung)	识别原型的方法:梦、积极想象的成果等	1. 荣格把原型界定为本能行为的模式 2. 努力找出集体无意识即原型的内容就可能是一种方法,进一步解释行为生物模式或先天模式
巴什拉 (Bachlard)	栖息地和庇护的诗意形象:在《关于空间的诗学》(*The Poetics of Space*, 1969)书中分析了房子、巢、贝壳等意象	1. 风景画中林中小屋的大部分吸引力似乎源于在原始的庇护中存在的各种关系,这种原始的庇护可以概括成一个简陋的小屋和周围森林潜在的危险。 2. 对庇护的审美欣赏与庇护和瞭望或危险的辩证关系的强度相符合
西蒙兹 (Simons)	画作:《鸸鹋,塔丘》(*Emus, Tower Hill*)	以汽车车窗为框提供庇护的意象,汽车作为保护性的封闭,使得这种大鸟看起来不会令人生畏
尤金·冯·圭拉德	画作:《悉尼港》	运用了瞭望庇护辩证法:庇护意象的存在使得原本平庸的画作变成了催生极大兴趣的风景
康德拉·马滕 (Conrad Marten)	画作:《奎若依利瀑布》	阐释了庇护与危险的辩证关系: 在悬崖边上的两个观看者的随意姿势,尤其是躺卧的那个,证明了为了崇高景致的欣赏而接近危险的重要性
杰克森 (J. B. Jackson)	对纽约中央车站的描述	强调了庇护和瞭望的辩证关系:对于一般人来说经过中央车站的直接经验有如下感觉。他经过一个不可思议的序列:黑冷天花板低且人群稠密的空间——突然进入规模宏大富有层次的巨大集合。所有感官都得到了刺激和满足,甚至姿势和步态也即刻得到了改善,心灵得到了极大的满足
黑司(Hiss)	奥姆斯特德设计的布鲁克林瞭望公园	壮观的转换:公园入口隧道出来——长草地延伸的远景
威尔逊 (Wilson)	意大利广场	"这里"与"那里"的对照讨论:由于意大利的街道普遍比较狭窄和黑暗,于是广场成了光和空间的总爆发,在街道尽头出现

人物	例子	解释
伍德科克 （Woodcock）	草原和森林生物群落的研究	1. 人们偏好这样的景观,能提供大面积的美景及其远处可见的享有优势地位的地点 2. 不过他们也同样偏好这样的景观,其宽广的区域具有便利的庇护点,他们不喜欢没有遮蔽的全开敞空间 3. 人们喜欢不仅展示许多而且还能展示更多探索机会的景观 4. 男人更多倾向瞭望,女人更多倾向庇护
拉宾诺维兹、卡夫林(Rabinowitz, Coughlin)	景观偏好	1. "敞开"和"隔离"的偏好模式 2. 偏好带树丛或灌木丛的开阔景观,即结合了瞭望庇护的园林式风景,而不偏好稠密的森林景观

从上表的艺术家、景观评论家以及景观研究者的例子中,我们可以看出环境庇护理论广泛存在于人们对景观集体无意识中以及景观偏好中。

3. 信息—处理理论

信息—处理理论是栖息地理论的一种形式,是对阿尔普顿过分强调"瞭望—庇护"理论的有益补充。卡普兰夫妇1989年通过实验总结了影响环境中愉悦感体验的四个特性:一致性(Coherence)[①]、可理解性(Legibility)[②]、复杂性(Complexity)[③]、神秘性(Mystery)[④]。信息处理理论是栖息地理论的一种形式,是对阿尔普顿过分强调瞭望—庇护的有益补充。卡普兰夫妇(Kaplan and Kaplan,1989年)通过实验总结了影响环境中愉悦感体验的四个特性:一致性(Coherence)、易辨性(Legibility)、复杂性(Complexity)、神秘性(Mystery)。随后,该研究团队又发现人们偏好带有神秘性的景观和可理解的公园景观。可理解性和神秘性越高,偏好的可能性就越大。并且,他们对偏好矩阵因素进行回归分析得出了"神秘性是最可靠的因素"的结论。景观中太多的一致性会让体验者感到无聊,而景观过于复杂的信息又会使体验者产生认知的压力,无法放松。除了卡普兰夫妇的,一些研究者又进一步详细解释了四种信息要素与偏好之间的关系,也有学者在生物基础的理论上进行了其他方面的研究(表2-3)。

---

① 场景的秩序或组织性。
② 场景中的信息应易于接收处理或分类。
③ 场景中的元素具有多样性。
④ 场景所具有的产生新的信息的可能性。

表 2-3　其他学者相关研究

人物	研究问题	结论
吉姆布勒特、依塔迈、费兹格邦（Gimblett, Itami, Fitzgibbon）	1. 根据卡普兰的界定，人们能在景观中感知到神秘性吗？ 2. 景观中哪些物理要素有助于神秘性？	1. 五种元素与神秘性有关：障景、视距、空间限定、物理可及性、光亮森林（指立即出现的前景在阴影之中，而远景是被光照亮的林地） 2. 视距与神秘性呈负相关 3. 树林风景中空间限定或封闭和物理可及性与神秘性是正相关的 4. 光亮森林与神秘性也是正相关的
汉弗莱（Humphrey）	人类通过分类获得的理解愿望	1. 自然中的或艺术中美的结构，是那些有助于完成分类任务的结构，它以一种信息丰富的和容易掌握的方式，展现事物之间的"分类学"的关系 2. 由于我们喜欢给事物分类，因此受到韵律、节奏和关于同一主题的各种变化的吸引

这些研究在卡普兰夫妇所总结的理论的基础上，进行了更加深入细致的探索。

（三）审美意象与意象世界

叶朗认为："审美意象不是物理的实在，也不是一个抽象的理念世界，而是一个完整的、充满意蕴的、充满情趣的感性世界，也就是我国古典美学中所说的情景交融的世界。"[①]按照现象学的意向性理论，审美活动是一种意向性活动。意象之所以不是一个实在物，不能等同于感知材料（如自然事物和艺术品的物理存在）。意象是由意向性行为产生的，在意向性行为的基础上，不仅使"象"呈现，同时意蕴也伴随意向性行为产生，在审美活动中即意向性行为的过程中，实现了个体与客观世界的沟通与交流。杜夫海纳认为观赏者在感受作品时，关心的并不是构成作品的物质存在，而是知觉和物质作品相遇时所产生的"感性"。"感性"是杜夫海纳美学中一个关键的术语，它是作品被感知时所形成的东西。例如，我们在欣赏景观时，景观的物质存在并不是审美对象，而真正的审美对象应该是在欣赏景观时，空间中所形成的某种氛围、含义、思考等。这就是审美知觉中形成的感性，它就是审美对象。所以，杜甫海纳认为，审美对象是"感性的最高峰"和"最辉煌的感性"，而是否有这样的"感性"也就成了审美对象呈现的主要标志。在审美活动中，不存在没有"我"的世界；世界一旦显现，就已经有了"我"。"只是对我来说才有世界，然而我又并不是世界。"审美对象存在于意象世界中，只有主

---

① 叶朗. 美在意象[M]. 北京：北京大学出版社，2010：73.

体"我"存在时才会产生,主体"我"对客观世界的投射使审美对象显现。因此,审美活动是意向性的,它离不开主体"我"的存在,离不开主体的意向性行为,同时也需要人的意识不断激活知觉材料及观念与情感因素,伴随这一过程的展开,就显现了一个充满意蕴的意象世界。

2.3　景观意象体验构成

基于哲学、认知心理学、美学等相关理论研究,景观审美意象的构成分为三个断面,即意象的知觉断面、意象的情感断面、意象的符号断面。意象的知觉断面是意象唤醒与形成的开端,在景观意象体验中,这一层面是对景观各方面感觉特性的整体的、综合的反映,为进一步的审美活动提供原材料。景观意象的形成需要多重感官的知觉体验,使体验者整个身心处于一种敏感的接受状态,获取广泛的环境信息和景观特征。意象的情感断面是意象组织并形成的驱动力,情感表达着景观体验过程中的某种感受、某种思维与行为倾向,它影响着记忆与想象意象的选择、诱导,情感伴随着意象形成的整个过程,是审美意象形成的标志。意象的符号断面是形和意的结合体,是一种永远运动着的模式,它弥散隐藏在景观实体中,通过实体的形象被体验者捕获到,让体验者理解与反思并进行意象的升华。

2.3.1　知觉感知

感觉与知觉属于认识过程的感性阶段,是对事物的直接反映。感觉先于知觉,是人脑对直接感知的客观事物的个别反映。知觉是人脑对直接作用于感觉器官的客观事物的整体属性的反应。有关知觉理论的研究,按加工方式可分为两种。第一种以感觉经验加工为核心,试图解答感觉信息是如何在大脑中加工、合成的,代表理论有:经验主义关于联合假说、处理论,强调经验规则与理性主义,这一理论强调固有想法和来自感觉的推理判断,如:诺伯格·舒尔茨的有关设计过程理论、格式塔理论、信息过程理论等。第二种,认为知觉是主动地与客体相互作用,代表理论有:J.吉布森的生态学方法、U.舍尼为这一理论增加了心理模式不同学科对"知觉"的不同的解释。有的是从神经心理学角度定义的,即知觉是由刺激引起。段义孚认为"感知是对外界刺激的反应,但往往人在有目的行动中,对外界的刺激有的很清楚,有的可视而不见,听而不闻,这与他行动的目的有关"。Schiff强调"感知"在神经心理学方面的定义与在社会感知方面的定义有区别。后者关心的是对刺激所产生的意象。总的来说这个意象被他个人在过去直接遇到同样或相似的刺激时积累起来的经验修正过。但按环境心理学、建筑学、地理学的看法,知觉只适用于行为环境,个人对现象环境的意象就包括了他对现象环境的知觉内容。

从认知学的角度可以将景观意象知觉内容理解为表象形成的过程。认知主体在通过感觉器官接触过景观后,根据感觉源传递的表象信息,在思维空间中形成有关认知景观的加工形象,并在头脑中留下物理痕迹和整体的结构关系。这一层次的关联主要指景观欣赏者感受器受刺激后,能产生被大脑解读为图像、声音、气味等感受的过程。知觉代表了处理外部输入信息的最初的一系列过程。

(一)五种知觉体验

1. 视知觉

相关研究表明,人脑所获得的外界信息百分之七十以上源于视觉。视觉可分为光觉、形觉、色觉、立体觉等。视觉是人通过眼睛这一重要感觉器官,对外界刺激的录入和分析加工。阿恩海姆在《视觉思维》中认为,视觉是意象形成的基本工具,其优于其他感官的地方在于它是一个清晰且丰富的媒介,人可以通过视觉获取外界复杂多样的信息。现代心理学的发展为视觉研究提供了不同的视角。心理学家吉布森(James J. Gibson)区分了"视觉域(visual field)"与"视觉世界(visual word)"。他认为前者是指直接反映在视网膜上的影像,而后者则是完整的感知,包括其他知觉来源提供的知觉素材,以及改变视觉域的影像。任何感知都会受到已有知识倾向的修正,个体的需求、以往的经验、态度、偏见等,这些都会影响我们对视觉域的修改。视觉域生成在我们的视网膜上,它来自不断变化的光影结构,而我们每个人根据一切可利用的内部与外部信息创造出一个复合的形象,它就是吉布森所说的视觉世界,也是本书所指的意象。[①]

格式塔的视知觉理论,也是解释景观意象如何选择并加工景观元素成为表象的重要理论。1912 年德国心理学家惠特海默(Max Wertheimer,1880—1943)通过实验证实了似动现象的存在,由此推论,在心理现象中,整体不能分解为元素,整体也不是由元素构成。整体应该先于部分,整体决定部分的性质,部分的性质有赖于整体的位置、关系和作用。惠特海默同时指出,人们总是用直接而统一的方式把事物知觉归为统一的整体,而不是一群单独的知觉。在此基础上,他进而在 1923 年提出了知觉组织原则。该原则包括图形-背景、临近性、类似性、封闭性和完型趋向等。格式塔心理学认为,心理是一个整体,整体并不是部分的简单相加。每个整体都具有自身独特的意义,整

---

① (匈)伊芙特·皮洛.世俗神话:电影的野性思维[M].北京:中国电影出版社,2003:61-63.

体的性质决定部分的性质,部分的性质则有赖于它在整体中的关系、位置、作用。"整体观"贯穿于格式塔心理学体系中。① 格式塔理论探讨了关于环境因素,如光、影、颜色、形状等所创造的众多可能性张力,同时也解释了意象世界中情感、经验、图式等与知觉相关的问题。格式塔理论认为个体所知觉到的形,是经过处理优化的结果,它不是环境本身所具有的。

2. 触知觉

触觉是通过实际接触来体验环境中的对象,比如徒步穿越山谷而不是远望它。作为感知体系的一支,触觉合并了压力感、热感、冷感、痛感、肌肉运动感等众多知觉,因此它包括了众多的知觉体验。知觉活动是内部及外部同时进行的。触觉系统优于其他感觉系统的最重要特点——可以直接与客体环境相接触。孔第亚克也指出,只有通过触觉的帮助,听觉、视觉、嗅觉、味觉等知觉才能够反映客观现实。也就是说,触觉是其他感觉系统的基础,在触觉的协助下,其他感觉系统才能更好地与人进行物质信息与情感信息的互换与交流。触觉的感受器分布在身体表面的各个部分,个体所获得的触觉信息主要可分为三种类型:触压觉、温度觉、痛觉。触觉所包围的身体表面既是一道屏障,同时也是感受信息与物质信息交流的平台,在阳关下晒太阳会使个体产生温暖的温度觉,触摸混凝土材料个体会得到粗糙的触压觉,撞到金属坚硬的棱角个体会产生疼痛感等,个体身体的各个部分的触觉敏感度不同,而且会受到不同个体经验等的影响。触觉体验是景观体验的重要部分,当体验者在欣赏景观时,会本能地不满足于眼睛所看到的景象,而要与景观进行进一步的交流,要用肌肤去感知这个环境。当进入路易斯·康设计的位于加利福尼亚拉霍亚的萨尔克生物研究所的户外空间时,会有种不可抗拒的冲动想要走上前去触摸那混凝土的墙面,感受它鹅绒般的光滑和温度。当走入丹凯利设计的喷泉广场中时,会不自觉地在广场中与喷泉接触,在喷泉中嬉闹,会主动摸一摸喷泉中的水波。夏天人们喜欢待在公园里的树荫下,享受大树底下凉爽宜人的环境;冬天时,我们愿意走到太阳下,体验被阳光照耀下的温暖;走在硬度、质感不同的铺装上所体验的不同脚感……这些通过触觉感知的一个个场景最终都以意象的形式呈现在脑海中或保存在记忆里。

3. 听知觉

爱德华·霍尔在《隐藏的尺度》一书中认为与听觉信息相比,视觉信息更加集中而

---

① 王鹏,潘光花,高峰强. 经验的完型:格式塔心理学[M]. 济南:山东教育出版社,2009:1.

较少具有含糊性。[①] 听觉信息在环境中无处不在,但与视觉与触觉相比,听觉具有持续时间短且不够集中的特点。但在景观体验过程中,一声鸟叫、潺潺的溪水声、一阵蛙鸣等都会影响体验者对整体环境的感知。在景观设计中,设计师也常常通过树阵、墙体、喷泉等将某些空间疏远间离,从而获得闹静分离的效果。巴什拉曾问道:"没有听如何能看?"在景观体验中,有时声音可以引起体验者对声源的好奇,从而引发探索;有时来自自然的声音会营造出一种宁静的氛围,使体验者陷入沉思;有时声音也会引发体验者对某段记忆的回忆,让人进入意象的世界中。因此,听觉同样对知觉体验者起到重要作用。听觉空间不像视觉空间围绕着物体周边展开,而是聚集在发声源上,即使看不到也可能听得见。声音可以营造场所的氛围感,如市井小贩的叫卖声、熙熙攘攘的街道上嘈杂的声音、田间的蛙鸣狗吠等这些声音的加入衬托出场所显得更加生动活泼;火车汽笛声、寺院钟声、草原上的牧笛声、雨打芭蕉的声音等,这些声音的加入使得场所显得更加静谧。声音可以营造画面感,如"石浅水潺湲,日落山照曜。荒林纷沃若,哀禽相叫啸""秋泉鸣北涧,哀猿响南峦""活活夕流驶,嗷嗷夜猿啼"等诗句,在被阅读时会使阅读者在其脑海中直接呈现出不同的场景画面。一些熟悉的声音还可以引发深远的联想。由声音引发联想所产生的意象世界与记忆和潜意识相联系。如校园的铃声、城市广场的整点钟声、轮船的汽笛声等,无论在哪里听到,都会引发不同场景的记忆意象,让人陷入遐想或深思中。

4. 嗅知觉与味知觉

嗅觉和味觉对景观的感知有其特殊的功能。但这两种感觉往往不如前面几种知觉起的作用大,对人类而言,嗅觉器官对于做出快速判断具有重要的帮助。嗅觉系统往往不经大脑深思熟虑的判断就开启某种行为,这些行为往往与个体的偏好有关,嗅觉似乎可以发出"继续""停止""喜欢""厌恶"等指令。人们往往在闻一下气味就可以产生愉快或不愉快的情绪。[②] 因此,许多商家利用人的这一特点,会在店面中喷洒好闻的香水吸引顾客。在景观体验中,我们也会不自觉地为某种花的香味引发愉悦的情绪或停下脚步只为多呼吸一下这种气味。嗅觉与味觉往往在感知空间时起到微妙的作用,这种作用又是令人难忘和印象深刻的。当你闻到一股香味时你已经开始回忆与相关味道的体验了,它会触动大量有关情感、情节的气味信息。帕拉斯玛认为在空间中,最容易引发记忆意象的知觉信息就是气味,一种气味可以直接将个体带入意象世界中,使体验者在脑海中瞬

---

① 沈克宁. 建筑现象学[M]. 北京:人民出版社,2013:116.
② 皮埃特·福龙,瓦润,等. 气味:秘密的诱惑者[M]. 北京:中国社会科学出版社,2013:198.

间回到某个时间、某个场景、某种情感状态。例如公园中桂花树的香甜可以使人回忆起第一次吃桂花糕点的场景,以及当时的那个店铺、那条街道、那时的心情。这种特殊的气味使人在不知不觉中进入到自己意象的世界,嗅觉与味觉将这个深藏在记忆中的景象唤醒,从而引起视觉上的回忆产生意象。

(二)知觉与情境

凯文·林奇在对波士顿、泽西城和洛杉矶三个城市进行调研比较研究后,在《城市意象》一书中写道:"在每个时刻都有眼不能见、耳不能听的情境,都在等待着被探索的环境和特色。所有的事物都不能被孤立地体验,而是与它的环境,与导向它的一系列事件,以及过去的记忆相联系的。"人们对环境特性所做出的种种判断,其实是无数因素的复杂融合,正是这些因素形成了人们能够即刻和综合领会整体性的氛围、感觉、情绪或者环境。卒姆托曾经说:"我进入一个建筑物,看到一个房间,然后弹指间,就产生了这样的感觉。"哲学家杜威曾经有过这样的描述:"最扑面而来的是令人眼花缭乱的印象,也许是一个突如其来的靓丽的景观,或者是我们进入教堂时昏暗的灯光、焚烧的香炉、彩色玻璃和雄伟的比例,它们融合成了一个无法区分开的总体印象。当我们说我们被一幅画拨动心弦时,这是一个真实的叙述。在我们能够肯定地确定某物之前,就已经产生了一个印象。"杜威领悟到体验的本质就是瞬时的、富有表现性的、感性的和潜意识的。

空间情境包含了体验者、设计元素以及两者间的空间联系,空间情境的体验是需要集合感官体验:触觉、气味、温度、光照、材料、质地和颜色等形成的综合意象感知,而非仅由物体本身产生的意象。这种空间情境体验是贝尔纳·拉絮斯所说的"氛围体验":"氛围是一个复杂和互动的艺术创作,光线是艺术家的一种手段。然后形式在光线下衍生出运动,并转化而产生氛围,因此只有氛围才是体验中真实的形式"。这种空间情境体验又是索拉·莫拉说所的"分散点位体验":"如今的艺术领域是可以从产生于分散点位、多样化且异质的体验中进行理解的,因此我们对美学的接近是源自一种弱质的、断断续续的、边缘方式的,并拒绝每一次可能最终明确地转化为一种中心体验的转变的可能性"。这种空间情境体验也是哈普林所说的"剧场":"对我来说,一个环境设计就像包括人们在内活动的剧场设计一样——一个供人们移动、绕行的动作以及歌唱的中心"。

情境在文学、电影、戏剧和绘画的创作思考中,往往比景观、建筑更具有一种意识的目的性。甚至一幅画中的意象也会与一个总体的情境或者感觉相融,通常在所有绘画中,最重要的统一要素就是其特定的亮度和色彩感觉,它们甚至比概念性或者叙述性的内容更为重要。例如,J. M. W. 特纳和克劳德·莫奈的画就可被称为"制造氛围的画",这些艺术家的作品中形态成分和结构成分的含量被故意压抑,从而创造出一种环绕和无形的氛围,显示出暗示性的温度、湿度及空气轻微的流动。除此之外,戏剧、电影也同样通过制造特别的氛围来抓住观者的想象力和情感。

2.3.2 情感感触

（一）意象之感性与理性

景观意象体验始于主体的知觉,随后知觉引发情感,这是意象所包含的两个基本要素,但是意象并不只是感知与情感,成熟的意象会在感知与情感的基础上,让体验者产生富有哲理的理性思考。呈现一种由内而外逐步加深的精神内涵。景观作品首先要包含丰富的知觉信息,这是作品可以被感知到的最初始也是最直接的途径。随后体验者经由知觉信息引发意向活动,从而产生情感倾向甚至引发思考与感悟,但这些引发情感与理性的因素都只能隐藏在景观作品的知觉信息中,没有办法直接表达,因此,在景观设计中,设计师需要找到通过知觉引发的情感激活点,这样才能使作品具有生命力,使体验者触发出理性与情感。

景观意象的理性成分,体现了体验者与设计者的洞察力与思索力。面对自然万物,景观不仅仅是通过审美情感的触发而获得的意象,同时景观意象也应具有哲学思辨的精神内涵,这种思考来自于对生活现状、社会问题、生态环境等方面的关注。然而在艺术的知觉、情感、理性三者中,起主导作用的是情感,情感伴随着整个景观体验过程,而理性之于知觉与情感只能将其渗透、隐藏其中,因此,理性来自于感性。理性一经产生,即呈现两种情况:一、理性是与感性相脱离的,最终成为压抑的力量;二、理性经过沉淀又重新取得感性的形式,恢复到感性的状态,就有了更为高级丰富的内涵。景观意象所需要的理性只能是后一种。理性出自于感性,感性又包含、融合理性,人类真正优秀的精神产品都是如此,景观的意象也应如此。一个完整的意象必须具有感性与理性的双重成分。意象的感性成分表明了体验者对景观的感受深度。意象的理性成分则表明了体验者对景观的理解深度。

（二）意象之情感与文化

在研究情感的众多理论中,大致可以将其归为四种理论:情感机制论、行为主义情感论、情感认知论及体验和精神分析情感论。情感机制论是情感研究的开路先锋。詹姆士·朗格认为,主体对自己身体发生的变化所产生的感觉就是情感,而身体变化先于情感,由外部环境刺激所引发。在这一理论看来,情感发生遵循的是环境—感受器—大脑皮层—内脏和运动器官的路径,这一结论虽然具有片面化的色彩,但奠定了情感发生的生理基础。情感行为主义理论则更深地根植于科学和实验条件中。条件反射说的始祖巴甫洛夫提出了情感的"动力定型说",将情感设定为旧动力定型的动摇和破坏以及新动力的产生之间的神经过程,并且该过程可人为操纵;斯塔格纳也认为,情绪是由后天的学习获得的,并非先天或遗传。情感行为理论纠正了情感仅为心理感受的看法,但同时也用实验条件下的刺激反应去限定、剪裁丰富多彩的情感和行为,因此,具有较严重的机械化和简单化的倾向。如果说上面两种类型具有较浓厚的科学主义色彩,属于情感研究中的深层生物学领域,那么情感的认知论和体验分析则侧重于主观分析,开始向心灵或人类文化发展。情感认知论有一个著名的西米诺夫信息公式:$E = -N(In - Ia)$,情绪(E)等于主体需要(N)与必要信息(In)和可得信息(Ia)之差的乘积。当必要信息小于可得信息时,主体情绪则呈现消极状态,反之则呈现积极状态,阿诺德则指出外界的刺激并非自动产生情感,必须要经过主体的认知和评价才行。情感与认知、评价因素相互融合。这一成果无疑对情感研究有了拓展的意义,使情感从低级感觉升格至认知活动。在体验和精神分析情感论中,文化的氛围更加浓厚,从弗洛伊德从人类潜意识的角度对情感进行研究,到荣格对情感的社会集体性乃至人类文化性的分析,情感的生理—心理研究到达了顶峰。

然而要想真正地理解情感必须深入到对人的研究中,也就是说必须深入到文化之中。因为人既是文化的创造者同时又被文化创造,文化因素里浸透着人的因素,人与文化间呈现盘根错节的复杂关系。从现代神经生理学角度来看,个体对外界的任何一点微小的感受中,都渗透着文化的改造作用,不可能是纯粹的生理体验。既不能认为情感是一种纯主观和无法言说的躁动,也不能简单地归为是理智制约的产物。情感应该是作为一种具有广泛的感受性,是沟通生理心理与文化之间的桥梁。因此,我们也可将情感认为是连接人类知觉与景观场所意象的纽带。正如苏珊·朗格所言:"就其宽泛的意义而言,情感就是主体在任何状况下产生的任何一种感觉,例如感官刺激、内心张力、痛苦、情愫、意向等,它们都是心智的印迹。"[①]情感将人的生物性与文化紧密相连,一方面它表现出了个体独特的感受性及不可替代、与绝不雷同的特征,另一方面在其内部又联系着人类文化,并不断从文化中吸取养料沉淀到个人的感受力中。

---

① 外国美学编委会.外国美学:第12辑[M].北京:商务印书馆,1995:64.

2.3.3　符号感悟

（一）意象符号特性

独立表现性：独立表现性是指意象符号本身的完备性，即意象符号的表现性中的知觉、情感、意义的内容，并不存在于设计者的头脑中，也不存在于体验者的理解与想象中，而是其形式、质感、味道等具备了知觉、情感、意义的内容。这与格式塔心理学中所提的异质同构类似，情感的产生是景观作品引发体验者的情感共鸣，景观作品的情感通过物质呈现，而体验者的情感是真实情感的流露。意象符号的表现性是引发体验者产生共鸣的前提。阿恩海姆指出："事实上，表现性乃是知觉式样本身的一种固有的性质。"①阿恩海姆认为这种固有的性质由一种力的结构引发，而正是这种力的结构在物质与精神世界都具有意义，因而产生共鸣。也就是说向上的振奋感、下降的沮丧感、向前的力量感、向后的退缩感等等是一切存在意象的基本形式。阿恩海姆认为："无论在人自己的心灵中，还是自然现象中，都存在这样一些基调。"也就是说晚霞、一片荷花、一株树苗、墙上的斑驳等都和人一样具有表现性。由于这些表现性是客观事物自身所存在的，因此，设计师的任务是将客观事物进行组合、调整，创造出恰当、生动、有韵味的景观作品，而体验者的任务就是在自身的意象世界中，丰富、理解意象符号。格式塔心理学家柯勒曾说，在大多数情况下，人们只对那些具有表现性的物理活动本身做出反应。也就是说真正的意象符号应该存在特有的形式和与之对应的意义，并形成意象符号的独立表现性。

模糊与多义：景观意象符号通过物质、形式等将抽象的情感与意义具体化，但情感与意义只能以隐含的方式存在于物质实体中，因而对体验者来说，景观意象具有模糊性，而这种模糊性又造成了理解的多义性。景观体验是一个三维空间与时间的体验，因此，景观意象在其中的展现也是多角度多侧面的，同时，景观环境是由众多意象组构形成的，由于景观体验并不存在一个统一的理解公式，因而形成了多义解读的可能。滕守尧说："一个符号可以引起深层无意识的反应，它会调动或激起大量的前逻辑的、原始的感受，还会引起许多完全属于个人的感受上的、感情上的或想象的经验。"②可见意象符号可以从不同侧面解读出多种含义，如：一块岩石我们可以说它是巨大的、笨重的、质朴的、神秘的、原始的等等，显然这些释义并不相同，可以是有知觉的、有情感的、有潜意识的，因此，虽然意象的模糊性会带给体验者许多猜测性的解读，但同时也提供了体验者自由再创造的

①　（美）鲁道夫·阿恩海姆. 艺术与视知觉[M]. 滕守尧, 朱疆源, 译. 成都：四川人民出版社. 1998：636.
②　吴晓. 意象符号与情感空间：诗学新解[M]. 北京：中国社会科学出版社, 1990：27.

想象空间以及解读的乐趣。

制约与组构:单个意象具有明显的局限性,它无法展现多样的功能与情感,也无法将主题表达清楚。要达到以上的目的,就必须借助意象的符号组构,展现景观环境中体验者与客观景物互动的作用,以及景观构成的复杂关系。景观环境是由众多意象组构而成的,意象与意象之间是相互渗透与影响的关系。布洛克曾说:"诗的图像意义完全来自它的各个部分和各个部分的独特结合方式。虽然理解其中每件事物的一般意义时所需要的那种普遍经验不可缺少,但它的意义主要还是来自其中各个部分之间的相互作用和影响。"①每个意象都有可解读的多个侧面,但是意象群一旦被组构成一个整体,就会形成一个有机的整体,呈现整体的氛围,这个氛围会限定景观的意义,同时也引导体验者的解读方向。亚里士多德曾说:"要是某一部分可有可无,并不引起显著的差异,那就不是整体中的有机部分。"②这些意象符号的组构形成了意象的意义网络,承载并传递各部分的意义,同时也形成了整体的意象内涵。

(二)多元理解与反思

景观理解是景观解释的基础,它直接占有了景观的含义。对于景观解释来说,景观理解较景观说明更为重要,因为景观符号是非自觉性符号,它的解释直接就是理解,景观审美意象只有在理解中才存在。对体验者而言,景观理解就是由现实意识上升到审美意识;对文本而言,就是由现实符号转化为艺术符号,总之,就是由现实进入审美。这个过程要求摆脱自觉意识和符号的控制,充分发挥直觉想象能力,使感性意象上升到审美意象。

景观的理解过程就是上图景观意象不断深入的过程。它的起点是感性意象,感性意象是解释现实符号的产物,包括景观创作中的现实感受和景观体验中的感性印象。感性意象在译解过程中导致其反面——对现实符号的消解,使其摆脱自觉意识与现实符号的控制,有审美意象上升的趋势。这个过程的动力来自于审美理想。审美理想是潜藏于无意识中的、自由的、全面发展的要求,在审美对象刺激下,在无意识中发生,形成审美理想。审美理想一旦发生,就能动地实现自己,这是通过对审美意象的塑造来实现的。首先,审美理想支配审美注意,使感性意象摆脱自觉意识的控制,并按审美理想的需要加以选择,从而为审美意象的塑造做好准备。其次,审美理想又调动想象力对感性意象进行加工,这个过程就是感性意象上升到审美意象的过程。在体验者的想象过程中,现实符号被消解,现实意义被超越,产生审美意象,这就是对

---

① 吴晓.意象符号与情感空间:诗学新解[M].北京:中国社会科学出版社,1990:28.
② 朱志荣.古近代西方文艺理论[M].上海:华东师范大学出版社,2002:38.

于景观的理解。从理论上讲,艺术理解过程至此结束,但在实际过程中,上述过程是不断往复的。审美意象、审美理想不是一次完成的,而是在循环往复的创造中由朦胧而逐渐明确的。

审美意象的成立标志着审美意识形成,艺术理解结束。审美意识作为理性非自觉意识充分实现了现象学所追求的纯意识,它以理性直观把握住了事物最深刻的意义——作为存在的意义。现象美学家杜夫海纳说:"我们敢说,审美经验在它是纯粹的那一瞬间,完成了现象学的还原。对世界的信念被暂时中止了,同时,任何实践的或智力的兴趣都停止了。说得更确切些,对主体而言,唯一仍然存在的世界并不是围着景观实体或在形象后面的世界,而是属于审美意象的世界。由于形象是富有表现力的,所以这个世界就内在于形象,它不成为任何论断的对象,因为审美知觉把真实和非真实都中立化了。"

景观解释由理解到释义需要进行反思,景观反思是在理性水平上进行的,所以称理性反思。景观反思的对象是审美意识,反思结果是审美范畴表达的审美意义,这是对景观意象的自觉把握,也是对存在意义的自觉把握。

景观反思首先要把握住审美体验的全部丰富内容,面对完整的审美意象。在景观理解中,卓越的景观向体验者展开它充满激情和生动形象的世界,并且把人生意义的最高领悟给了体验者。这是一种完全不同于现实的自由的生活体验,它极为深刻而又极为具体生动,艺术的生命即在于此;它稍纵即逝,"作诗火急追亡逋,清景一失后难摹"。因此,景观反思必须捕捉生动丰富的艺术感受,不断体验、回味,寻找最激动人心、能留下最深刻印象的那一瞬间的感受,加深景观体验,在这个基础上才能进行理性反思。

景观反思,是在景观理解基础上进行的,它不同于感性、知性水平的反思。感性反思是以表象来反思感性意象,达到对日常现象的经验把握。知性反思是以概念来反思知性意象,达到对事物某一方面属性的本质把握。景观反思是以审美范畴来反思审美意象,达到对存在意义的最高把握。景观反思不是停留于任何现实观念,而是指向最深邃无极的美的概念。它是哲学意识与审美意识的相互交替,最终抽象为难以用现实语言表达对存在意义的反映。老子云"道可道,非常道",景观反思的终极处就是这种难道之道。景观理解与理性反思两者互相交织,又共同深化、抽象。对其含义的理解由具体的形象和情绪深化到难以言传的体验,那就是审美意象的核心,它只存在于我们为之"流泪和不眠"的时刻,闪现于灵魂震撼的一刹那,又像一种悠长的意味保存于漫长的记忆中,正是这种终极的体验才能与最终极的反思相匹配,充实着景观的审美意义。这种反思是不断超越的过程,它总是超越任何有限的意义,指向对存在意义的揭示。

2.4　本章小结

　　本章首先分析了意象的演进与特性。意象是表象经过情感处理后的情感表现,表象形成意象是由需要经过前意象状态的表象分解、确定意象的表象选择、情感作用的系列步骤组成。意象在诗歌、艺术、景观等不同的艺术类型中,为读者、观者、体验者提供了情感、想象与思考空间。通过对园林史的简要回顾,阐明了不同时期的景观意象主题及要素,由此提出了体验视角下的意象的两种特性:一种是认知特性,是在人们获得体验对象的具体表象后,对其进行的判断推理等逻辑判定;一种是审美意象,是表象经过情感的联系与想象力的创造而形成的,而景观的意象创作其实是对景观审美意象的创作,人们在景观中的体验实质上是对审美意象的解读。

　　在"意象的认知与审美需要"一节中,分析了意象产生的原动力以及形成过程。其中,意象的认知需要来自人对信息的建构过程,需要通过信息接收与注意选择、模式识别与意象图式、材料驱动与概念驱动、信息表征与抽象归类、信息建构与意象创构的系列过程组成。意象审美需要,是原初需求向审美需求的转化,受人的潜意识及生物偏好等的影响。景观审美意象的产生离不开人的意向性行为以及意识不断激活的感觉材料和情感要素,在此基础上景观意象体验分为三个层级即知觉感知、情感感触、符号感悟,三个层级相互交织、逐层深化,从而形成了对景观意象创构的三个切入点。

第3章

景观意象的知觉感知

米尔恰·埃利亚德(Mircea Ellade)认为："人类从未在由科学家和物理学家们所设想出来的各项同性的空间生活过,即未在各个方向的特征都相同的空间生活过。人类在其中生活的空间是有取向性的,因而也是各有差异的,因为每一维和每一方向都有其特殊的价值。"因此,当人们面对各项异性的空间,并试图贴近和洞悉其真相时,仅仅借由技术和理性是不够的,还需要人类自身知觉体验的加入。莫里斯·梅洛-庞蒂曾写道:"……我创造了一个探索个体去研究事物和世界,它具有如此的知觉性,以至于把我带入最深刻的自我,随即带入空间的特质,从空间到客体,从客体到所有事物的边界,也就是说,一个早已存在的世界。"知觉是对事物各方面感觉特性的整体的、综合的反映。它是个体对世界进行解释的第一个成果,它回答的问题是:客体正在关注的对象(客体)是什么? 在认知心理学中知觉属于最初级的认知,为更高级的认知提供原材料。景观意象的形成需要多重感官的知觉体验,使体验者整个身心处于一种敏感的接受状态,获取广泛的环境信息和景观特征。

景观意象的产生依赖于知觉产生的两种不同形式的信

息:景观环境信息和观赏者自身的经验。环境信息主要通过五种知觉系统来获得,其包含的过程是:知觉系统从景观环境中获取信息,并从中抽取广泛的景观特征,知觉对象的前后关系和背景参与形成景观认知的意象。而景观意象的意蕴获得是在此基础上,调用人们整体的、具有代表性的、已经存在的感觉;而且,人们对该特性的感觉是一种发散的、非聚焦的形式,而不是通过精心和有意识的观察获得的。本章进一步研究五种知觉系统的协作与组织会对景观意象体验产生怎样的影响。在意象的知觉感知过程中,观赏者的经验与直觉把握,潜意识影响,意象图式及身体在空间运动时不自觉的身体意象有重要关联,本章主要针对以上几方面进行深入的论述与分析。

3.1 景观实体与知觉意象

让-保罗·萨特(Jean-Paul Sartre,1905—1980)指出:"深刻的艺术作品具有强化存在感和现实感,来自它们参与我们知觉机制与心理机制,并表现出观众的自我体验与世界体验之间的边界方式。艺术作品具有两种同时性的存在:一方面作为物体或者作为表演(如音乐、戏剧、舞蹈等)而存在,另一方面,作为图像与理想的想象中的世界而存在。艺术的体验性现实始终是一个想象力的现实,从本质上来说,它是一个由观察者、听众、读者、居住者所进行的再创造。"生活现实总是把观察、记忆和幻想融合成一种生存体验。这种"杂质"型的体验,超越客观的、科学的描述,只有通过诗意的召唤才能靠近它。这是人类意识中先天的、结构性的"模糊"。就如弗兰克·劳埃德·赖特、阿尔瓦·阿尔托、路易斯·康、彼得·卒姆托等许多优秀建筑与景观设计师的作品,他们的多感官设计将我们拉进空间,强化了我们对自己、对真实感的体验。这些作品让我们在复杂而神秘的感知世界中扎根,为我们创造了物质领域与精神意象领域。而在富有意义的作品中,甚至意象的景观世界都扎根于现实、物质和景观过程中,通过一种张力,使物象现实与意象心理间彼此相连。

3.1.1 实体的存在与意象现实

张祥龙对现象学的意向性理论曾这样评价,胡塞尔现象学认为意识是由某种原因产生的意向性行为,并根据知觉信息等营构出观念、意义与意向对象。张祥龙用放映机比喻这个过程:"就像一架天生的放映机,总在依据胶片上的实项活动(可比拟为胶片上的一张张相片)和意识行为(放映机的转动和投射出的光亮)而将活生生的意义和意向对象投射到意识的屏幕上。"这和意象的产生有异曲同工之妙。叶朗曾指出,意象是由意向性行为产生的,在意向性行为的基础上,不仅使"象"呈现,同时意蕴也伴随意向性行为产生,在审美活动中即意向性行为的过程中,实现了个体与客观世界的沟通与交流。因此,意象不是客观世界给予体验者的现成内容,而是由体验者创构而成的,意象显现的过程包含了一个完整的意象发生机制。它的大体结构是意识及无意识不断地被知觉信息所激活,从而向大脑投射创构的意象,这个意象超出了意识所加工的知觉信息,包含了主体的观念、情感、思考等。

（一）实体存在

景观的物质实体是引发体验者意象世界的基础,景观的意象世界是在此基础上,通过主体的想象建构成的虚拟世界,从而实现了虚拟与现实之间的交流与动态平衡。景观设计从事的是这样一份工作:通过不同的表达方式营造特定景观环境的整体形象,而这种形象必须通过物质实体来传达,就像小说必须用文字来表达一样,景观实体就是设计师与体验者交流的语言,这种语言的表述引发体验者不同的感受与理解。曾任教 AA 建筑学院的朱利安・卢夫勒认为,人们建造物体来限定空间与标注方位是因为它们的稳定性,因此只要它们不被损毁,人们随时都可以感知到它们的存在,而在这些被建的物体中,如果大小合适,人们就可以居住、交易、办公等,随之它们就被投射上了家、交易场所、办公场所等便于识别的意义。

（二）意象现实

知觉想象是面对美的事物时所展开的。当人面对美丽的自然环境或富有感染力的城市空间和建筑作品时,他的全部心理功能都会活跃起来去体验自然或感受作品。当他的心境与环境完全合拍时,他的知觉想象便被激发起来。

滕守尧说:"想象在审美经验中占举足轻重的地位。如果说感知的作用是为进入审美世界打开的大门,那么想象就为进入这个世界插上翅膀。"[①]最近研究表明,感知和想象都在大脑的同一位置发生,因此,这些行为之间有着密切的联系。甚至,感知能够引发想象,而感知不是由我们的感官机制自动创造出的产物;想象力是意向性和感知创造出的重要发明产品。正如亚瑟・扎乔的观点,如果在我们的思想中不存在"内部光明"和形成的视觉想象,我们甚至无法看到光明。

我们的想象技能决定了我们对空间的环境、情况和事件的经历、记忆和想象。甚至那些经历过的、记忆中的行为都会成为一些存在于人们脑海中的影像,它们形成一个富有想象力的现实,产生出与真实体验相似的感觉。我们的心理行为具备的最惊人的特点

---

① （美）V. C. 奥尔里奇. 艺术哲学[M]. 程孟辉,译. 北京:中国科学技术出版社,1986:65.

就是对我们的意向人工完整性赋予了感觉。当我们阅读一部讲述城市生活的小说时,我们可以创造出城市环境、景观环境、建筑物,甚至包括空间和房间,甚至可以感受到其中的氛围。我们不仅通过感官来对环境进行判断,还能借助想象来测试和评估它们。安慰性、邀请性的环境,能够激发我们产生无意识的意象和白日梦式的幻想。巴什拉认为:"房子的好处,是它庇护了白日梦,房子保护了梦想家,房子让人可以安心地梦想……房子是融合人类思想、回忆和梦想最伟大的融合力量之一。"社会心理学家马尔库塞也认为,环境氛围和我们的幻想是深有联系的。他还发人深省地指出,因为我们的现代化环境不再刺激和支持情色幻想,这导致了惊人的性暴力事件增长以及扭曲的性行为的出现。现代城市风情和民居氛围,往往都缺乏感性和色情的氛围。景观作品的想象是设计师通过物质形态的暗示或引导,向体验者呈现的一个隐藏的通过意象构成的虚拟空间,这也是景观意蕴的重要部分。

3.1.2 直觉把握与瞬时意象

阿恩海姆认为:"直觉可以适当地定义为知觉的一种特殊的性质,即其直接领悟发生于某个'场'或者'格式塔'情境中的相互作用之后的能力。[①] 由于在认识中,只有知觉是通过'场'的一系列变化而活动,所以知觉仅限于知觉。"

(一)情境意象与初始直觉

体验者在进行直觉活动时,首先是景观的情境形成一种整体的心物场,以最直接、最迅速的知觉刺激,使体验者迅速获得对景观整体氛围的印象。心理学上将这一阶段的知觉意象称为心觉或初始直觉,也有人将这种心觉体验称为"第六感官"。在景观体验的过程中,这种从第六感官得来的知觉信息往往先于其他感官,尤其是对景观氛围的体验,只能靠心觉来领受。例如进入凡尔赛花园,首先是心觉感知到一种规模宏大的秩序感,这种感觉是在还没有进一步游览时就产生的,它先于形态、颜色、质感等其他感官因素,是对整体氛围的瞬间把握。巍峨的高山、清幽的寺庙、热闹的街市等等,这些氛围感是人与景观接触的瞬间就产生的感受。因此,整体氛围的塑造对体验者的景观体验产生了十分重要的作用,它是体验者在与景观接触后,其感官尚未积极投入时对景观整体的直接印象。然而,心觉体验也不只是被动接受,贡布里希曾说:"看见不是被动的过程,不是视网膜像感光底片一样将感受记录下来……心理学实验室天天都传出惊人的证据,断定这种被动感受的看法(或者说是设想)完全不真实。"朱光潜就曾写道:"当你注视梅花时,你可

---

① (美)鲁道夫·阿恩海姆.对美术教学的意见[M].长沙:湖南美术出版社,1993:4.

以把全部精神专注在它的本身形象,如像注视一幅梅花画似的,无暇思索它的意义或它与其他事物的关系。这时你仍有所觉,就是梅花本身形象在你心中所现的意象。"因此,这种心觉体验也包括了个体在与环境接触的瞬间进行的主动创造。

（二）印象意象与直觉把握

继体验者对景观情调、气氛的直觉体验之后,就开始了视体验者的瞬间印象与感受。印象是"视觉后"的东西,这种"视觉后"的印象式意象,具有极强的表现性,留在体验者脑海中的痕迹也是很深刻的。如:杰里科设计的肯尼迪总统纪念公园,入口部分是一片林荫道,神秘、质朴的氛围,首先会使体验者形成一个对该区域景观的整体把握,在这之后,蜿蜒曲折的花岗岩石块路厚实的脚感、厚重的小门开启的吱嘎声、林荫路上微风吹过地面时变化的斑驳树影等,会使体验者产生印象式意象。它们都是体验者对瞬时意象的直觉捕捉,其变化与交替都十分迅速,这些瞬时意象组接在一起就是杰里科隐喻表达:推开质朴的小门通往神圣之地需要经过泥泞与艰险,虽然路途曲折艰辛,但千百万民众会与肯尼迪一起努力,坚定信念不畏艰险。

瞬时印象产生的意象,不仅与直接观察有关,同时也来自于直觉的变格——幻觉与错觉。幻觉与错觉的表现同样能起到强化感受的效果。如奥拉维尔·埃利亚松（Olafur Eliasson）在凡尔赛花园中设计了一个巨大的从天而降的大瀑布,当体验者在某一瞬间,从凡尔赛宫正面台阶上观看时,由于奔流而下的水柱挡住了背后黄色钢梁建成的塔架,这条瀑布仿佛直接从高空泻入水面,而根本看不清瀑布水流的来源。这时,这种瞬间直觉产生的瞬间幻觉意象,仿佛将体验者拉进一个超现实的幻境中,使本已恢宏、壮观的凡尔赛花园更增添了一份震撼的感觉和梦幻的色彩。这种瞬间的奇异的意象是由于瞬间错觉造成的变异,这种瞬间幻觉错觉,可以改变而增添景观的氛围,使体验者处于兴奋的情绪中,使意象更为奇异鲜活。这种由于直觉错觉产生的瞬时印象,对客观事物本象的变异作用,可凸显、夸大环境的某部分特征,使其呈现出一种变异的效果。由于它是景观留在脑海中最初的意象曝光,因而随着时间变化而变动不定,因此在体验过程中会产生一种"频闪效果"。因此印象式意象具有强烈而新颖的特点。

（三）直觉联想与图式介入

联想是由一个事物想到另一个事物的心理现象。直觉联想主要指主体对环境刺激的感官刺激的直觉反应,相较于联想,直觉联想的感性更强,范围也具体,直觉联想的产生需要记忆图式的支持。直觉联想有简单与复杂两种,简单的直觉联想就是指景观激发直觉联想而产生单一的意象。如粗糙的材料使人想到大自然的亲切;金属的座椅使人想到冰凉的触感;站在香港维多利亚港遥望弥敦道,让人想到哈尔滨的大直街等。简单的直觉联想可能使体验者联想到某个感觉记忆的单独意象,或曾经历过的某个相似的氛围。而复杂的直觉联想可以通过直觉联想捕捉到一系列的意象图式,如游客在哈普林设计的爱乐广场与抽象假山互动的过程中,有那么一瞬间,仿佛自己置身于森林当中:瀑布、小溪、树影、岩石等,脑海中联想到在森林中游玩的场景;夏天在校园中听到阵阵蝉鸣,仿佛把自己带回到儿时在郊外玩耍的情景:野草、田间小路、菜地、蓝天、小水沟等等。通过复杂的直觉联想可以使体验者获得一系列的意象情景,并且这些意象都具有明显的直觉加工,它是由留存在头脑中的深刻的知觉体验作为内容,由直觉联想引发。体验者要想获得直觉联想的意象体验,除了设计师要创造可以引发体验者记忆图式的景观场所之外,体验者的记忆仓库中也需要有丰富的直觉材料,否则体验者很难通过直觉触发产生直觉联想。

3.1.3　潜意识影响与周边知觉

(一)非格式塔视觉

格式塔理论指出,表面感知能够依据明确的形式属性,例如相似性、紧凑性、连贯性等来组织图像元素。但这一理论忽略了那些不属于格式塔难以描绘的形式元素。如由白日梦、记忆、幻想等产生的意象,往往是难以描述的、混乱的,因此,它们很难或者几乎不可能被有意识地理解。然而这种不确定的、无形的、不由自主的、相互混杂的图像、联想和回忆,正是创造洞察力所需要的心理基础,也是艺术表现的丰富性与可塑性的心理基础,引发了"生活冲击"及"呼吸的感觉",这就是康斯坦丁·布朗库西的观点。安敦·埃伦茨威格(Anton Ehrenzweig)认为:"艺术的形式分为有意识和无意识两种。那些着意为之的线条和外形属于有意形式,反之则是'无意形式'(unconscious form),它不受我们的意识、知觉和认知的控制。埃伦茨威格用了一个批评术语'率意形式'(inarticulate form)来指称这种'无意形式'。"[①]

在绘画中,偶然涂抹以及溅点、涂刮、抹擦、材料的破裂、肌理和色层的凹凸、破痕、碎裂等,都是这种"率意形式"。究其本质,率意形式与格式塔的完形心理无关,与有意识的视觉生理现象无关,它不是由人的知觉意识决定的,而是视知觉的升华和隐形。随后,他又进一步对表面视觉与潜意识视觉进行了区分:"表面视觉是分离性的,低级视觉(潜意识的原始级别)是连续性的、系列性的。"

利奥塔意识到精神分析学的空间无意识的空间,摒弃了协调现实这一基本观念。潜

---

① 斯蒂芬·纽顿,段炼. 西方形式主义艺术心理学[J]. 世界美术,2010(2):100-105.

意识无视所有可能,而允许两个、三个甚至五个事物在同一时间出现在同一空间中。而且这些事物完全是异质的,相互之间不存在转换的关系。因而"空间"在字面上完全是不可想象的,是各种矛盾凝结的堆积。在这个空间中没有可见的东西的作用,只能通过从这一"空间"深处浮现出来的各种不同"形象"——一片舌头、白日梦、幻觉——的投射被直觉到。在着手考察这种活动后,人们发现它不是格式塔的产物而是破坏格式塔的产物。这些非中心内容,无意的形式,相反却成为让画面具有表现力并形成一种强烈氛围的重要手段。这些制造氛围的空间以及周边视觉向体验者敞开。这是印象派、立体主义和抽象表现主义的知觉心理本质。我们被拉入一个空间,在那里经历了丰富的体验,感受到浓厚的氛围。我们在进行体验时,适用无意识的知觉机制和心理机制,促使特殊现实的出现,正如梅洛-庞蒂认为:"我们来观赏的,不是艺术品,而是这个艺术品所表现的世界。"

(二)周边知觉与连续性

Dijksterhuis 认为:"人类有两种思维模式——意识思维和无意识思维,它们具有不同的特征。意识思维是指个体在思考时,注意力集中于目标或任务时所发生的与目标或任务相关的认知或情感思维过程,而无意识思维则是指当注意力指向其他无关事物时所发生的与目标或任务相关的认知或情感思维过程。"[①]由此可以看出意识的思维方式倾向于"聚合"而无意识思维方式更倾向于"发散"。帕拉斯玛认为:"被知觉系统全方位包围和瞬时的氛围感知是一种特定的感知方式,我们可以把它称为无意识的、分散的周边知觉。"拉斯姆森认为:"对我们大家来说,只要有一个极微弱的视觉印象就可以认为已经看到了一件事情,一个微小的细节也就足够了。"[②]因此,我们对感知碎片世界的印象,是通过感官的不间断、活跃的信息扫描,结合意象、记忆等创造性融合而成。

胡塞尔认为无意识是"一种完全不被直观却仍被意识的连续性,流逝的连续性,一种'滞留'的连续统,在另一个方向上,则是一种'前摄'的连续统"。可见无意识不是无迹可寻的模糊意识,而是具有内时间意识的结构。潜意识的周边知觉把尖锐和零散的视网膜图像转变成非格式塔的、空间模糊的、呈现式和触觉式的体验,它们构成了我们完整的生存与可塑的体验以及连续感。对空间透视的理解带给人们视觉建筑、而寻求从透视的固定中得到视觉解放的努力,使得多维透视、同时性和氛围空间概念得以发展。

---

① Dijksterhuis A, Nordgren L F. A theory of unconscious thought[J]. Perspectives on Psychological Science, 2006 , 1(2): 95 - 109.
② (丹)S. E. 拉斯姆森. 建筑体验[M]. 刘亚芬,译. 北京:知识产权出版社,2003:25.

（三）集体无意识与原始朦胧

景观设计总是受到各方面的限制,任何景观作品都是在不同的限制因素下创作形成的。在这些限制因素中,有一些是无法言说让人理不清头绪的。集体无意识就是这样一种制约。集体无意识是荣格创造的一个概念,与个体无意识不同,它始于人类祖先,具有某种普遍性的无数同类经验的心理凝聚物。在城市漫长发展的历史中,每一时期都会在人类的心理留下"集体记忆"的片段。罗西在《城市建筑学》中也提到了"集体记忆"的概念,他认为城市具有一种"心理结构",而这种"心理结构"在城市中表现为市民对历史的记忆——"集体记忆"。这种原始因素是朦胧的,因为它深藏于每个人的懵懂之初。即使个体每天都生活在这种城市集体记忆的限制下,也似乎无法具体说明这些集体记忆到底有哪些,它是如何影响个体日常生活的。神话、宗教、习俗、偏好等都是这类局限的主要内容。

针对朦胧的集体无意识领域,许多研究者在各个方面竭力探索,试图解开集体无意识这层神秘的面纱。如克里尔兄弟在他们的城市空间研究中认为,空间的类型被看作是人们存在于心理中的一些"原型",也就是城市的"集体记忆"。根据这些原型,克里尔提出了方、圆、三角三种广场的基本类型。一些研究者在生物学的角度研究出了人类的审美偏好,如阿尔普顿提出了"栖息地理论"及"瞭望庇护理论",认为在景观体验中的愉悦感,来自生物需求的满足。卡普兰夫妇也在此基础上提出了4个决定环境产生愉悦感的因素:可理解性、复杂性、神秘性、一致性。在环境心理学方面更是有大量的研究成果,如领土欲(需要界定和维护私密性),地区偏爱(人们喜欢带有一定刺激的环境),交往区域(个人空间、社交空间、公共距离)等。杰里科在《图解人类景观》中指出:"在现代公共性景观之中,所有的设计都取自人们对过去的印象,取自历史上由于完全不同的社会原因创造出来的园林、范围和轮廓。从根本上讲,它们都是取自人类对世界的印象,取自几何的古典形式,取自自然风景的浪漫形式。"可以看出,景观形态的发展是在原型基础上不断演进更新的,而这些都是受深藏在人们身体内由集体无意识影响的朦胧地带影响的。

3.1.4　意象图式

所谓图式,是指对事件、情景和物体已经组织好了的知识单位,它代表了一个人原先存在的知识结构。用加达默尔的术语表达,它是"前理解""前结构"。这种先前储存在大脑里的图式,从交流的角度来看就是代码。图式控制着知觉对象的同化。知觉通过图式将客观对象整合于主体。图式是环境信息的过滤器,它限定我们探索信息的方向,记号情境只有符合个人图式才获得加工,产生意义。体验者在景观中的知觉实质上是根据自己的图式将输入的信息建构为新的结构。图式不仅有同化作用也有顺应作用,图式不是僵硬不变的。如果客观的刺激不能由图式同化,观者就会根据现实记号情境对图式加以修正,以适应新的环境。

图式的概念最初是由巴特莱(Bartlett)在 1932 年首先提出来的,他运用这一概念来说明储存在人的记忆系统中的有组织的知识。随后心理学家对图式进行大量的研究,虽然对图式的定义各异,但是其最一般的含义还是被心理学家所认同。图式是指人脑中有组织的知识结构。它涉及人对某一范畴事物的典型特征关系的抽象,是一种包含了客观环境和事件的一般信息的知识结构。在一个图式中,往往既有概念或命题网络结构,也包含着客观事物的表象。它就像某个主题组织起来的认知框架或认知结构。

景观的知觉体验总是在意象图式的配合下完成的,意象图式就如同人体内部的一个巨大的资料库,这些资料渗透在个体的知觉体验中,有时甚至取代了实际的知觉。伯格森认为,人们通常会把实际知觉仅仅用作"能使我们回忆起先前形象的'符号'"。不仅已有经验会影响实际知觉,已有知识也对知觉发生巨大作用。拉斯姆森在《建筑体验》中举了一个例子,可以把图式参与到体验者知觉的过程清楚地表达出来:"一位游览奴尔德林根的旅行者一看见教堂就立刻意识到这是一座教堂。我们把教堂看作特殊的类型,像字母表中的字母一样是一个很容易识别的记号……因此,当我们感受到了某种形象:一幢带着尖塔的高房子,就知道我们看到了教堂。要是我们没有兴趣过多了解,一般也不再多加注意。不过如果有兴趣,也可以进一步观察。首先,我们要去证实起初的印象,这真是一座教堂吗?是的,一定是教堂;屋顶又高又尖,前面还站着像积木一样的塔。当我们注视着塔时,它好像在生长。我们发现这座塔比大多数塔高一点,这意味着我们必须更改对它的最初印象……"在这个例子中旅行者意识到体验的建筑是教堂,这就是在知觉的瞬间产生的预设图式。体验者想进一步观察,这时在心中就已经产生期待,发现这座塔比印象中的塔高一点,需要修改原初的印象,这一过程就是图式的修正与更新。

这一例子很好地证明了图式对感性知觉意象有强大的作用力,甚至是后者得以存在的基础。就如波普尔(K. R. Poper)在探照灯理论中指出的那样,人们在观察之前总是带有预期和假设,然后通过观察来检验假设是否正确,所以不受知识控制的经验是不存在的。这就是所谓的"探照灯照到哪里哪里才亮"。具体到对景观的知觉,在景观体验中我们可以这样理解这一理论:个体所感知到的形成意象的景观,往往是内部图式挑选的结果。

（一）预成图式

面对一个模糊、不充分的表象，如在鸭兔两可图中，观者既可以看出鸭子的图形，也可看出兔子的图形，每种形式都有其合理性。贡布里希认为在审美知觉过程中，个体是带着某种图式来加工组织感觉信息的，他在《艺术与幻觉》中曾写道："没有一些起点，没有一些初始的预成图式，我们就永远不能把握不断变动的经验，没有范型便不能整理我们的印象。"①贡布里希所提的预成图式是指通过经验和学习积淀而成的形象观念记忆模式。它对于个体对客观环境的选择、注意并最后建构成形象，起到潜在引导与建构的作用。预设图式在知觉过程中不仅可以起到过滤的作用，还可以将形成的意象分类归档，形成记忆储存，以便于刺激再次发生时，产生相应的预成图式。而在看两可图时，之所以有的人会看成兔子，有的人会看成鸭子，还与心理定向有关，它左右知觉最终选择哪种预成图式，从而寻找相适应的感觉信息，而忽略其他的信息。贡布里希曾比较华人艺术家蒋彝的风景画与西方浪漫主义时期一幅典型的如画式风景画，两幅画同样是描绘英国德文特湖，但画面的表达却极其不同，显然，艺术家所看到的是依据心理图式所构建的因人而异的风景意象。

（二）期待

在心理定向与预成图式相互作用下形成特定的期待，当这种相互作用被景观刺激激活时，它便形成下一步会产生什么样的期待。图式决定了体验者的期待水平。期待是指体验者在知觉过程中由一定的图式产生的对知觉对象的预测或猜想。期待在心理学上称为定势。人的心理总是处于趋向于从事某种行为的状态中。意识的这种先于知觉的准备状态就是定势，它使主体可以根据以往的经验给行为以定向性的、指导性的影响。心理学家用一个简单的实验来说明定势：多次往一个被试手里放两个大小不等的球，于是被试对大小不等产生了定势。最后，再往他手里放同样大小的球，此时被试依然觉得是两个大小不一样的球。这说明过去的经验作为定势系统确定下来并对当前行为给予了定向。"这样，我们就不是只根据特定时间能得到的感觉信息来看世界，而是运用这种感觉信息来检验假设，确定面临的事物究竟是什么。事实上，知觉已经演变为假设的产生和检验的过程。"②

期待在审美意象知觉中具有重要作用。"我们称之为'看'的过程在很大程度上是受习惯和期待制约的。""当'过去的经验'参与目前视知觉中时，它们很少能够也不试

---

① 施旭升.艺术创造动力论[M].北京:中国广播电视出版社,2002:326.
② （英）格列高里.视觉心理学[M].彭聃龄,译.北京:北京师范大学出版社,1986:208.

图真正改变眼前的刺激材料。"这对其他的知觉系统也是一样的,"我们期望我们所知道的东西影响我们所知觉的东西,即影响头脑将感觉提供给它的资料进行分类组织的方式"。

景观知觉意象,或者说对景观作品让体验者产生的期待、解释和补充,是促使体验者意象形成的重要部分。个体在景观体验的过程中,不断地在景观环境中寻找与期待相契合的知觉信息,根据这些知觉信息,体验者又会更新与调整期待,在期待不断稳定的过程中,图式也变得清晰、明朗,从而完成体验过程从"图示"到"子图示"的进一步细化。米歇尔·福柯(Michel Foucault,1926—1984)和罗兰·巴特(Roland Barthes,1915—1980)都曾经提出"一旦作品完成,作者就死了,作者留下的文本对于读者的解读来说是全面开放的"。

(三)修正与更新

体验者在图示的影响下对景观刺激产生了特定的期待,而在对期待的印证过程中,景观实体反过来也会对主体产生影响并使先验图示发生修正与更新的变化。贡布里希在波普尔的"探照灯理论""实证主义""伪证主义""试错"原则等一系列的理论启发下,提出了"图示—修正"理论,即:视知觉同认知过程是相似的,是一个主动探索并不断排错、校正的过程。视知觉的主动性首先体现在它也是从"问题"出发,通过寻找、证实或证伪某个特定的刺激信息而得以实现的。因此,也可以认为知觉会产生对个体期待的修正与更新,当个体对知觉信息进行加工时,如果知觉信息与个体期待不一致或相违背时,知觉就会根据对环境的期待进行不断的意象调整。心理学的相关研究也表明,个体对知觉信息的加工都是从模糊到具体,从整体走向精细的局部,从不确定到确定的过程。

而体验者图式的修正是与设计师与景观作品密不可分的。景观作品可以直接影响体验者的欣赏水平,正是在体验过程中,景观教会了人们应该如何去看、如何去感知,通过不同的审美角度影响人们的知觉取向。贡布里希认为,西方现代主义绘画不断颠覆观众以往的视觉习惯与审美趣味,以此刺激人们对自身的反省与投射。设计师不断创造出新的图式,潜移默化地改变主体的投射习惯,就像周宪所述:"看是一种历史的活动,它与看的历史传统密不可分;看又是一种现实的活动,它总和当前的物象以至艺术形象有关;画家通过学会看来诱导公众学会看,此乃艺术的功能和艺术发展的内在动力。"[①]十九世纪末印象派画家宣称他们只画他们"看到"的情景,最初公众没有受过根据现实世界去解

---

① 曹方.视觉传达设计原理[M].南京:江苏美术出版社,2005:331.

释这些画面图式的训练,因而无法接受,而当人们逐渐学会解读这种"密码"后,"他们走向田野和树林,或者从窗口向巴黎的林荫路眺望,使他们高兴的是,他们发现可见世界毕竟能被看作这样一些鲜明的色块和色点"。由此,"大自然模仿艺术"成为一种新的美学观念。艺术作品教会了人们以特定的眼光投射世界。

3.2 空间知觉与身体意象

帕拉斯玛在《肌肤之目——感官与建筑》中写道:"我们通过身体与城市相遇;我们用双腿丈量着拱廊的长度和广场的宽度;我的目光下意识地将我的身体投射到教堂的立面上,它掠过线脚与轮廓,感受着建筑凸凹的尺度;我身体的重量与沉重古老的教堂大门相遇,当我进入门后的黑暗虚空时,我的双手紧紧抓住门的把手。我在城市中体验到自身,而城市通过我具体的体验而存在。城市和我的身体互为界定与补充。我栖居在城市里,城市同样存在于我的心中。"现象学者们如胡塞尔和梅洛-庞蒂重新将身体放在一个重要的地位进行研究。胡塞尔认为,身体是一个生命体,会产生由内而外的景观体验,而不仅仅是与自然界接触的物质躯体。身体是一个媒介,包含了多种情感载体,同时包含了本能的冲动和反应,在这种思考下,我们通过身体感知、行动,就不仅仅是笛卡尔所说的仅通过意识存在,而是以身体为中心的知觉体验。

身体意象源于心理分析,思想源于心理分析思想。生活中所有体验尤其是在三维空间中运动和居住的体验,依赖于常在的身体独特的形式。个体似乎拥有无意识的和变化着的身体—意象,这些身体—意象与他们关于肉体的客观和量化的知识相当不同。如果我们能够更多地了解关于我们怎样获得和修改我们自身身体的精神图像,我们就能更好地领会感知对象以及周围的背景。

3.2.1 内外空间与身体边界

身体—意象的基本构成就是个体会无意识地认为自己在一个三维的边界范围内。这个边界就像一层保护膜,将身体包裹在内,用于和外界分离。同时这个边界也十分不稳定,处在不断地变化之中,外部环境和个体自身都可能因为个体活动的不同而改变这个意象边界。霍尔曾写道:"我们身体占据的地方,尤其是饱含记忆和梦想的地方,变成一种内部——一个被称作这里的由人占据和呼吸的地方。我们临时占用了一个公共场所,可能是公共汽车或火车上的一个座位,紧密围绕着我们的空间——我们的个人空间立即变成了一种内部空间。我们占据着这个空间,无形的围墙象征性地把我们与外界隔开。"约翰逊也曾写道:"'里面'是指一个物理位置与它外面的另一个物理位置被有形或无形地隔开,里面或外面导致不同的空间感受。通过内外对比,人们对世界产生不同的心理取向,因此,人们利用对内外在空间和感受上的差别,形成对世界的理解,并因此付出行动。"这与三维空间和心理学中所说的"空间气泡"类似,气泡空间的大小也会随着人的运动和社会活动而改变。

人际交往边界　　　　　　边界包容关系　　　　　　　　边界对立关系

图 3-1　身体意象边界

谢尔德在身体意象理论中提出身体意象可以拓展到身体边界以外的空间和物体中,这种拓展稳固的程度依赖于空间和物体与身体关联的紧密程度。因此,边界与身体存在对立与包容两种关系(图 3-1)。身体边界与环境到底处于哪种关系取决于主体的活动与认定。如:我们逐渐接近一面墙,这时会觉得身体收缩,这时身体边界对立作用而产生的。而如果我们通过门口、窗户、景框或谷地,被置于广阔空间的开口,我们会觉得身体膨胀了。当我们专注于看落日、听音乐时,身体的边界又似乎消失了。当我们用筷子吃饭、开着汽车时,这些物体又变成了身体的延伸物,身体边界向外延伸,把外面的物体包括进来,有了这些东西,我们身体超出了皮肤的界限,超出了我们可达到的范围。

景观的空间界面与身体也存在着包容与对立的关系。在景观中,空间的界面被分为顶界面、底界面与边缘面。顶界面保护我们不受太阳辐射,并在某种程度上免受雨、雪、风、霜的伤害,从心理意义上说,它给我以庇护感及安全感。底界面是景观的生态界面、结构界面以及功能界面,它是景观体验的基础,影响着体验者的体验路线、运动结构以及对地区的感知。边缘面可以限定空间大小、视线、层次,引导并划分空间。凯伦和弗兰克指出:"一旦认识到身体对周围事物是完全开放的,我们便能够开始看到身体的不断变化和它始终的潜力,我们也会开始看到环境和物体是如何影响身体的需求,是如何完善和延伸身体的。"西摩·费希尔在心理边界力量的研究中提到了边界具有"屏障"或者穿透的特征。扬·盖尔在《交往与空间》中指出,人们喜欢停留在有依靠、有背景的边缘地带。

景观空间的边缘地带的休息空间为人们休息、观看运动与交谈提供了安全可靠的背景。用身体—意象理论来解释就是人们喜欢在空间的边界停留，是因为空间的边缘被人的身体纳入为身体的边界，这种边界可以给身体以支持与保护。所以，人们会很自然地选择有依靠的地方。爱德华·霍尔(Edward T. Hall)在《隐匿的尺度》中也指出，处于边缘地带或背靠建筑物立面有助于个人、团体与他人保持距离，是人们安全的心理需求所致。景观界面的尺度与功能与身体尺度及需求相契合时，景观的界面就有成为身体边界的可能。

3.2.2 空间方位与身体坐标

我们是从身体开始使自己适应世界的。"这里"是我们身体在空间里的位置。"那里"是与身体有一段距离的地方。我们常常用身体到达"那里"的时间长度来描述这段距离，要么步行，要么借助交通工具。身体基本的、正面的方向感逐渐发展为心理坐标矩阵，它构成我们的上下感，左右感，前后感及中心感。左右坐标在心理学上包括整个身体，无论身体怎样扭曲，它总是与脸部正面轴线保持垂直。这都是与身体相比较而定义的。许多计量单位最初是从身体部位的度量方法得来的，如寸、丈等。因此，可以抽象地将心理坐标描述为一个直角相交后的前与后、左与右的坐标系(以身体为中心而由头部导向)，它与同等的身体—中心但严格垂直的上、下坐标相关联。这是一种以身体为导向的方位系统。《周礼·考工记》营国制度的文字及图示记载就清楚地表明了这种身体方位系统："匠人营国，方九里，旁三门，国中九经九纬，经涂九轨，左祖右社，面朝后市，市朝一夫"。

在这段记录中，可以看到作者以他身体所包含的三维空间的位置为中心，用了前、后、左、右来标识空间方向。他将身体与空间融合在了一起。约翰逊曾在文章中写道："许多用来思考和理解的抽象结构，也源于身体意象。这些结构或想象图式都具有垂直性、容量、平衡性、障碍性、地球引力、周期、中心-周界等。"我们在某些环境接触的过程中，体验对这些结构的感受，然后我们以比喻的方法把这些感受投射到其他环境中，来形成事物共同的认知与理解。比如向上，在身体意向中意味着从身体的中心向上(而不是整个身体向上运动)，象征着奋斗、幻象和超然的态度。向下则是沮丧的，但也是现实的。我们在世界上生活，无论是身体上的、心理上的还是智力上的都是身体向外延伸的结果。

3.2.3　定位认同与现象中心

地理学家段义孚在他的《场所与空间》和《场所倾向》中系统地论述了作为个体的人类在环境中将自己置于中心和作为种族的群体认为本群体位于世界中心的观点。他将前者称为"自我中心",将后者称作"种族中心"。造成那个倾向的原因是意识存在于个人头脑中,因此,自我中心式的建构世界和宇宙是不可避免的,这是赋予环境和世界以秩序的一种本能。从哲学角度讲,中心可分为两类:一类称之为"主体间性中心",另一类称之为"现象学性中心"。本书中心的意思指"现象学性中心",即个人所独具的,每个人都是他自己的现象学世界的中心,这种中心就是海德格尔所称的"定在"(在特定场所中存在的方式)在环境领域的要素。

中心是认同和定位的一种根本方法。定居中的"认同"与"定向"概念,从来没有与日常生活相分离,它总是与人们的活动相关。"认同"通常是选择一个点(场所),也就是选择中心的活动。而"定向"则常与路径有关,也就是通向"中心"的活动。通常人们所做的活动有赖于"定向"和"认同"的心理功能。诺伯格·舒尔茨认为即使没有任何场所是完全相同的,但是就像凯文·林奇提出的城市五要素一样,每个场所也具有中心、区域、路径三要素。舒尔茨还在《存在·空间·建筑》中这样阐述:"……人类自古以来就把全世界作为中心化的存在来考虑。在许多传说中,'世界中心'是用象征垂直的世界轴的树木或柱子所具体化的。……古代希腊人把世界的'肚脐'置于德尔斐,古代罗马人把加庇多山看成世界之顶,对伊斯兰教徒来说,克尔白同样也是世界的中心。"①人类生活与中心有关,重要的活动通常都在中心发生。中心存在于不同层次的环境中,例如,聚落在景观中形成一个"到达"和停顿的中心。中心可以是景观标志也可以是林奇所说的"结"。路径与轴线是中心的必要补充。位于中心的人们不应该也不会感到处在陌生的地方,而应该是处在一个已被解释的已知环境中。

3.3　知觉意象与感官组织

米尔恰·埃利亚德曾说:"人类从未在由科学家和物理学家们所设想出来的各项同性的空间生活过,即未在各个方向的特征都相同的空间生活过。人类在其中生活的空间

---

① 李正. 景观与视觉:视觉文化域中的景观研究[D]. 北京:北京林业大学,2009:63.

是有取向性的,因而也是各项的异性的,因为每一维和每一方向都有其特殊的价值。"①因此,当人们面对各项异性的空间,并试图贴近和洞悉其真相时,仅仅借由技术和理性是不够的,还需要人类自身知觉体验的加入。"天气又潮又热,公园里午后的阳光让人眩晕。我走进了长满紫藤的凉亭,这里安静、凉爽,空气中还弥漫着青草的泥土气,我依靠在了刚刚粉刷过的墙上,墙的颜色是浓浓的蜜糖色,暖风缓缓吹过,像鹅绒般柔软。"感官觉察是人类经由周围事物所做出的意识反应,是感官系统借以组织有关空间概念的一个富有意义的过程。

我们既生活在物质空间中,也生活在精神空间中,用感官觉察环境、觉察空间的特性,这是形成生动形象意象的基础。帕拉马斯曾说过"建筑应对所有感官具有刺激作用"。丹·凯利也认为,景观应该唤醒人类的知觉,使现代人像原始人一样倾听自然、感觉自然。触摸泥土,呼吸植物的芳香,拍打水面,当我们与景观亲密互动时,就会有一个个景观意象相伴产生,这些生动的意象会让我们更加了解自己所处的自然环境,也会给心灵带来愉悦。景观提供给人们多种类型的知觉信息,在欣赏或体验景观时,人们需要通过以上各种知觉系统相互配合、相互转换,从而形成丰富而印象深刻的景观体验。

3.3.1 感官交互与联觉体验

(一)五感交织

梅洛-庞蒂认为身体是知觉的主体,作为知觉体,它并不是分别地拥有视觉、触觉、嗅觉、听觉等,而是一个统一的、整体的知觉体,它是不可分割的,同时它的各个部分又是以一种独特的方式联系在一起的,不是不同部分并列,而是各部分之间相互包含、相互转换。在欣赏体验景观时,人们需要通过各种知觉系统(视知觉、触知觉、听知觉、味知觉、嗅知觉等)相互配合、相互转换,来使体验者形成一个整体的感受。不同的知觉系统相互影响,而且它们之间的相互作用也影响着个人对总体环境的判断与评价。例如当我们注视一棵大树时,我们可以看到绿色的叶子,浓密的枝条;而当触摸它的时候,又可以感受到树干粗糙、温暖的质感;当一阵微风吹过还可以闻到阵阵清香以及听到树叶的摩挲声等。这些视觉、触觉、听觉、嗅觉的信息由于来源相同,因此,个体对这棵树的感知是这些知觉系统相互交织配合协作得到的结果,是一种复合知觉。

---

① 徐守珩. 建筑中的空间运动[M]. 北京:机械工业出版社,2015:111.

（二）相互转换

　　五种感官系统相互感通，称为联觉。对于大多数人而言这种能力从未停止过，比如我们只要听到一个人的名字，脑海里就自然浮现出这个人的相貌，或者只要闻到草莓的味道，头脑中就能呈现草莓的样子。这种刺激一种感官同时也能引起另一种感官反应的现象，就称为联觉（synesthesia）。心理学家库尔（Kuhl）等人通过声—像联系研究证明了四个半月到五个月的婴儿就可以识别语音与口部动作。瓦格纳（Wagner）通过听—视觉的联系实验，证明11个月左右的婴儿就可以呈现出相似听、视觉的敏感性。吉布森也曾指出："我们生来就具有某些复合知觉的能力，同时还有一些其他倾向和预先安排，它们可在经验的参与下，大大促进复合知觉能力的早期获得。"[①]心理学家也曾对两千多名来自不同国家、区域、种族的人进行联觉功能测试，他们给不同声音分配的色彩有许多相似之处，如他们大多将低音与深颜色相连，高音与明亮的色彩联系到一起。日常生活中我们所说的"温暖的笑脸、香甜的气味"等都是联觉现象。知觉系统间的相互转换使声音可以联想成芳香的气味，而芳香又能联想到相关的图像。许多艺术家都具有强烈的联觉能力，因此他们善于通过利用联觉给他人带来生动而持久的体验。例如：俄国作曲家斯克里亚宾与里姆斯基，在创作时均能将音乐与颜色自由联想，并且在许多音乐与色彩的联想上是惊人的相似，两人都将E大调与蓝色联系在一起，而降A大调都与紫色联系在了一起，D大调都为黄色等。[②] 戈蒂埃（Théophile Gautier 1811—1872）也曾写道："我的听觉变得十分敏锐，我听到颜色嘈杂的声音，红黄蓝绿的声音以不同的频率达到。"

　　除了在感知体验中起决定作用的触觉、视觉、听觉之外，与嗅觉和味觉之间的转化，也在景观的意象生成上起着微妙的作用。在触觉和味觉体验之间有一种微妙的转换。在阿德里安·斯托克斯（Adrian Stokes）的作品中，他对口腔及触觉的感知特别灵敏："如果我们试用光滑和粗糙来区分建筑，那么我们能更好地保留隐藏在视觉之下的口腔与触觉的概念。眼睛天然有一种'渴求'，无疑的，一些视觉感受正如触觉那样，通过无所不在的味觉刺激'渗透'你的眼睛。"斯托克斯也写过"意大利维罗纳大理石的味觉诱惑"，并且他引用约翰·拉斯金（John Ruskin）的一封信："我想要通过一次次的触摸吃掉维罗纳城（Verona）。"生理学家在研究中发现，视觉与味觉可以相互转换。一些特定的色彩与质感可以唤起口腔的知觉。我们会下意识地用舌尖感知一个精细粉饰的抛光石面。我们对世界的感官体验源于口腔内部的感觉，并且世界往往回归这种口头的溯源。

①　弗拉维尔. 认知发展[M]. 上海：华东师范大学出版社，2002：244 - 245.
②　黛安娜·阿克曼，路旦俊. 感觉的自然史[M]. 广州：花城出版社，2007：315 - 317.

（三）相互配合

各个感觉器官通过不同渠道把有关信息输入到大脑,然后再与脑中所储存的经验混合,最后形成一个完整的、立体的形象。也就是说只有调动一切感觉机能去感受客观对象,才能获得客观对象的完整印象。高尔基曾说,他用一切感官进行形象创作。的确,要想对客观事物形成一个完整的表象,必须调动各种感官的积极性,从而整体、全面、立体地反应感知对象。

不同的材料,由于颜色、质感、重量等性质均不同,因此,组合后也会产生不同的效果。卒姆托认为,材料间有一种"相近临界点"。一些材料由于各方面差异性较大,很难产生效果,而一些十分相似的材料放在一起,也会由于难以区分而让体验者分辨不出多种材料的感官刺激,因此,材料的组合需要许多巧思才可以产生出相互配合的效果。彼得·沃克经常通过雾气、粗糙的石块、灯光等材料的运用与组合营造出一种自然神秘的氛围。在圆形公园项目中,夜晚,粗糙的圆形石丘的内部投射出淡淡的黄光,石阵也有外部射灯打光,不同于白天质朴、远古的神秘形象,形成了另外一种奇特的超现实氛围。在日本播磨科学花园城项目中,石山在夜晚变成了"火山",散发出橙黄色的光亮,营造出一种异样的视觉感受与神秘氛围。在IBM索拉纳园区中,沃克利用岩片叠成石丘,石丘被横纵切开数道,从切口中缓缓冒出雾气,营造出了一种原始而神秘的气息。彼得·沃克运用恰当的材料与巧思成功地让材料的触觉-视觉产生了相互配合的协同作用,营造出了多种不同的神秘氛围。

3.3.2 感官移动与空间张力

我们既活在物质世界中,也活在精神世界里,这两个世界不断相互融合。亚瑟·扎乔克说:"如果我们的思想中不存在'内部的光明'和形成视觉的想象,我们甚至无法看见光明。"在我们用知觉去体验景观空间时,脑海中也同样会呈现出一个假想空间,可能是你对下一个空间的好奇与猜测,可能引发了你对体验过的相似空间的回想,也可能激发了你对某一场景的回忆⋯⋯它们都以意象的形式呈现在脑中,这种意象由对空间的感知引发,伴随着经验、情感、回忆,渗透在现实的观景体验中。意象与空间感知的相互作用,就会使人对景观产生各自不同的需求,而这种需求可以理解为景观吸引体验者游览空间的力量。

勒温认为,需要可引起活动,以便使需求得到满足。需求有两种:一种是指客观生理上的需要,如冷、饿等;另一种是心理环境中对心理事件引起实际影响的需求,如写好了信需要投递等。这种需要最初只是在身体内部,处于无方向的游走状态,一旦与相应的知觉信息产生作用后,就会产生一种确定的方向向量,并使主体形成一种行为倾向,以距目标相同或相反的方向产生活动。这种力量可以理解为环境感知对心理意象产生的诱导力。

罗伯特·欧文认为有必要创作强制人们去感知、思考自身的艺术作品。他成熟时期的作品把注意力集中到了人们的感知过程而不是看到的事物上,对他来说艺术创作活动的终极目标就是人的意识以及如何让我们安于用意识来自觉地感知世界。欧文首先在绘画和场地之间实验,探索上述思考,在 1962—1964 年间通过一系列的绘画作品探讨狭窄、平行的线索与知觉的关系。他认为当画面里的几根线条色彩浓度与粗度相同时,这些线条开始逐渐融入场地中去,这时绘画作品与场地自成一体,让体验者形成一个整体的感知体验。当体验者不处于仔细欣赏绘画时,由于空间、时间与作品形成的连贯性思维,使体验者的视线悬浮在线条与场地之间的空间。在这一系列作品中,线条不充当任何美学含义,而是激发体验者感知世界的手段。接下来他又创造了一系列“纯现象艺术作品”,通过点彩技法,用手画出平均化并且有韵律的笔触,这种复合而成的画布曲率,有效地抑制了体验者的第一反应生成(即对画面内容的关注),因此形成了对绘画的体验是感知而非绘画中的概念,通过画面的光线与感知,产生了一种漂浮的真实感。接下来他又通过在画布上创作的雕塑造型,收获了一个重要发现,即当画面的范围变得越来越弱时,眼睛开始感知到长方形的画布,由此引发了欧文继续对“完全消除感知边界”的探索。

欧文创作了一系列的空间感知装置作品,他用最少的空间介入来创造体验者对空间的感知。欧文先创造了通过操纵“线条”影响体验者感知的装置作品,通过黑色带子穿越空间制造一种视觉模糊的效果。线条理应是帮助观赏者进行空间纵深体验的线索,在这里却成为墙体上下两部分的分界线,迫使欣赏者采取自己的方式认知作品。接下来欧文又通过“面”的控制来影响体验者的感知,在一系列的装置作品中如《倾斜光的体量》(*Slant Light Volume*,1971)、《织物面纱、黑长方和自然光》(*Scrim Veil-Black Rectangle-Natural Light*,1977),欧文通过织物、灯光的调控,形成了不同的空间体验效果:有一部分空间像从雾气中看过去、有的空间会通过寂静的气氛感染体验者、有的空间很难判断、有的空间又好像消失了……织物的轻盈减少了体验者的注意力,但织物产生了影响到对距离、尺度的判断,以及空间氛围的营造,又成功地影响了体验者。

这种诱导力对心理意象会产生多重影响,主要体现在三个方面:

1. 空间动力不是由理性思维产生,它是以景观的感官觉察为起点,以心理意象为动力。空间运动与空间行为是发生点,情感是释放装置。

2. 这种空间动力不会对体验者产生压迫性,它所产生的力量不会使人们产生心理抗拒。如卒姆托在《建筑氛围》中写道:"对我们来说,最最重要的是引发一种自由移动的感官,一个漫步的环境,一种心境——更多的是诱导人们,而不是把人们指来引去。"

3. 这种由景观空间提供的感知材料,不会由明确的含义指出。每个人都根据自身的经验获得不同的环境诱力,因此,空间动力应该有广泛含义及模糊性。

3.3.3 感官对比与意象节奏

任何感官上的对比,实际上都构成了创造景观基本结构的原材料:无论是空间的虚实对比,石头与植物对比,德扎耶·德·阿让维尔所讲的园林中雕塑与喷泉的对比,还是伏尔泰所说的园林中修葺与野生的对比。拉絮斯曾在高速公路景观设计中着重研究了视觉与触觉的对比,触觉体验通过感知与身体相接触的物体、植被、植物的存在而分别加强,砖块与泥土的颗粒感知明显显现出来,植物的柔软与脆弱也显现了出来。而在视觉体验中,如果远离触觉体验,世界缺少了物质形态而几乎变成了纯粹的景象,我们会将如眺望远观高山与大海的行为视为摄影类的视觉作品,虽然这时也会激发不同的想象意象。拉絮斯认为:"这两种感知体验的转换可以使体验者感受到感知范围的差异。"如在一间地下室、一个蕨类植物群、小径沿线池塘的倒影等环境场景中,触觉体验与视觉体验相交更迭,形成了一种在触觉与视觉间迅速变化、交替产生的具有对比韵律的意象节奏。

3.4 本章小结

基于现象学和知觉体验的理论研究,本章试图以"景观实体与知觉意象""空间知觉与身体意象""知觉意象与感官组织"为研究框架,探讨了对体验视角下的意象知觉在景观空间中受哪些因素影响,如何依靠意象在景观空间中产生意向活动和体验以及如何通过感官的组织而形成体验者的意象空间,并引导体验者在空间中活动的问题。

个体景观意象的获得与人对景观产生的知觉活动及景观实体有密切关系。人在景观体验的过程中,通过内部直觉、潜意识、意象图式的影响,实现了从景观实体到景观现象最后到景观意象获得的过程。受个体在空间中形成的身体意象及感官间相互作用的影响,欣赏者通过知觉在景观空间中进行知觉体验时,会同时在脑海中呈现一个假想的意象空间。身体意象在景观空间中的变化与形成,影响着欣赏者在景观空间中的感知方式以及在空间中的定位及认同。而对欣赏者感官体验的组织及设计是形成生动形象意象的基础,利用欣赏者感官之间的交织、转换、配合的联觉作用,可以使单独的景观元素感知产生多层次的知觉意象体验。利用感官移动时假想的意象空间所产生的张力与节奏,可以诱导体验者对相似空间的回想、对未知空间的好奇。景观意象感知是一种杂质型的体验,一方面景观实体提供了观赏者对功能的需求,另一方面,多感官的知觉体验使欣赏者将个人记忆、想象、情感等带入景观空间中,形成一个景观精神空间即意象空间。意象空间扎根于景观的物质实体,通过景观空间诱发体验者产生种种心理现象,形成了丰富多层次的意象体验。

第 *4* 章

景观意象的情感感触

感知是审美最初的心理活动，随之而引发的是情感。刘勰在《文心雕龙》中说："原夫登高之旨，盖睹物兴情。情以物兴，故义必明雅；物以情观，故词必巧丽。"①这几句话道明了景观体验中人与景观间的关系。审美情感是由知觉引发的，因此，在观看景色时，已经不是单纯的信息接收，而是用带有情感的双眼在观看。因此，审美的过程自始至终都是情感的过程，正如朱光潜认为审美意象是情感与意象的统一："没有意象的情感是盲目的情感，没有情感的意象是空洞的意象。"②

意象的产生始终浸透着情感，它是人对客观事物真实形态的重组、变形、加工创构、实物与虚构、回忆与想象、经验知识与意图情趣的有机融合，是已知与未知、物象与意念、"历时与共时"的贯通。我们看到人们在景观空间中活动时，会始终伴随着情感的产生并受其影响。只有城市是有情的，环境是有情的，景观是有情的才能使社会生活与情感意象更加丰富多彩。詹姆斯·科纳曾说："对当今景观

---

① 陈望衡. 当代美学原理[M]. 武汉：武汉大学出版社，2007.
② 汪裕雄. 审美意象学[M]. 沈阳：辽宁教育出版社，1993：6.

的主要要求应放在脆弱情感保护上。"哈勃德和金波都认为,景观设计的最终目标是"一种为精神拥有者带来愉悦的效果"。路易斯·巴拉干同样认为,对情感的考量是解决建筑问题的重要方法。

　　景观是人类情绪的放大器。景观可以创造归属感与亲密感,也可以创造距离感与陌生感。然而事实上这些情感不是景观作品创造出的,而是通过使它们拥有某种权力与氛围,唤起并强化体验者的情绪感受,并将情感投射于体验者自身而创造出来的。帕拉斯玛曾回忆道:"在佛罗伦萨的劳伦图书馆,面对米开朗琪罗的建筑,我的意识被唤醒,我沉浸在一种'形而上学'的忧郁感中。在靠近拜米欧疗养院的时候,我感到快乐,因为阿尔瓦·阿尔托设计的这个洋溢出乐观性的建筑,能激发和强化我满怀希望的感觉。"桢文彦认为:"在思考景观、建筑时,人们的反应、对建筑持有什么样的情感是最重要的。这一点日本人、美国人或其他国家的人都一样。比如欣喜的情感,对于任何人来说,不都是共通的吗?人们欢喜或恐惧的情感,从过去到现在一直都没有改变过,今后也不会改变,这是价值评判的基础。如果不相信这一点,我们设计的基础就不存在了,只有确信这一点,才能够建立起价值评判的标准。"①

4.1　情感活动与意象交流

4.1.1　情感反应与情感类型

　　情感的产生需要直接或间接的外部环境刺激,情感状态包含通过不同的生理感官引发的刺激,这些刺激包括来自听觉、视觉、触觉、味觉等方面,大脑将这些刺激同心理联想关联,并在不断重复的过程中形成"刺激—情感"的记忆,从而产生条件反射。情感产生反应就是联想并唤醒记忆的过程。触发某种情感反应,最初是从能够对情感产生影响,或对情感起着很大作用的某种刺激开始。这种刺激可以是外在的某种物体,也可以是一个人内心的思考或感觉。外部环境刺激可能来自人、物体或曾经的体验。内部环境刺激则来自内部表征、感觉及记忆。联想到过去的体验,或通过有意识的审视与评估,都会触发各种感觉。外部和内部的刺激所产生的情感反应,源于人们内心重现某种物体或曾经的体验,而非源于那个物体或体验本身。当然这就意味着,景观的设计会强烈影响到体验者所接受到的意识信号,从而形成不同的意象。

　　景观意象的体验过程中,伴随的情感大体可以分成三种类型:快感、痛感、平静感。

---

① 桢文彦,三谷彻.场所设计[M].北京:中国建筑工业出版社,2013:110.

快感的来源是多方面的,它可以是感知的快感(如人与景观相遇时产生的瞬间情感)、想象的快感(如看到科林斯柱式能马上想到古罗马文明)、理性活动本身附带的快感(体验者对景观设计好坏的评价),也可以是一种"综合"的快感,即审美过程中诸要素自由和谐状态下的快感。这种愉悦的快感基本上显示了感性的胜利和理性的退让,这时体验者的注意力完全集中在景观意象的观照上,同时,想象力不受理性的阻碍,所产生的愉悦感在人的意识中又会平添一份自由的意象。愉悦感的另一个极端是理性完全排斥掉了想象的意象,变成对眼前事物性质的理解掌握的认知愉悦,这两种情况下产生的愉悦感是无区别的。痛感也可以是感知、想象过程中以及理性活动时所产生的挫折感及审美过程中诸要素之间不和谐感。景观体验中这种消极的情感往往产生于对景观对象的厌恶、厌倦等,如山寨仿古街、环境脏乱差等。英伽登认为,这是因为人们没有在对象身上找到质的和谐,对象的特质杂乱不统一。研究者把痛感解释为由理性的失败而产生的挫折感,其强度终止了审美体验的继续,人们表现为不理解对象,也不愿再理解对象。当在景观体验中产生痛感时,体验者很难进入回忆及幻想的意象中,因此也无法沉浸在意象的世界里。平静感应该属于在审美认识的高级阶段的理性活动体验,英伽登在阐释平静感时指出,当人成功地将实在对象转化为审美对象时,观照对象是一个平静的过程。平静感实际上反映出想象等感性认识与理性诉求之间达到了和谐的状态。

4.1.2 情感载体与审美想象

哲学家艾迪生认为,在审美经验所涉及的心理功能中,想象力与愉悦感的联系最为紧密。针对此种现象,李泽厚指出,感知是审美的出发点,理解是审美的认识性因素,它们的中介载体就是想象。休谟曾在《人性论》中指出:"想象与情感有一种密切的结合,任何影响想象的东西和情感也会有某种关系……情感会随着想象发生的各种变化而变化。"[①]在景观体验中,景观想象随体验者的精神需求而展开,从而营造出一个与现实体验世界并行的意象世界,这个虚拟的意象世界以情感为动力,融合了景观实体的表象,经过想象力的变形与衍生,形成了内心的景观世界。想象与记忆有关,亚里士多德就曾明确指出:"一切可以想象的东西本质上就是记忆里的东西。"维柯也曾说:"想象不过是展开或复合的记忆。"想象与幻想有关,法国学者让·保罗指出:"幻想之于想象,犹如散文之于诗歌。"艾迪生也曾说,在他的理论中想象与幻想是混杂着用的。

① 戴维·休谟. 人性论[M]. 石碧球,译. 北京:九州出版社,2007:294.

想象也与理性思考有关,伏佛纳尔格认为:"凭借形象的方式来产生对事物的观念,并借助形象来表达思想的那种禀赋称之为想象。"伏尔泰也说过:"想象这种天赋,也许是我们借以构成观念,甚至是最抽象的观念的唯一工具。"想象的形成是在情感推动的基础上产生的,体验者通过想象形成的意象世界,实现了人与景观的交流,实现了精神的愉悦与满足;体验者也会由于情感的不断变化,而产生不同的想象,从而使意象世界处于不断的运动与变化中。

　　沙里宁在《形式的探索》一书中,论述了幽默感与浪漫对想象的重要性。他认为幽默感就是想象力的一种体现,可以起到补偿精神的作用,就像罗马风与哥特时期的艺术形式,早期的文艺复兴建筑在檐口、柱子、涡形花饰与女童雕像等处,都具有表现欢快的特点。洛可可时期温柔卷曲的线条仿佛淑女的舞姿。这些艺术形式带给人的是生气勃勃的想象力与愉快的情绪,而一旦艺术的形式失去了幽默感,它也就丢失了生动风趣与想象力,最后只会令人生厌或被人快速忽略。沙里宁同时认为想象力具有浪漫的倾向,而这种浪漫是建立在真挚情感的基础上的,它是一种可以激励人们从事积极行为并能产生合乎人情的情感上的想象。[①] 美国著名景观设计师马可·特里在对景观意义研究后,得出结论:"我相信意义不是设计师在整个建造过程中构建的结果。它不是创作者的产品,而是接受者的创造。"景观设计师通过运用情感与想象力的创造,让接受者本能地有一种探索的欲望,一旦某种东西抓住了他的注意力或者打动了他的好奇心,他就会设法满足这种刨根问底的心理。景观设计师就是通过造型、质料、光线、色彩等的运用来唤醒和激活体验者的这种情绪,这时,想象力就会迅速介入,它会用意象的方式在眼前呈现的世界与作为原因的背后世界之间建立阐释的桥梁,一旦这个桥梁被顺利建成,对于体验者来说他眼前的世界就有了意义。每个人的想象力都是自由的,绝无雷同的,因而,意义的阐释必然是开放的,每个人都会在知觉世界与现实世界中通过意象架设属于自己的桥梁,寻找对世界独特的理解。正如林璎在采访中所说:"我所感兴趣的是提供真实的资料,给参观者一个形成自己结论的机会。"

　　克莱夫·贝尔、罗杰·弗莱、赫伯特·里德等形式主义的先锋理论家虽然他们的理论各有偏颇,但是对形式与价值的作用的论述却前所未有地一致,这引起了人们对艺术本体的关注,论述极大地改变了现代艺术的走向,对现代景观设计也有深远的影响。景观的形式语言被许多景观设计师当作探索的主要课题,用形式代表独特的意象,让形式激

---

① 沙里宁·伊利尔. 形式的探索[M]. 北京:中国建筑工业出版社,1989:299-303.

发体验者的好奇心与想象力,唤起人们内心的不同意象。形式美并非晦涩难懂,只是每个人的欣赏水平和文化背景及审美取向各有差异,因此,将文化多样性通过景观形式表现出来,也是引发体验者丰富意象的重要因素。

4.1.3　情感交融与双向交流

　　审美意象的知觉体验产生在景观与体验者猝然相遇的瞬间,体验者见到景观之时,呈现于心目中的便是鲜活的知觉体验。朱光潜认为这时的"见"是一种特殊的观看,物体只有经过主体的"见"的审美活动才能呈现,而"见"不只是被动地接受,是通过主体一定程度的组合与创造才形成的,尤其在主体直觉所"见"之时,主体瞬间所"见"与物体所"现"形成融合统一,达到情趣与物态的直接交流。这一观点,表达了在审美活动中,通过意象进行的物我双向交流的审美过程。在审美过程中对物与人的关系有两种不同的见解,西方对物我关系的理解从康德、黑格尔的生气灌注,到里普斯的移情,都将对象看作投射、移置主体情意的容器,而且似乎总是消极的容器。在这种观点下把审美意象主要看成是心灵的产物。我国传统哲学与美学的思想认为,万物在自然间生长,自有其生气,而宇宙之间的各种生命活动,将人与万物融为了意气相通的生命共同体。物态物情与人心人情交融一片,构成了物我双向交流的审美意象。物我双向交流按照传统美学的论述,可依双方契合的深度,划分为认同、共鸣、物我同一三个层次。

　　认同:这是最初也是最初始的层次。体验者心灵与景观的相互感通,首先要在体验者对景观产生亲切感的基础上,只有物我在情感的对等状态下,才会产生一见认同的欣喜。产生这种心态的前提是"自然的人化"。当人类改造自然的能力还相当低下时,自然对人来说大多数时候还是陌生、可怕的,两者之间是无亲和可言的,更别说认同了。只有人类在实践中将自己改造自然的能力增长到一定的程度,自然从陌生、可怕,变成熟悉、可亲近时,才会产生两者平等友善的交流。(如景观生态设计,景观场所精神)

　　共鸣:这是一个过渡层次,也是一个动力层次。在物我认同的基础上,双方瞬间的"相互沟通",进而产生共鸣,体验者就会体会到与景观共同的生命感与文化内涵,从而达到"物我同一"的状态。对于共鸣的解释,一些学者将其用格式塔的"同元同构"概念解释,即相同或相似的事物总会容易被吸引结合到一起,而人的情感结构与物的形式结构由于存在某种相似性关联从而相互吸引产生共鸣。

　　物我同一:是物我双向交流的指向与结果。物我共振达到物我同一的境界,庄子将这一境界称为"身与物化",在西方,威廉·詹姆斯将其称为"宇宙意识",马洛斯人为产生了"高峰体验"。这时,"我没入自然,自然没入我",物亦我,我亦物,个体的小生命融入宇宙的大生命中,禅宗美学家铃木大拙认为禅的趋近法是直接进入物体本身,本着万物皆生命,众生平等的态度,从内部了解物体,与其对话。这也是邵雍哲学思想中的重要概念"以物观物",从而,物是物,物也是我,我观物形成的意象就包括了我对宇宙万物的态度与觉解,从而实现了同感与共鸣。这样的审美意象既保留着自然事物的生命形态,又蕴含着主体的真情实感,还流露着主客瞬间相遇的欣喜。

4.2　情感线索与记忆展开

林璎把对她作品的体验,比作阅读一部私人回忆录——有一种复杂而感性的行为。我们也经常会发现自己处于这样的一种状态中,当走到某条老街,到了许久未去的地方,总会有线索如某种特别的形象、某些象征符号、偶遇的一些生动的事件、当时一些印象深刻的思考、熙熙攘攘的人群,又或是小贩的叫卖声,会让我们想起往日所处的一种状态。哈布瓦赫认为:"我们保存着对自己生活的各个时期的记忆,这些记忆不停地再现;通过它们,就像是通过一种连续的关系,我们的认同感得以长存。"电影导演路易斯·布鲁艾尔认为,记忆形成了人的内心场力,它是人存在世界的身份;记忆包括了个体产生过的情感、有过的思考、发生过的行为。对个人如此,对于社会记忆同样有着重要的地位。心理学家卡尔·荣格曾说过:"人类的所有思想不过是人类的集体记忆而已,人类历史也是如此。"①阿尔多·罗西认为城市就是承载集体记忆的场所,城市通过时间、空间、物质等将个体记忆、集体记忆紧密地融合在一起,形成一个综合、复杂的载体。记忆隐藏并附着于各种物质或非物质的载体中,这些载体就像放映机的胶片一样虽然本身不具备成像的功能,但通过放映机、光将其投射在屏幕上,就可以让人们看到未曾看过的画面,体会到胶片所没有的情感与思考。就像我们会记忆起在自己曾生活过的地方发生的各种事情,当再返回那里时,曾经发生的事情就会像放电影一样在脑海中展开,这个地方就像一段回忆的载体,引发记忆的展开。

4.2.1　情感与记忆交织

我们都对蒙上了情感色彩的事物记忆最为清晰,而且记忆的情感图谱中,个人的和

---

① 朱蓉,吴尧. 城市·记忆·形态心理学与社会学视维中的历史文化保护与发展[M]. 南京:东南大学出版社,2013:32.

历史的时间往往是混合在一起的。

记忆具有社会共享框架,这一概念根植于对人类意识的理解中,这一意识倾向于和其他人、各种文化话语交流。① 记忆不仅是一种个体认知现象,它同时是连接个体与家庭、群体、宗教、文化的主要因素。因此,可以说家庭具有记忆能力,群体本身也有记忆能力,它们的记忆是由其从属成员关于家庭、集体的记忆共同构成的。正如哈布瓦赫所说,家庭记忆就好像根植于不同土壤的树苗一样,即使大家在一起生活,每个人对集体的记忆都会有差异,每个人也会以自己的方式回忆过去,家庭成员分开时更是如此,但即便集体记忆具有个体的差异,但同时也具有集体共同形成的经验、意义、话语等,这些经验与意义逐渐被集体吸纳,最后会形成某种表征的形式或符号。这些大家共有的记忆、符号、意义经过集体成员间或不同集体间反复扩散与传播,不断积累与叠加,就形成了集体甚至整个民族或国家的文化。这与阿尔布瓦什在《集体的记忆中》所论述的城市形态的产生一致,他认为当一群人在某一空间生活时,他们就将其转变为形式,与此同时,他们也顺从并使自己适应那些抗拒转变的实在事物。他们把自己限定在自己建成的框架之中,而外部环境形象及其保持的稳定关系成为一个表现自身的思想王国。②

在时间的推演与变革中,总有一些典型的形式与集体记忆在各种对抗中被保留下来,而保留下来的内容也体现了集体对其的高度认同。它们成为个体与集体间的黏结剂,通过一点痕迹、一些细节、一个暗示,就可让个体在集体中定位。

(一)群体记忆与归属感

群体记忆是指在一个区域内生活的人们所共有的集体记忆,它包容了生活在其间的人的普遍情感并且易于感知,它是形成群体的文化认同并从而产生归属感的基础。米歇尔·尹·博尔在《从集体记忆到集体想象》一文中,曾提出了将个人与个人、个人与集体紧密相连的方法,即将可以形成集体记忆的城市景观或场所,以网络连接的方式加以利用和保护,这样网络形成了个体与群体、文化、社会间的互动,并形成了群体认同感及归属感。美国跨文化学者爱德华·霍尔在《超越文化》一书中提出了语境的观点,认为社会中的语境是形成人与社会文化互动的单元,城市中的各种场所就是语境单元的具体化体现。在这里语境是区域文化所提供的,它包含了个体与群体间的深切情感与感受,而这些是触发集体记忆的重要因素。基于此,可以总结出两个重要结论:一、个体与集体的记忆产生要通过接触发展。二、我们对于家乡、儿时的怀念往往

① (美)斯维特兰娜·博伊姆. 怀旧的未来[M]. 南京:译林出版社,2010:59.
② 罗西. 城市建筑学[M]. 黄士钧,译. 北京:中国建筑工业出版社, 2006:130.

基于各种亲切的情感。

　　如果把个人的记忆比作折扇，那么群体记忆就是折扇的扇骨，而不是一个样板故事的规范。也就是说，这个区域内地形、气候、宗教、禁忌、风俗、语言、生产手段、社会形态等各个方面都会成为区域内群体人的集体记忆的回忆标杆，而个人回忆是不同标杆具体化的展开叙事，因此，我们可能都会对类似家乡的风景产生回忆，但每个人的回忆都会有差别，那是具体展开叙事的差别导致的。如与家乡自然风景类似的自然景观往往会引起人们的集体回忆。舒尔茨将典型的自然景观分为三种类型：浪漫型、统一型、古典型，这三种类型具有原型意义的自然环境，说明不同环境特质间的重要区别。然而，世界上的自然环境很少以如此纯粹的形式出现，而多半是这些典型环境的综合。这些自然环境的变换深刻地影响着在其中生存的人们，塑造了他们对自然的情感及态度，而这些自然带给他们的记忆最终会成为其日后对景观感知的意象基础。

　　因此，当设计师设计具有地方情感与回忆的景观场所时，需要根据集体记忆的回忆标杆，寻找与体验者有接触并能产生亲切情感的因素，经过创造性的表达引起体验者的知觉体验，从而就可以通过集体记忆创造富有个人化的景观体验。如阿尔瓦·阿尔托的创作始终根植于他对家乡的自然、文化、历史的深入了解。芬兰的自然环境特征是阿尔托景观意象中的主要内容。他自己也曾说过，对他影响较深的是前辈的精神和芬兰的自然环境。芬兰到处是湖泊与森林，仅湖泊就有一万多个。阿尔托设计中典型的流动曲线就是从湖泊轮廓曲线中获得的灵感，因此，这种形态也可以使观者有自然、自由的意象。芬兰的主要资源是金属、木材、砖、水源，因此，阿尔托对材料的选择也主要是本土的材料。这些材料通过他创造性的使用，会在乡土、朴实之感的基础上产生一种自然流动的诗意。而阿尔托设计中"自由"意象除了源于自然的形态，同时也暗含了芬兰的历史。芬兰曾被瑞典统治长达几百年时间，1809 年俄罗斯击败瑞典，芬兰又受控于俄国，随后在短暂的独立后，芬兰由于二战的失败，主权和外交均长期受制于苏联。阿尔托的一生经历了芬兰的动荡，从解放运动到短暂安稳自由的生活，再到两次世界大战，国家主权又被夺取。因此，阿尔托作品中自由形态的表达，从某种意义上讲也是对保持国家领土完整和对主权自由的渴望。

　　区域景观设计要成为回忆的场所，需要准确地发现可以触发个人回忆的集体记忆的框架，而一个可以让人记忆犹新的童年回忆中的场景、元素，往往也是激发其他人集体回忆的钥匙。

（二）事件纪念与敬畏感

纪念当动词理解，是指"对于已过去的时间中发生的较为重要的事情的怀念"，纪念当名词可理解为旧时史书的一种题材，本纪记录帝王的历史事迹及大事，如《史记·高祖本纪》。"纪"这种体裁具有特殊的致敬之意，"纪念"一词也可以理解为对"特殊受敬之人或事迹"的记载。纪念与人类的群体记忆有关，从某种程度上讲，纪念景观是群体某段时间的记忆再现，它是对集体文化的记录及再现。根据人类群体记忆而建造的景观往往是群体中发生的大事件，重要的人物等，它是一种文化传承以及集体精神的象征。

纪念景观是引发群体记忆产生的中介，生活在群体中的人通过纪念景观产生与纪念主题有关的纪念意象，从而成为连接体验者从此时抵达过去的通道。尤其是事件型纪念景观则更加聚集了群体高度的关注度。事件本身一般给相关民众留下深刻的印象及一定的情感刺激，人们需要一个场所来释放或宣泄情感。因此，这类景观通过唤起个体对事件的意象回忆及相关思考，并释放情感而达到的纪念目的，同时，对历史事件的纪念也是对群体记忆的强化，而且也是集体精神的象征，它包含了民众强烈的情感。在这里事件的纪念不是尼采和芒福德抨击的为政治家炫耀丰功伟绩而建造的纪念景观，而是为让子孙后代永远记住对国家做出重要贡献的人、影响国家的重大事件、给人类带来沉痛的灾难等重大史实的纪念，这些事件会引发人们强烈的情感，这些集体记忆引发了个人的深思与自省。在柏林犹太人博物馆设计中，设计师选择了将"伤口撕开"的设计方式，让体验过这段历史的犹太人产生关于那个年代的回忆以释放伤痛，并在情绪释放之后产生对生活的希望以及对生命的敬畏。设计师通过三条不同的路径，营造出三种不同的情感氛围并引发敬畏情绪，死亡、流亡、永生的主题分别代表犹太人三种不同的悲惨命运。死亡之路通往屠杀塔，塔内空间狭窄阴冷，唯一的光源来自建筑设计的"裂痕"，在塔内可以听见外面世界的一切声音，可是这里没有出口，除了那道光与外界有直接关联；流亡之路通往霍夫曼花园，花园由 49 根高耸的柱子构成，每根柱子上都种满了植物，营造出阴暗斑驳的空间效果，花园内的路高低不一，崎岖不平，想要表达的就是流亡者颠沛流离的生活；永生之路由长长的阶梯构成，两边只有十字架窗格和高墙，体验者处在一片空虚之中，然而前方的道路又被遮挡住，似乎永远看不到出口。在里伯斯金的建筑中，建筑本身成为一个诉说者，向来访的人们讲述那段伤痛的历史，激起社会记忆，同时又将这种记忆转化成个人的力量，提示人们珍惜现在的美好生活，要对生命充满敬畏之心，也为人们内心深处带来希望与光明。

在事件型的纪念景观中,设计师通过景观中的雕塑、文字、图片等信息记录了一段段重要的历史时刻,并将这些重要的城市记忆变成体验者们的集体记忆意象,景观的整体氛围往往给体验者带来强烈的情绪反应,让体验者产生敬畏感,从而引发深思与反省,这些由集体记忆引发的不同的个人记忆同时又加强了体验者对集体记忆的印象。

（三）传统园林与民族感

刘易斯·芒福德说,"城市是文化的容器",而传统园林就是将集体文化提炼浓缩于相对微小的空间中。传统园林是民族文化景观的体现,每一个国家、每一个民族都留有不同的文化遗产来体现民族精神与集体的记忆,传统园林浓缩了该时期政治、经济、技术、哲学思想、民俗趣味、审美水平等文化的各个方面。不同时期传统园林设计中的变化也显示了集体记忆与文化始终处于动态的运动中。

以文艺复兴时期的意大利园林为例,十五世纪的意大利文艺复兴运动以佛罗伦萨为中心,这一时期的园林吸收了人本主义思想的观点,在文学、艺术中产生的形式秩序法则及寓言手法的影响下,园林的结构特点表现为以下四点:一、园林沿明确的轴线布置形成一个整体。二、园林作为一个讽喻的环境,人们沿着游览路径进入,不断发现隐含的意义并融为一体。三、别墅园在功能上有退隐之所的意义。四、别墅与花园成为完整组成部分,体现出了自然人文主义的态度,以及自然界和谐的秩序意象。园林通过柱廊、喷泉等元素,长条形、弧形等形式,以及隐喻寓言的方法,营造出了宁静的"沉思漫步"空间,以及情感充沛的生动意象(表4-1)。十六世纪是文艺复兴的兴盛时期,以罗马为中心,这一时期的哲学观延续了人本主义思想的观点,这一时期的园林就是典型的代表艺术,园林已经开始成为"第三自然"。这一时期出现了许多园林精品,如望景楼庭园、朱利亚别墅、埃斯特别墅等,园林呈现出多种主题的寓言内容,轴线的组合形式变得多样,构图呈现出故意的不均衡,设计结合自然,同时也出现了许多优雅的曲线与古怪的空间。十六世纪晚期,园林设计向巴洛克风格转化,一反文艺复兴时期的清晰与明快,取而代之的是浮华炫耀的细部装饰。体现在:一、装饰上大量使用灰泥雕刻、镀金的小五金器具、彩色大理石等。二、出现大量使用造型树木、迷园、庭园洞窟、水魔术法。三、花园形状从方形变为矩形,并在四角加上各种形状的图案。四、花坛、水渠、喷泉及细部线条较少用,更喜欢运用曲线。景观意象也呈现出奢华感以及猎奇求异的戏剧化效果。

表 4-1　十五世纪意大利文艺复兴时期的园林特点

地点	哲学	艺术	景观特点	景观结构	景观形式
意大利：以佛罗伦萨为中心	人本主义思想	1.《建筑四书》:和谐理论 2.《梦境中的爱情纠葛》:数学与神话、几何与寓言的结合 3. 空间秩序与几何布局成为基础 4. 线性透视与一点透视的发展	1. 园林沿明确的轴线布置形成一个整体 2. 园林作为一个讽喻的环境,人们沿着游览路径进入,不断发现隐含的意义并融为一体 3. 别墅园在功能上有退隐之所的意义 4. 别墅与花园成为完整组成部分	1. 山坡与景观结合 2. 柱廊成为室内外的过渡空间 3. 露台 4. 别墅与田地直接相接	1. 柱廊 2. 喷泉 3. 长条形状 4. 弧线 5. 讽喻

由此可以看出,园林是集体文化的缩影,它是艺术、哲学、审美等众多方面的体现。同时浓缩了集体记忆的文化也处于不断的运动发展中,而这些宝贵的文化遗产遗留到现今,不仅是集体记忆的留存,也让享有这份集体记忆的人们具有民族自豪感,并继续向前发展。

4.2.2　时间绵延与记忆变化

绵延的时间概念是由法国哲学家亨利·伯格森提出的。柏格森给时间提出了一个独特的诠释,他把时间分为两种:一种是科学时间,即建立在牛顿物理学时空基础上的。这种绝对的时间,是在物质和运动之外均匀流逝的东西,并且可以用外在的运动进行度量,如我们常用年、月、日的时间度量单位度量时间。在用时间度量运动的同时就将时间空间化了,这是一种生命运动之外的理智认识。第二种时间是伯格森认为的真正时间,他将其称为"绵延",是一种纯粹不参加任何空间概念的时间。伯格森这样解释时间绵延:"当自我不肯把现有状态跟以往状态隔开时,我们意识状态的陆续出现就具有纯绵延的形式。为了这个目的,自我不需要在经过眼前的感觉或观念上十分聚精会神;因为若这样做,自我就不能持续下去。自我也不需要忘记以往的状态。只要自我在回忆这些状态时不把他们放在现有状态旁边,好像把一点放在另一点旁边一样,而把以往状态与现有状态这两种东西构成一个有机整体,那就够了。当我们回忆一个调子的各种声音而这些声音彼此融合在一起时,就发生了这种有机的整体构成。

我们说,即使这些声音是一个个陆续出现的,我们却还觉得他们相互渗透着。"①从这段话中可以看出绵延具有四个主要特点:一、绵延是一种多样、连续不断的变化流,流向任意不确定的方向。二、在绵延中的变化是相互渗透的,是一个不可分割的有机的整体。三、绵延是一种创造,将过去与现在变为同一,继续与现在一起创造某种变化且崭新的事物。四、绵延是无法预测的,其中的变化是偶然的,一切的预见其实是将记忆中的意象投放到视域中。

时间的绵延不同于传统哲学中柏拉图、笛卡尔、康德等人的静止的时空观,而是在现代时空观中真正理解知觉与体验的关键。

（一）回忆意象与时间剪辑

伯格森将识别分成两种形式:一、自动或习惯识别,即感知－运动模式,体验主体不断远离第一个看到的客体,在从一个客体转移到另一个客体时,主体进行意象连接,感知－意象连接运动－意象,并不断调节二者之间的关系,使意象连贯。二、刻意识别,即体验者在静止时,对客体的感知变得更加敏感,回归客体,观察发现客体的主要特征,这时会唤起"回忆意象"发生关系。回忆意象是偶然的介入自动识别当中,回忆意象带来了某种生动的主观性的体验。

回忆意象是由情感产生的,当接收运动与实施运动,行动与反应,刺激与回应,感觉意象与运动意象之间出现某种差异时,主观性就会出现。而情感是一种原始的主观维度,它是构成内在差距的因素,而这种差距需要通过回忆影响来填充、补全,由于回忆意象具有主观性,因此,它不再是运动的或物质的,而是时间和精神的。它的时间顺序可能错乱、甚至颠倒,就像电影《小径分岔的花园》中描述的那样:"时间的网络在几个世纪中,接近、分岔、被切割或被无视,因此也具有所有的可能性。"时间流是网络结构,因此可以产生循环、分岔多种选择组接的形式,最后,时间选择的顺序以对空间意象的剪辑形式呈现给身体和记忆,并通过绵延形成连续的心理时间。

（二）意象展开与时间膨胀

在这里时间膨胀不是指狭义相对论中的钟慢效应,而是指由于产生了回忆意象,通过时间的绵延而增加了体验景观的时长。布鲁斯特认为,记忆与感受联通后,就会产生奇妙的效果,记忆场景与知觉感受可能交叉或重叠,由一个触觉可能引发一系列的意象空间,空间折叠进了时间。在景观体验中,通过某一情境的激发而产生了回忆意象,它将记忆中的一个时间段解锁,从而使记忆中的空间场景重新展开,记忆意象呈现在视域中,

---

① 沈克宁. 绵延:时间、运动、空间中的知觉体验[J]. 建筑师,2013(3):6-15.

因此,体验者会下意识地放慢或停下脚步,从而增加景观与体验者的精神互动,并延长了景观游览的体验时间。

霍尔认为,现代技术的发展与信息的饱和带来的破坏性影响,使得生活中出现临时性与破碎性,这势必会导致生活在其中的人产生焦躁不安等问题,而在建筑及景观中,时间的膨胀效果就会填补这种破碎性,也许在这里,衡量时间的不同方式可以找到一种统一空间的结果,那种可以在其中以不同方式衡量时间的独特空间。人们体验到的"生活时间"是在记忆和心灵中衡量的,①也就是说,"生活时间"要包括由于主体内部的时间绵延而产生意象展开的回忆时间、静思冥想的时间、放空的时间等内心的精神时间。"生活时间""膨胀时间"都与时间绵延的概念相关,它不仅融合了支离破碎的现实世界,同时也丰富了空间体验的多样性。

（三）记忆与遗忘

米兰·昆德拉认为:"在缓慢与记忆、快速和遗忘之间存在一种神秘的联系……缓慢的程度和记忆的强度成正比,快速的程度和遗忘的强度成正比。"当今,时间加速,以及我们体验现实的不断加速,让世界面临一种整体性的文化失忆的严重威胁。在加速的生活与体验中,我们最后只能做到感知,而不能产生记忆。例如大部分跟团游大多是上车睡觉、下车拍照的游览方式使游客没有时间在景观中放慢脚步体验自然的美好,发现设计的巧妙,匆匆地游览让游览者的知觉变得麻木,旅游最后的记忆也许只能靠纪念品来填补。不仅景观体验如此,在景观的设计上也追求快感,形成一种瞬间的视觉刺激和满足感。詹姆斯·科纳在复兴景观的文化运动中指出:"实际上今天的景观趋势是将景观作为一个庞大的日用品来看待。在美国和欧洲的大部分地区,这种做法的结果不仅是经验式的缓冲效应,更是由压抑的文化造成的。"城市景观除了有保护生态环境、美化城市、创造商机的作用外,它同样应该是一个提供人们慢下来体验的空间,它是承载集体记忆、民族文化与精神交流的场所,它应该具有席勒所说的"十八世纪的古典景观是老唱片"的味道。

许多杰出的设计师都认为景观应该是可以让人们放慢脚步,感受宁静的场所。枡野俊明认为,园林应该营造可以感受寂静的空间,"在这个寂静的空间里,人们可以感受到平时很少注意到的风声、鸟声和植物的芳香。这时可以在无限的自然空间中感受真正的自我"。巴拉干在普利策奖获奖感言中说:"在我设计的园林和住宅中,我总是试图创造一种内在的寂静,寂静在我的喷泉中清唱。"因此,景观的设计者应该致力于一种目标:景

---

① 沈克宁. 绵延:时间、运动、空间中的知觉体验[J]. 建筑师,2013(3):6-15.

观应该是承载记忆意象、精神意象、社会意象的空间,是可以体会"生活时间"的舞台,是可以穿越不同时间层让体验者更加了解自己,并记住自己身份的场所。

4.2.3　提示线索与意象投射

从信息加工的角度,记忆被隐喻为"储藏室",其功能是贮存和可以从中提取对过去事件的回忆。加斯东·巴什拉在《空间的诗学》一书中,对记忆进行了讨论。他认为记忆虽然不精确,却可以通过"唤醒"让遗忘已久的事物重新浮现在眼前,而我们每个人都能在自己的记忆中提取信息,记忆是人的重要组成部分。

现象学也着重讨论过记忆,认为记忆是抵达过去的通道,虽然动态性的特征使其随时发生微变,但却始终保持着许多典型场景与经验的印象。记忆具有强烈的当下性,个体始终都是用当下的情感、思想、观念去解读、建构过去的事情,回忆始终为当下的需求服务,因而他也是由众多碎片组构而成。记忆不是完整、详细地呈现过去的经验图式,而是受人们当下状态的影响而主动组构。

记忆的展开需要提示线索,哪怕只是只言片语或微小的局部。马克西穆斯·泰利乌斯在《古代文明国民的绘画》中表达了他对记忆的理解。他认为感官从外界只需获取极少的信息片段,就可以激活个体的记忆,经过知觉的加工,记忆就可将其补全,甚至引发出更多的记忆内容,因此,只需要一个极其微小的片段,大脑就可以补全有关其回忆的全部意象。正如库尔特·勒温所说:"记忆与知觉相比,甚至流动变化性更大,因为它更加不受事物现实形象的限制。"[1]波特兰市的唐纳德溪水公园,设计师利用场地内十九世纪的老铁轨设计了场地边界的一堵波浪式艺术墙,引发人们关于场地内原来铁路调车场的回忆;在艺术墙的铁轨与铁轨之间,还嵌有设计师在热熔玻璃上绘制的场地上曾经存在过的生物及相关介绍,让体验者对公园未来的生态环境充满遐想;除此之外,通过在公园里的桃金娘树和街道上铺的鹅卵石等这些点滴的片段,折射出这块场地环境曾经的缩影。

我们的头脑中储存了大量的记忆意象,有些清晰明了,有些模糊无形;有的是整个物体的轮廓,有些则仅仅是它们的一个片段。某些事物留给我们的印象是永久不变的,而有些意象早已改变原来的样貌,因此记忆中意象的组合与样貌千变万化,也很难说它是一个完整的整体,但它的确包含着大大小小的组织系统。例如,同族的意象通

---

① (芬)帕拉斯玛. 碰撞与冲突:帕拉斯玛建筑随笔录[M].(德)美霞·乔丹,译. 南京:东南大学出版社,2014:32.

过相似性和各种联想被联系在一起,地理和历史方面的联系则产生了空间的背景和时间的顺序。在无数次思维过程中,形成了这些由形状构成的组织系统,而且总是在不停顿地形成着。因此,就像马克西穆斯·泰利乌斯所说的那样,我们记住的那个形象,能够从记忆的碎片中逐渐浮现,一片接着一片。就如同立体主义的画那样,从分离的视觉图案中出现。

4.3 情感氛围与沉浸体验

沉浸是指精神的全神贯注,由于事件本身具有相当重要的内在价值,从而形成引发人参与的强大力量。使参与者从一种自我感知的精神状态转变为情感、知觉被吸引控制的状态。其特点是削减参与者与目标之间的距离,从而使参与者增强对当前事件的投入程度。契克森米哈(Csikszentimihalyi)认为:"沉浸体验是一种特殊的情感状态,它会使参与者被明确的目标与反馈吸引,从而形成一种知觉被控制、牵引的状态。"①

沉浸目前是虚拟现实中经常提及的概念,其最重要的表现有二:其一,是身体感觉的作用变得更加重要,主体的主要内涵不再是基于心灵认知的理性实践,导致"身体—主体"的出现。"身体—主体"的概念最早由梅洛-庞蒂提出,表明身体与主体是同一个实在。在这里,沉浸就意味着主体对身体知觉的完全依赖。其二,体验者沉浸于虚拟现实时,知觉与幻觉是合一的,构成"知觉—幻觉"感知模式。在虚拟现实中,身体的感官一方面接受各种感觉信息,一方面将直接知觉完全屏蔽,体验者需通过想象意象将感知信息整合。

在景观中,沉浸式体验需要调动知觉发挥积极的作用,从而达到一种全神贯注的体验状态,通过身心的投入与情感的交流进入"知觉—想象""知觉—幻想""知觉—冥想"的意象空间中,体验者通过在现实世界的知觉激活而进入自己创造的意象世界中,在一种完全专心的意象活动中得到享受。

4.3.1 冥想与情感氛围

冥想有许多解读,在一些作家笔下它是一种神秘的宗教仪式,如托马斯·默顿(Thomas Merton)所写的"宗教的沉思",一些人认为它是指僧侣的修行,如:奥尔德

---

① Mihaly Csikszentimihalyi. Beyond Boredom and Anxiety: The Experience of Play in Work and Games[M]. San Francisco: Jossey-Bass,1975:231.

斯·赫胥黎(Aldous Huxley)所提的"深沉的反思",一些日本书籍中暗指冥想是禅僧的神秘经历。本书中的冥想是指沉浸于当下的知觉意象、幻想意象以及沉思的行为,而冥想景观是指可以使体验者在其中产生冥想行为的场所。唐纳德认为:"城市环境必须提供一种空间,当生活在当中的人想要独处、分享、发泄时,可以有一个地方让他们从当前的世界中抽离,但却没有永远隔离的危险。"中国和日本的古典园林就是可以冥想、沉思的场所。中国古典园林以诗文造园独树一帜,《昭昧詹言》写道:"凡诗文书画,以精神为主,精神者,气之华也。"精神是诗文书画的灵魂,而这个灵魂正是心灵中灌注的生气。园林同理,它不只是山、水、石、屋、木的堆砌,还具有心灵给其灌注的生气,包含园主的情感,园林是为精神创造的第二自然,它极具感染力与穿透力,蕴含着儒家的忠孝、仁义、礼智等道德观,道家物我双修、无为的思想,佛家的因果、虚无的观点等。因此,文人、士大夫在欣赏游览园林的过程中,总可以在透过园林的虚实之景、变化之美中悟到哲思与妙理。日本的禅宗园林,通过石块、铺地、植物、灯笼、水等造园要素,营造出日本文化中的无形之美:幽玄、潇洒、宁静等,这些非具象的氛围不是通过眼睛看见,而是需要用身心去感受,这也是禅宗哲学中提倡的通过直觉体验与沉思冥想的思维方式,去感悟精神的超脱与自由。

　　枡野俊明的作品就继承了日本禅宗园林的精髓,园林环境总渗透着哲思与禅意,提供给体验者一个冥想的空间。枡野俊明认为营造引发冥想的庭园,要点在于思考如何具体展现佛心,让人能够从中获取"浩瀚宇宙的真理"。枡野俊明认为,设计应该激发场地和体验者的佛性,"佛性"又言"佛心",亦曰"真如"。人生来就有清净的"佛性"。山川等森罗万象皆有这种佛性。领会自知"佛性",就是禅的修行。人的心容易受到执着、烦恼、妄想等的困惑,于是"佛性"被埋在内心的身处,隐而不见。因此,禅教化人透过自我的修行促使佛性的觉醒,这才是正道。场地的"佛性"是场地的特征,在设计过程中应该思考如何善加利用每一处场地的特性,并保持场地原状。人的"佛性"要通过自省获得,设计师需要通过巧用各种意象来让人在其中获取"浩瀚宇宙的真理"。①

（一）时间意象之变化无常

1. 变化为美

　　与欧洲对永恒的审美相反,根植日本的审美观念是变化、无常,世事无常,万事万物难免腐朽、衰老、枯萎。日本人在这种变化中发现了事物的价值。枡野俊明的庭园设计就着眼于日本的变化、无常的审美观。花开花谢、潮涨潮落、四季交替,这才能表达出日

---

① （日）Shunmyo Masuno. 看不见的设计 [M]. 蔡青雯,译. 台北:脸谱出版社,2012:60.

式的美感。在设计之初,枡野俊明就会将四季变化、植物凋零的因素纳入考虑之中。例如在枫树的后面会设置一道白墙,春天树木吐芽,在阳光的照射下,白墙也会渲染上淡淡的绿色,秋天枫叶变红,墙面又会被红色笼罩,在不断的季节变化中表现季节与生命的美。

2. 瞬间体验

我们生活在瞬息万变的每一瞬间,由于时间与生活从不停留,因此,枡野俊明认为设计师应该能捕捉到变化的每一瞬间。枡野俊明在书中写道:"鸟儿的啼鸣,分分秒秒不同,啼鸣的瞬间时刻是振奋人心、感动人心的。瞬间体验之所以重要,是因为下一时刻的鸟啼,已非同一地点、同一瞬间、同一声鸣啼了。"所以,时间没有恒长,只有流逝、消失。这就是无常。

在园林设计中常常用植物来表达这种无常观,创造体验者的瞬时体验。植物冬天枯萎,然后春天发芽,转而逐渐长出嫩芽,然后渐渐生长。到了夏天,颜色转浓,到了秋天,又变成秋色,对这种变化的体验,就可以知道自己也在变化之中。除了植物,影子也是一种瞬时的体验,植物的影子随风摇曳,树影洒在树荫下,展现出瞬息万变随时变换的美感。水中倒映的景色也随着水波产生瞬间即逝、独一无二的体验。为了展现这些无法保留的变化,枡野俊明尝试各种素材的配置排列,计算太阳投影的角度、光线强度等数据,不断与庭园中的素材对话。

(二)自省与想象

自省与想象是冥想过程中两种重要的沉浸活动。枡野俊明认为庭园创作的重点是设计看不见的地方,而不是设计能够看见的地方,旨在给体验者营造丰富的想象空间。

1. 自省

潜移默化:在住宅庭园设计中,枡野俊明的思考重点是,庭园空间能够培养人的品格。他曾写道:"如果每天看着庭园,心中只有厌恶感,只有不悦感,这个孩子恐怕会成长为攻击型人格。明明置身于自己家中的庭园,却无法放松心情,只能紧绷面对,那么在这种空间中生活的人可能会有强烈的不安感。相反,如果觉得疲惫之时,不经意间望向庭园,就能放松心情,在这里成长的孩子就会拥有敦和性人格。"因此,住宅庭园的设计并非注重形式,而是注重精神。

静寂:静寂并不是指没有一点声音,而是指内心的寂静,是即使在嘈杂的环境中也可感受的静寂。如祇园寺紫云台"龙门庭",枡野俊明通过散置的石组、略有起伏地形的草坡、植栽及背景围墙的意象组织,营造了一个充满象征日本精神内涵的盆景般的庭园。庭园中充满了突破自身的紧张感与寂静的意境。庭园在这样一种氛围中给人带来了大自然的无限魅力,在这个寂静的空间里,人们可以感受到平时很少注意到的风声、鸟声和植物的芳香。这时可以在无限的自然空间中感受真正的自我。

在园林中设置感受静寂之处时,必须能够设法感动身体与心灵。要让体验者愿意长久停留,聆听鸟鸣、流水的声音,欣赏庭园的景色。而这时,才能够静下来注意到以前不曾留意到的风景,知觉到以前不曾体验的世界,这是心中意象和感悟组成的新的庭园空间,此时,便可领悟静寂。

枡野俊明设计的青山绿水庭,在极有限的都市空间内,通过绿植、石头、水的意象表达出了宁静的空间氛围,水的声音与流动结合着山的秀美与沉稳,让在城市生活的人感受到自然的宁静与诗意。

2. 想象

枡野俊明认为:"'幽玄'就是'深藏内部的余韵',这是指潜藏着的提供想象的含蓄,或者说想象看不见的事物。"枡野俊明在庭园设计中给体验者想象的思考,主要体现在以下两方面:

(1)不展示全部:在庭园中,不展示全部就是幽玄,换言之就是留下提供想象的部分,如瀑布的上方几枝红叶细柳垂下,只能隐约地看到后面的部分,这样除了激发人一探究竟的好奇心,还会使人产生无限遐想。而因为是想象,所以因人而异,从而拓展了庭园的意象内涵。这就是通过不展示全部而创造体验者的意象空间。

(2)留白:庭园中空无一物的部分称为留白,这一部分往往让体验者心生好奇,受到吸引,因为好奇然后思考就形成了"余韵"。枡野俊明认为,在庭园中体验者驻足的地方、庭园的留白、体验者心中的"余韵"是成组出现的,有了留白和驻足,才会有好奇和思考。

久松真一在《禅与美术》一书中将禅的美学分为七类:不均齐、简素、枯槁、自然、幽玄、脱俗、静寂。枡野俊明正是通过他对禅、佛的修为来创造可以引发冥想的园林空间。他的设计从体验者感知到的园林出发,将自己的领悟与对世界的看法用材料的意象表达出来,给体验者提供了可以沉静心情、静静欣赏并形成意象来反观内心的冥想园林。

4.3.2　探索与神秘意象

卡普林夫妇在信息处理理论中总结了决定环境愉悦感的四个因素,即一致性、可理解性、复杂性、神秘性。在进一步的研究成果中,他们发现人们更加偏好带有神秘性的景观和可理解的公园景观。他们在对偏好矩阵进行回归分析时得出"神秘性是最可靠的因素"的结论。太多的一致性可能会导致厌倦。太多的复杂性可能会消耗人的认知能力。他们在 *The Experience of Landscape* 中假定探索的动机取决于神秘性,并将神秘性定义为"进一步获取信息的可能性"或者"可代替的假想推论"。神秘性会引发体验者对接下来的景观形成期待以及推论,通过景观中附带的提示、线索、信息,诱导体验者对景观进行进一步探索,形成好奇—期待—发现—探索的沉浸体验过程。

调动体验者的好奇心是使体验者进行主动感知景观场所并沉浸在探索之中的一种方法,陷入窥视体验中的人,会沉浸在当下的知觉意象及幻想意象中。心理学研究表明,窥视欲是人与生俱来的特性,早在弗洛伊德时代就被提出,心理分析认为"观看即是获得快感的来源",随后各心理学派对其均有研究。与本书相关的论点主要有以下四点。一、窥视欲源于人的好奇心理,即人类生来就喜欢窥探别人的隐私,好奇是人类的天性。二、人们对未知的恐惧,可以通过窥视而产生安全感。三、窥视可以引发人的注意力,从而获得更多的关注。四、在生物本能的驱使下产生的"狩猎心理",这与阿尔普顿(Jay Appleton)所关注的"能看见的能力"(即"瞭望庇护"理论)所提出的,能看见而不被看见的能力是审美快感的直接来源的观点不谋而合。

奥姆斯特德设计的布鲁克林展望公园(图4-1)就充分调动了体验者的好奇心,使其不断陷入窥视体验中,如:从遮挡天日的森林空间进入到大草坪空间;利用草坪空间中大型乔木形成巨大树荫的明暗对比等,给体验者创造了丰富的意象体验。纽约中央火车站的空间体验序列从黑冷低天花板且人群稠密的空间——突然进入规模宏大富有层次的巨大集合,让到访者得到一种瞬间的知觉刺激和心灵的满足(图4-2)。

制造悬念也是使体验者陷入探索沉浸的一种方式。马修·波泰格认为:"设计师就如信使赫尔墨斯神,当决定揭示某段历史或某种意义并解释深层变化时,强调戏剧化的隐藏,并使隐晦面变得透明。因此,设计师通过提出问题和谜团,将欣赏者带入发现或揭示的过程。设计师制造悬念,以激发读者追求奥秘的愿望。"景观中的这些悬念与秘密往往通过一条或多条线索相连,他们是体验者激发联想、沉浸在探索意象中、调动情感、引发行为的重要手段。我国江南的私家园林,就使体验者在整个体验过程中充满了悬念,尤其对于初次游园的人来说,这便是一种梦幻的体验,处处在寻景、处处有惊喜。十八世纪的西方人,通常把"中国园林"和"巴洛克"归为一种风格,认为它们都有"追求新奇"的精神,都有一种无秩序的戏剧性美。后者倾向于视觉上的形态怪异,前者倾向于景观空间秩序上的悬念。设计师通过悬念制造神秘,利用体验者的好奇心与期待,吸引体验者的注意力与观赏兴趣,并将其带入解谜的意象空间中。

展望公园空间体验变化　　　　　　　　　　　展望公园空间明暗对比

图 4-1　布鲁克林展望公园

图 4-2　纽约中央火车站

4.3.3　幻想与超现实意象

　　景观设计师高伊策在采访中曾说,他认为一个好的景观设计作品,应该给体验者创造出一种幻想空间,而一个优秀的景观设计师是可以给体验者塑造充满文化情感以及幻想空间的。通常,如果我们说某位小孩或成年人具有良好的幻想力,是指他具有对在大脑构想还没存在过的事物或情景的一种意象能力。梦见云层中出现城堡,观看天使在天国的圆形剧场内弹奏莫扎特奏鸣曲,看见自己在水面行走,这些都是幻想的例子。于是我们将幻想解释为人类所具有的,在大脑中生成某种图像的能力,而这些生成的图像在任何情况下均不可能成为现实。幻想仅存在于大脑之中,是通过表象及意象被人感受到,梦境与幻影均为幻想,人无论处于休息中还是工作中都可以产生有意识或无意识的幻想意象。幻想不同于想象,想象与真实紧密相连,想象是指思维所具备的,能看见某物存在于某处的能力,幻想则属于虚幻王国,是体验者在景观中产生的幻想空间,幻想往往通过对真实景观的知觉、体验和真实的感受经历引发,因此,即使幻想空间是不存在的,也往往会通过真实的感知将"真实"与"幻境"这组表面对立的词语联系到一起,让体验者产生矛盾与统一的感受,将幻境感真实化。

　　幻想往往与超现实相连,超现实主义者认为从梦境入手研究,可以彻底破除人们长期以来信以为真的观念:梦是虚幻、荒诞、靠不住的,唯有清醒状态下的生活才能向我们揭示真实。超现实主义者就是要通过对人的做梦过程和梦境的实验来严格考察,指出梦和人的潜意识的真实性,从而使人们"今后把梦和现实这两种表面看来十分矛盾的状态融合为一种绝对的现实,即超现实"。超现实主义在哲学上主要受黑格尔和伯格森的影响。黑格尔的辩证法认为:"人的认识所要把握的,并不是某种给定的、一成不变的东西,而是发展的、变化的事物;需要用发展与变化的眼光看待真理。"他指出任何具体的事物都是对立统一的,都在矛盾中发展,并都会向其对立面转化。这些都激励着超现实主义者去探索创作的新路,黑格尔的辩证法鼓舞着超现实主义者否定和消除梦幻与生活之间表面上的割裂。生活往往就像一场梦,而梦也反映了生活的嘈杂纷乱的场面,而且由于一切掩盖、压抑和歪曲的行径都被排除在外,所以梦境比生活还要真实。当我们经历着梦境的时候,梦和我们清醒时置身其中的那个世界一样真实。而当我们神志清醒地生活时,却又往往会发出"人生如梦"的感叹。

　　景观中的超现实幻想表现,在超现实艺术及绘画方面,主要表现为以下几种类型:①潜意识构图。②通过光线、投影、透视、色彩等营造梦幻情境。③形成超现实场景。景观设计师在设计中运用一种或将多种类型叠加运用,创造出了多种不同的幻想空间。布雷·马克思、野口勇、巴拉干、玛莎·施瓦茨、高伊策等景观设计师经常在他们的作品中通过超现实的表现,营造出一种梦幻的景观场所。如:布雷·马克思设计的巴西保险协会的屋顶花园,通过流畅的曲线形成的超现实平面布局结合鲜艳的色彩、植物与图案营造出一个充满欢乐和戏剧性的幻想场所。野口勇设计的耶鲁大学贝尼克珍藏书图书馆,通过超现实的设计构图形式和白色大理石的材质,将立方体、圆环体以及具有神秘意味的地面几何造型,以"潜意识"的方式组合到一起,呈现了一处可凝神观望的艺术空间。玛莎·施瓦茨设计的西雅图监狱庭院(King County Jailhouse Garden),彩色陶片与混凝土雕塑形成的超现实平面布局,宛如梦境般的舞台布景效果,提供给体验者一个亲切、愉快的休闲场所。West8 设计所主导设计的 2002 年瑞士世博会"Extasia"展览场地,设计师通过看似潜意识下排列的沙丘组织整个场地。每个沙丘都是一个个展览馆,同时又是通过强烈的色彩对比、屋顶半透明的迷幻图案、高差变化、花的香气,将体验者带入一个充满幻想与梦境的世界,临近的湖水中设有金属构筑物,不时向空气中喷射水雾,将体验者带入意象幻想的世界。

4.4　本章小结

　　基于对情感与意象相关理论研究,本章以"情感伴随与意象交流""情感线索与记忆展开""情感氛围与沉浸体验"为框架,对体验视角下的意象情感感触进行探讨。意象是由表象经过情感处理后产生的"情感表现",生活中所有的体验都会以意象的形式呈现在脑海中,它是人对客观事物真实反映的重组、变形、加工创构、事物与虚构、回忆与想象、经验知识与意图情趣的有机融合,是已知与未知、物象与意念、历时与共时的灵妙贯通。而与此伴随的情感,也是影响体验感受的重要因素。因为城市是有情的,环境是有情的,景观是有情的,才使社会生活与情感意象更加丰富多彩。

　　人们对蒙上了情感色彩的事物记忆最为清晰,而且记忆的情感图谱中,个人的和历史的时间倾向于混合在一起。记忆意象是一种隐性的东西。它通常附着于各种物质性或非物质性的载体上,将它们作为媒介显形、保存和传递。在景观中记忆意象空间的产生,需要有触发记忆的线索、时间因素、对记忆片段的组织以及景观中恰当的记忆投射物。集体记忆往往是诱发个人记忆的线索,它是个体每日生活的共同标记,构成了个人回忆的共享的社会参照系。景观中具有代表性的群体记忆,可以引发个体不同的情感,从而产生不同的记忆意象,丰富景观的意象内涵。记忆通过某一景观节点引发,需要通过时间绵延来组织完整的记忆意象空间。记忆意象空间是一个经过时间剪辑后的假想空间,通过绵延的时间将剪辑与组接的变化的意象连接成整体连续的画面。记忆意象可以在体验过程中产生时间膨胀的效果。由于记忆中的空间场景重新呈现在视域中,使体验者会下意识地放慢或停下脚步,从而增加景观与体验者的精神互动,并延长了景观游览的体验时间。记忆的承载体可以是片段的历史元素,通过引发记忆联想,补全整段的记忆或一片空白区域,形成体验者投射记忆的屏幕。沉浸式的意象体验需要调动知觉发挥积极的作用,从而达到一种全神贯注的体验状态,通过身心的投入与情感的交流进入到"知觉—想象""知觉—幻想""知觉—冥想"的意象空间中。本节分析了三种沉浸体验并对其重要性及如何产生进行了研究。

第 *5* 章

景观意象符号感悟

　　景观意象的生成必然最终要归结到符号层面上，意象的符号层面归结往往体现为一种抽象的过程，当意象还属于对事物的一种基本影像时，它总是更多地与对象相同，保留更多的细部特征，而当意象融入了更多的情感、想象时，经过主体加工后的意象就产生了一定程度上的变异，更多地突出某部分的特征或将其改造，而其他部分会相对弱化，这是一种抽象化处理过程，当这种转变处于稳定时，符号化就成为一种必然，其能指与所指就形成了转换的可能。阿恩海姆认为："虽然对意象研究的学科范围广泛，意象的定义也不尽相同，但大多数研究意象的学者都同意，按意象的抽象程度，可将意象分为作为绘画的功能、作为符号的功能以及作为纯粹记号的功能。而且一个特定的意象可同时具有上述三种功能中的每一种，且每次不只发挥一种功能。原则上来说，意象本身并不能告诉我们它发挥了哪种功能。一个三角形，既可以成为危险的记号，也可以是一幅绘画描绘的高山，还可以作为等级差别的符号。"符号学研究学者赵毅衡将物转化成符号表达意义分为四种情况：①自然事物在被人认识的过程中符号化，从而带有意义；②人造器物在认知的过程中被符号化；③人为表意而创造的纯符号;④无物质形态的感知符号化。由此可以看出,意象具有符号的功能,同时意象也是符号的一种类型。而意象对景观而言,起着重要作用的是其符号功能,它可以是环境中固有的一种形式关系;它可以代表一种文化、精神;它也能表达景观的意义与场所精神。

在景观设计中可以把意象符号的抽象层次大体分为两级,一个是景观的结构层级,往往是高度形式化的纯几何形式,是把景观的某种特殊性质准确地抽取出来,表现出某种精神、情感的"力"场,具有高度抽象的形式。另一个层级是景观的元素层级,这一层级相较于结构层更加具体,由于高度抽象的结构层虽然内涵较窄,但其外延很广,可以同时表达很多事物,如几个圆形组成的景观结构,可以表达趣味性、太空星球、完满等。因此,还需要通过景观元素——相对具体的抽象化,突出某一方面的特性、意义,从而简化体验者对景观空间的理解。

5.1　意象符号的内涵

索绪尔认为符号是能指与所指的结合。能指是指声音、形象,是符号可感知的部分,所指是社会性的集体概念。两者之间的关系是,只有能指存在才可能有所指,所指是能指所指向的东西。大部分的符号表意都是"所指优势"符号。正如朗格所说:"词仅仅是一个记号,在领会它的意思时,我们的兴趣会超越词本身,而指向它的概念。"与索绪尔二元的分法不同,皮尔斯提出了符号的三元关系,将符号可感知的部分即"能指"称为"再现体",而将符号的所指部分一分为二,即符号所代替的"对象"及符号引发思考的"解释项"。其中"对象"在文本意义中就已确定下来,不太会因为个体的解释而改变,而"解释项"是完全靠个体的理解而产生。

苏珊·朗格认为艺术形式具有两重性:形式直接诉诸感知,而又有本身之外的功能。它是表象却又负载着现实。根据符号学的定义,符号一方面是物质的呈现,另一方面又是精神的外观。由此来看,意象具备了符号的一切特性。在景观设计中,景观的结构与形式可以称为朗格所说的"艺术形式",它们也具有两重性,有负载着现实的功能性,也有渗透于景观中的氛围、意义,即意象,因此景观符号内容包括景观功能与景观意象两部分。

5.1.1　景观意象与原型领悟

卡西尔在《人论》中指出,人是可以创造符号的动物,符号创造了神话、文学、绘画、音乐等,符号是构成文化的基本要素,因此,人类生活在一个由符号构成的世界中。"人不是生活在一个单纯的物理宇宙中,而是生活在一个符号的宇宙之中。语言、神话、艺术、宗教则是这个符号宇宙的各部分,它们是织成符号之网的不同丝线,是人类经验的交织之网。"①程金城教授认为,符号有不同的类型、不同的样态,有表示客观事物的符号,有表示抽象本质的符号,有可见的符号也有不可见的象征符号,从心理学角度说,有大量不可见符号存在着,这种符号就是心理意象或心理原型。荣格认为,集体表象就是指原观念中的形象符号,它是原始人类借以表达心灵的意象符号,并与不同的心灵侧面相关。

荣格在《本能与无意识》一书中写道:"原型是典型的领悟模式,无论什么时候,只要我们遇见普遍一致和反复发生的领悟模式,我们就是在与原型打交道,而不管它是否具有容易辨认的神话性质和特征。"②他从功能的角度对原型做了解释。首先,原型是经典的领悟模式,是人在特定情境、特定状况下所产生的心理反应,是通过外界环境引发人的无意识反应而形成的原始意象。其次,原型会通过象征或隐喻的方式引发人的感悟,感悟从原型引发集体无意识开始,正如荣格所说的由于其普遍一致及反复发生,因此,原型与心理情感模式建立起了对应关系,而原型所隐喻象征的内容即原型的所指就是引发人特定的感悟与思考的关键。再者,这里的"反复发生"可以理解为世代相承的、不断重复的精神活动过程中所体现的相通性。原型通过特定情境的引发使人类重现内心情感与感悟,这具有普遍适用性,也是人类符号系统最大的特点之一。最后,"人生中有多少典型情景就有多少原型"可以理解为,原型是具体情景下的"意"与相对恒定的联想物"象"的契合,它是"集体人"本质力量对象化的特殊产物,原型再现就是人的本质力量的感性显现过程。

(一)敬畏——主客合一

原型形成于对生命的直接关照,它既不是对外界简单的内心映射,也不是内心的直接投射,而是人的内心世界与外在的客观世界相互制约与相互促进的结果。因此,原型引发内心活动时,主体会因为对原型对象心存敬仰或敬畏,使主体和客体间的界限消失,主体被原型产生的意象力量所支配,与体验对象相容。安藤忠雄设计的"头佛"公园就是通过路线与视角的设计引发体验者内心神圣、敬畏原型的范例。"头佛"公园位于札幌真驹内泷野墓地,景观主要由一个巨型的薰衣草山丘和一尊大

---

① (德)恩斯特·卡西尔.人论[M].甘阳,译.上海:上海译文出版社,2003:33.
② 程金城.原型批判与重释[M].兰州:甘肃人民美术出版社,2008:153.

佛组成。薰衣草象征着无忧,15 万枝薰衣草包裹着山丘,在外面看,佛头置于山丘中心,对于体验者来说首先就有一种宗教的神圣与敬畏,除此之外,浸入花海的大佛,无论从任何角度都只能看到佛的头部,让人在无忧美好中又体会到了一种神秘,让人潜意识地想窥探大佛的全身。通往大佛的路,首先需要通过入口甬道,到达一个水上花园,花园中的流水以及围合空间,营造出了神圣的能净化心灵的氛围,更加增添了神圣、敬畏之感。通过水上花园后还有一条 38 米的混凝土廊道,廊道内部是黑暗的,只能看到佛脚,随着逐渐进入,体验者就能看到被天光笼罩的大佛,场景十分震撼(图 5-1)。在大地艺术作品中,艺术家也会通过营造场所中神秘庄严的氛围唤起人类的神性,净化人类的心灵,或恢复场所的自然性与人文性,从而使体验者产生对自然的敬畏以及对场所的家园意识。如 Walter Demeria 位于新墨西哥沙漠的作品《光的原野》就是意在唤起人们对自然的一种敬畏感。

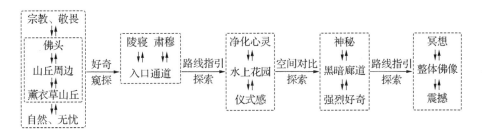

图 5-1

(二)经验——情境联想

胡塞尔现象学认为联想、梦境、思考、感悟、无意识等精神活动均包括在经验内,因此,原型也属于经验的一种。许多原型的意象深深根植于由于经验而产生的联想之中,如传统符号、记忆、知识等。但经验原型是指将经历的事件、情境、感受等抽象后积淀在内心的精神体验,可能只是某种虚幻的文化,或如荣格所说的是"激活"一种文化的无意识,或者仅仅是在特定的情境下通过联想来获得相应的心灵震撼。

加达默尔的解释学也很重视经验。他认为经验是连续的内心感受,而不是与现在断裂的过去、传统等被偶然体验到,它是随时都会对现在产生影响的内心积淀。就如同现代工业文明的遗址尤其是那些锈迹斑斑的风炉、冷却塔、工业建筑的框架等,都饱含着丰富的历史信息和令人激动的符号原型。如果用索绪尔的能指和所指来考察这些符号时,它们仅仅作为一个功能性的符号存在。然而当这些符号完成历史任务后,所指已经完全改变,功能性的所指完全丧失,而对当代的体验者来说它们不仅是昔日工业文明的象征,更重要的是,它们是现代理性造成严重后果的标志,更多地是让人们记住教训,正如理查德·哈格在对西雅图煤气厂公园规划设计获得成功后,他曾多次解释道:"与其不切实际地改变历史,不如记住历史的教训。"在这里工业遗址由于变换了时代,变换了功能,因此,对它们更多地是理解为教训而非工业厂房。

(三)体悟——直觉思维

苏珊·朗格认为直觉具有把握事物的外观形式和符号意义的能力,而意象是情感直接作用和直觉关照的产物。从接受主体的思维方式上来看,原型体验主要依靠"体悟-直觉思维"。体悟主要是对生动具体的形象或事物的直接感知,从而达到对隐藏在其后的抽象意义或道理的领悟,进而使整个原型体验过程得以完整。许多景观作品就是通过自身的知觉体验达到让体验者产生某种情绪、某种思考或领悟某些意义的目的,如欧洲被害犹太人纪念碑(Memorial to the Murdered Jews of Europe)是为纪念在大屠杀中遇难的大批犹太人而建的。设计师将多种情感混合在设计中通过两千多块水泥石块的高差组合,表达被害者的孤独无助,对暴行者的谴责,引发后人的反思,也象征的历史沉重。纪念碑共由2 711块混凝土板组成,以坐标格网的结构排列,一些混凝土板稍高于其他板,一些板的边角是损坏的,体现了边缘扩散或分解的过程,大部分混凝土板高度都接近5米,人走在其中很容易迷失方向。整个纪念碑周围环境非常不自然,气氛阴暗凄冷,沉寂凝重,与只有一街之隔的蒂尔加滕公园形成强烈对比。一眼望去,这些纪念碑宛如远古时代的石棺,地面冒出的倾斜石块高低起伏,如波浪迎面涌来。不论谁走进这些看起来无边似海的石块浪潮的狭缝中,都预示着历史的浪头将淹没来访者,仅留下街道的嘈杂声,愈是接近石块浪潮的底部,愈能感受如处深海导致窒息的压迫感,仰望石顶顶部和细缝上的蓝天,体验者被夹在高大石板之间,会让体验者感受到孤独、无助和失望。石块林立的特殊形貌不断警示这段历史不能被遗忘,而更不能遗忘的是纪念碑地下的档案展览馆里展示的有脸孔、有姓名象征的受难者档案。

罗伯特·欧文(Robert Irwin)在韦尔斯利大学的湖畔斜坡上设计了一个长达40米的钢板雕塑,钢板上雕刻着一枚枚仿佛落叶般的橡树叶图案。作品上端的水平线与河岸边完全重合,设计师用钢板来比作湖水的剪影。同时也可以根据两侧落叶的多少来知道之前风来的方向。就这样,设计师用他的作品捕捉过往的风,场地忽闪而逝的光影向体验者委婉地诉说着场地的奥秘。

(四)认同——情感升华

景观意象的体验目的不是对景观信息的了解和景观空间的认同,而是要在认同的基础上达到情感的提升。原型是与人类的生存密切相关的,其中沉淀着大量与人类生存及发展有关的内容。当我们接触到原型并去切身体验时,体验到的或是关于自身生存、发展的生命意识,或是表达社会、文化环境的历史意识,再或是表达人类存在的自然环境的宇宙意识。总之,原型体验是一种生命的深层体验,受到深层精神和深层心理需求的支持。

克里斯托夫妇在迈阿密比斯开湾创作的《包裹岛屿》作品,用红色聚丙烯织物将 11 座人造岛屿包裹起来。作品虽然只存在两周,但期间大批媒体和民众都以不同的方式前去参观,或乘飞机俯瞰,或去大地景观所在地一睹壮观的景象,大家都被这一奇异的作品所震撼,许多人还将其与法国印象派大师莫奈的粉红色睡莲相媲美。是这种大地景观引导人们去知觉、去发现它们,从而也发现了自身。作品重建了人们的知觉世界,强迫人们去唤醒麻痹的知觉,去重新审视他们生活的世界。这种做法和藏传佛教的"坛城沙画"极为相似。在藏传佛教举行大型法事活动前,喇嘛会通过彩色沙砾绘制大型的佛教图画,但当其历经数日或数月,精心绘制的绝美画卷终于完成后,却被毫不犹豫地扫掉,作品顷刻之间化为乌有。这样做旨在劝解人们浮华的世界不过是细沙,人生起落得失终得归于平淡。

5.1.2　意象符号的修辞表达

雅各布森是在语言学方面发展了符号学的重要人物。语言学将语言作为一个产生意义的、有序的结构系统来建立分析模型。符号学试图将这种模型沿用到其他非语言的环境中,包括音乐、建筑、交通、景观等。[①] 雅各布森在此基础上进一步深化了意义表达理论。他认为,符号有两个方面:一方面是可直接感觉到的指符,另一方面是可以推知和理解的被指。它们之间的各种关系是构成符号学的基础。雅各布森提出了具有普遍意义的语言学概念:两极性概念。

两极性概念是对索绪尔语言学有关句段关系与联想关系的补充与发展。雅各布森通过对失语症患者的观察,认为引发这一病症的两种情况——相似失序与邻近失序与隐喻和转喻两种修辞方法有很大联系。隐喻的用法与雅各布森的诗学的不平衡有关。隐喻替换的是建立在一个字面词语其修辞替代词的相似性关联基础上。转喻是建立在字面词与其代替词之间的联想基础上。雅各布森认为这两种修辞是其他修辞形式的普通模式,在任何一部文学作品中都可以根据隐喻(相似关系)或转喻(比邻关系)进行主题的

① 特拉斯克. 视读语言学[M]. 合肥:安徽文艺出版社,2009:26.

转换。① 海登·怀特在《话语的转义》中分析了非小说与历史的修辞。他认为修辞不是歪曲更接近原义的或现实的语言,而是所有话语中必要的手段。修辞是"意义所固有"的,没有它们我们就不能交流。人们可以识别的修辞有 2～12 个不等,在某些情况下甚至可以扩大到数百个。马修·波泰格认为隐喻、转喻、提喻和反讽在景观理论研究和叙事讨论中最为突出。

1. 隐喻:隐喻是把一个事物某些方面的特征转移到另一个事物上去。它常用于语言学代替和类似的规则中。不明示相似性,而是通过暗示方式表明类比意思的比喻方式。隐喻的说服力在于它将不熟悉的事物同熟悉的事物联系起来,形成诸多要素间新的关系。如里伯斯金设计的德国犹太人纪念馆,就是通过三条不同的路径隐喻犹太人三种不同的人生。

2. 转喻:转喻是通过联想来建构意义,转喻是在空间的邻近、共存关系,时间先后关系,因果关系的基础上形成的。转喻是园林中的主要修辞手法。联系语境、相似之物或场地特有的联想的共同目的具有转喻性——它是生态过程所决定的秩序表象。历史遗产也具有转喻性,因为它保护的是和某些事件、时期人物和风格相联系的遗址。

3. 提喻:提喻使用某物的部分代表全部或用全部代表部分。提喻在景观叙事中是一种特别有效的方法,因为它只需要通过故事中的一个片段就能构想出整个故事,形成言简意赅,幽默隽永的效果。钱钟书曾说"省文取意,乃绘画之境"就是提喻的表现方式。枡野俊明的景观设计作品,每个元素都是将体验意象与形体一并考虑,每个元素都有其超越形体本身的意义。如加拿大驻日本大使馆庭园,设计师仅通过水与石两种元素就形成了象征大西洋、尼亚加拉大瀑布、冰川、山脉、日本传统庭园等丰富的景观意象,呈现出日加两国具有代表性的景观及文化内涵,园林意象通过精简提炼,虽然没有绿植的部分,但是周围的绿色植被大量地介入景观,形成了丰富的背景元素。

4. 反讽:当某物在期望和现实、自然和人工、揭示和掩饰等之间表现出的一种不连续的模糊性时,它就是反讽的、矛盾的修辞。如把生态学描述成"不协调的和谐",就是给与生俱来的反讽起名字。不是替代、连续或代表整体的部分,反讽的位置是在事物的中间,它是对两者的肯定,同时也包含了既不是这个也不是那个的意思。如果说其他修辞是说服人,反讽具有冷漠感,那么这种冷漠就会产生一种批判。1986 年建成的拼合园是怀特海德学院一座办公楼的屋顶花园。花园终日不见阳光,没有水源补给,没有人员养护,在如此艰难的条件下,玛莎进行了反传统的设计,大胆地将两种不同文化背景下的园林景

---

① 罗伯特·休斯. 文学结构主义[M]. 刘豫,译. 北京:生活·读书·新知三联书店,1988:30 - 31.

观拼合起来：一边是法国园林,另一边则是日本园林。颠覆性地用塑料替代了植物,沙子也全涂成了绿色,这个景观当属园林之中的异类。玛莎通过其标新立异的做法,爆发了对现实生活的呐喊,也对传统艺术进行了反讽,而景观作品本身也是对基因拼合所带来的潜在威胁性的警示。

5.1.3　意象符号的体验性关系

索绪尔在《普通语言学教程》中提出,语言符号系统是一个关系网络,它由句段关系和联想关系构成。句段关系与联想关系是通过体验而产生的意象联系,虽然主体的介入程度不同,但必须有体验在场才会产生。句段关系是符号的线性排列组合关系。联想关系要通过体验者作为联想的中介,从而形成与整体符号间的关系。通过这两种关系,符号的任意性受到了限制,语言就有规律可循了。按照索绪尔所举的例子,柱子与其横梁间的关系构成了句段关系,而如果某人看到了一个多立克式圆柱就想到爱奥尼柱式或柯林斯柱式,联想的关系就产生了。对于景观设计来说,符号的联想是回避不了的,这与建筑没办法回避功能性的问题非常相似,没有功能的空间,不是建筑,更接近于雕塑。同样,没有文化表象的室外空间,也不是景观,而是在地面上的绘图。因此,句段关系是已经客观存在于诸要素之间的纵向关系,这是一种内在性的逻辑关系,要把握这种关系还需要主体在场。联想关系则是一种由于主体介入而存在于一个要素于其他要素之间的横向关系,这是一种外在性的关系,它是由主体构建的,因而这种关系比句段关系具有更多的主观性和任意性,主体也因此具有了更多的能动性。

因此,利用符号学的理论来研究景观的意义,需要语义学与语构学方面对符号的形式与意义关系以及符号自身及结构方面的研究。语用学、符号系统与人的关系是意象符号研究的重要部分。利用元素间潜在的联想关系,借助景观元素的提示,使人在想象中重建意象符号的片段。王澍在威尼斯建筑双年展上设计的《瓦园》装置景观,通过材质的运用形成了与人知觉对比与联想的效果。将六万片搜集的瓦片覆盖在竹扎结构上,屋顶缓缓升起,营造出中国江南乡村的意境,使体验者联想到中国的传统文化,并产生深深的思考。

5.2　意象符号之元素层

美国符号学家莫里斯在其 1938 年出版的《符号理论基础》一书中,认为人的活动涉及三个方面:符号体系、使用者群及世界。同时他将符号学分为了符形学(syntactics)、符义学(semantics)、符用学(pragmatics)三门学科。其中,符形学主要研究从符号的各种形态上总结出的共同规律。[①] 符义学更贴近意义的传达与解释。符用学研究的是符号与接受者之间的关系。本章所写的景观意象符号之元素层,主要研究景观意象符号中与符义学、符用学相关的内容,更进一步对景观元素的表达与体验者理解之间的关系进行研究。首先,根据雅各布森的六因素分析法,对景观意象符号的因素进行分析,并探究意象符号对体验者的理解有哪些影响。随后分析意象表达方式与体验者理解之间的关系。最后对景观语境对意象符号的产生及体验者的理解进行分析与讨论,梳理出景观意象符号元素层中可限定意义解释的规律性因素。

5.2.1　景观意象与符号因素

　　景观意象的产生并不是任凭体验者主观想象产生的,景观符号包含了设计师有意或无意为之的各种标记,这些标记会引导并推动体验者向某一方向发挥想象。皮尔斯指出,符号的解释项有三种,按景观体验的方式可分为三类:一、情绪解释项,即体验者身处某个景观作品中会感动、会感到幸福等。二、动能解释项,即体验者在景观中被激发的某种知觉,会引起回忆、激发行为等。三、逻辑解释项,即景观作品会引起景观体验者的思考。雅各布森随后更加明确地给出了研究符号解释与符号各因素之间的关系的方法,即"六因素分析方法"。雅各布森指出,一个符号文本同时包含了发送者、对象、文本、媒介、符码、接收者六种因素,同时符号文本不是中性的,也不是平衡的,而是这六因素有所侧重,当文本让其中的一个因素成主导时,就会有相应的意义解释产生。本节基于雅各布森的六因素方法,重点讨论六因素侧重于景观意象产生不同的关系。

　　(一)情感意象之设计者与体验者

　　当景观文本着重强调设计者自身时,会使景观作品产生一种相对强烈的情感氛围,而当景观文本着重强调体验者时,会促使体验者产生某种由于情感意象引发的行为,虽然两者是不同的类型,但由于都与情感意象有关联,因此将其归为一类进行研究。

　　这里强调设计者自身,不是指在设计过程中其任意为之,而是设计者通过景观作品传达出自己的一种观念、态度、思想等。这种情感不是通过某一景观中的标志或概念来传达,它会渗透进景观元素、结构、空间中,形成一种比较强烈可感知的情感意象。设计了水之教堂的安藤忠雄曾说:"神圣所关系的是一种人造的自然或建筑化的自然。我认为,当绿化、水、光和风根据人的意念从原生自然中抽象出来,它

---

①　巴尔特. 符号学原理[M]. 北京:中国人民大学出版社,2008:181.

们即趋向了神性。"设计师在水之教堂中想阐述自己对"神性"的理解,通过"风之长廊""镜面湖""光之十字架"以及落地玻璃的设计使整个空间充满自然的光线,使人感受到一种强烈的宗教肃穆的氛围。而在设计中对体验者的强调,会通过一种情感意象来促使体验者的行为,如在教堂中,在历史遗迹中,体验者会产生某种震撼与宁静,以促使体验者思考,而在游乐园中又会通过一种欢乐的氛围促使体验者处于一种兴奋的状态中,因此,无论是对设计者还是对体验者的强调都会通过潜藏的情感符号去影响景观的体验氛围。

(二)互动意象之景观接触

如果符号的接触要素比重较大,那么景观的互动意象就占据了主要的支配地位。接触在这里指景观中通过景观中的实体元素(材料、形态、颜色等)与虚无元素(光、风、声音、气味、温度等)的设计与创构,营造引发多种知觉体验的景观空间,从而产生人与景观间的互动意象。对符号中接触因素的强调拉近了体验者与景观间的距离,增添了景观的趣味性并丰富了景观的多样性,在互动的同时加深对景观的意象,如儿童景观就是强调互动意象的代表,除此之外,还有一些景观通过这种互动意象,传达设计师的某种观点或让体验者产生一些思考。

漂浮花园是 Teamlab 景观事务所以一种创意互动的方式对传统禅宗园林的现代阐释,设计师通过科学地安排植物,使体验者在游览花园过程中,始终处于一种与植物、昆虫深度互动的意象氛围之中。在博物馆中,交互式的漂浮花园就像一个动态的植物迷宫,由 2 300 多株盛开的鲜花装点在白色的背景空间中。Teamlab 景观事务所希望通过这一设计,让参观者体验到宁静的"浮动花园"。

整个空间被厚厚的粉红色花瓣和郁郁葱葱的绿色植物装点。随着参观者的不断深入,空间中的鲜花愈加浓郁,五颜六色的花朵伴随着人们的参观路线向上布置,在一个空旷的地方,创建出一个半球形的空间,这一空间会随着人们在展览中的移动和参观者位置的变化而不断变化。如果人们同时聚集在一个地方,上部的穹顶空间将会连接起来,创建出一个巨大的公共空间。设计师通过人与自然的深入奇妙的互动,营造出一个现代的禅宗花园:人看花时,人与花合为一体,花也在看人,此时此刻,参观者可能会第一次感觉真正地认识了花。

(三)多解意象与景观符码

符码是最小表达单位与组合规则。它是符号学中的术语,信息的发出者,依照一定的规则将符号信息进行"编码",意义就被编制到符号的文本中,文本就带上了意义。符码的集合构成了元语言,在景观体验中,元语言就相当于景观场所内部的组织、排列、主题等内部的组织规则。符码与元语言界限有时很难分清,雅各布森认为:"符码成为信息主导时,文本就出现了元语言的倾向。"元语言与意象符号是意义解读的关键。影响解读的元语言大致有三类:

1. 社会文化的语境元语言。它是影响景观意义解读的主要因素,文化社会的语境元语言,主要强调景观与社会文化的内在关系。如我们在游览某些景观时,通常在入口处会看到对景区的介绍,如评级多少,社会名流曾来过此处等情况,或者恰巧赶上节日特有的艺术展等,这些都属于社会文化语境的一部分,他们虽然不属于景观符号文本的一部分,但对景观意象的形成起到了十分重要的作用。

2. 解释者能力元语言。能力元语言来自体验者的社会性成长经历、记忆经验的积累,相关符号文本的记忆等,这些都是构成能力元语言的重要部分,对景观的解读而言,这和意象的形成会有因人而异的结果,可能会造成景观的误读、曲解、无解等。也有景观设计师利用了这种元语言,目的在于强调这种不同,如林璎设计的越战纪念碑、俄亥俄州大学奥博林设计学院的语言花园,设计师希望完成和每个体验个体的交流,通过景观作品激发每个人不同的记忆,从而为体验者创造专属的景观体验。

3. 自携元语言。它是指景观符号文本,虽然是解释的对象,但是在文本传达过程中,也参与了构建解释自身的元语言集合,如主题、风格、类型等。这一部分相当于景观符号上下文的语言环境,这些环境限制了对景观符号解释的发散性思维。

(四)诗性意象之景观文本

约翰·斯图尔特·穆勒认为诗歌更像是偷听来的话语,而不是直接听到的。这意味着,我们并没有得到话语中的全部信息,需要用想象去填补没有听到的部分。而当景观强调景观文本时,表现为设计师更加注重对表现形式、组合方式或是修辞的强调,暗示体验者,景观中不仅存在一个现实看到并按字面解读的语境,同时存在一个或多个景观引申含义的语境,可能有关自身感悟、意义传达、社会现象等,它是通过想象而创造的意象语境环境。① 本书列举的绝大部分景观案例就属于这一类型,如枡野俊明设计的龙门庭、瀑松庭、青山绿水庭等引发冥想的景观环境,IBM 克里尔湖园区、伯纳特公园、赫尔曼 & 米勒公司景观等充满神秘感的氛围和引发思考与探索的景观环境;布雷·马克思、野口勇、巴拉干等人创造的超现实景观环境等。

但强调景观文本不一定就会让体验者感受到诗性意象,只有当景观有严密的逻辑线索及精密的组织时,才会让体验者感受到强烈的诗性意象。"随意性结构"从字面上来看

---

① 休斯·罗伯特. 文学结构主义[M]. 刘豫,译. 北京:生活·读书·新知三联书店,1988:42.

好像是秩序的对立,如果意象彼此间毫无关联可言,那也确实如此。在本书中,将随意性解读为一种看似随意实则高度确定的状态,即独立状态。这种状态只有经景观严密的规划后才能产生。它属于景观意象最复杂的层级,将在意象秩序与复杂性中详细阐明。

5.2.2　意象创造与语言简繁

景观的创造与景观体验之间存在一种内在的隐形连接。设计者将创造的意象通过景观来表达,而景观是体验者意象产生的原点,在此基础上,体验者进行意象的理解与再创造。此时景观则作为设计者与体验者交流的媒介。审美意象归根结底是通过再创造产生的意象,简称再创意象。再创意象受上一章所提的图式影响,产生的过程是在同化与调节交互作用下接纳外在意象,经过大脑加工,产生既有随机性又有多变性的内在意象。

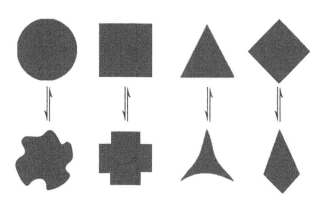

图 5 - 2　意象的简约与复杂转变

内在意象虽然多变,但变化的趋向有两种——简约与复杂。人们面对简单的对象往往试图将其复杂化。如图(图 5 - 2)所示,正方形、三角形、圆形、四边形,都是最基础、简洁的几何图形,人们将其复杂化,往往变成下面的四个形状。而当人们面对复杂的对象时,总试图将其简约化。

知觉对注意到的景观信息进行加工储存,然而在储存的过程中信息特征并不是一成不变的,由于大脑内部的作用,记忆的信息会向两个方面发生变化:一方面一些信息会在压力的作用下按精简、削弱细节的方向改变,而另一方面信息会在反向压力的作用下使信息的特征更加突出,甚至变异。当这些突出的特征能唤起种种如敬畏、好奇、蔑视、有趣、羡慕等情感反应时,记忆中的形状会被这些情感歪曲、夸张,从而使它比真实的样子更大、更美、更讨厌等。

在景观的实际感知中,这两种记忆信息变化的方面都会发挥作用,一方面尽力削弱它使其更简单,另一方面又会在一定范围内使其夸张,从而特征更加突出。这两种对立的倾向在景观设计中,都有相应的表现,对于极简景观设计来说,就利用了记忆的精简、削平的倾向,所使用的形式都是记忆中典型的类型。因此,这一典型的形式可以代表一系列形式相近的意象,会引发丰富的意象联想。因此,"少就是多"是这一类型景观所追求的内涵表达,通过用简洁而具有表现力的景观元素,呈现出蕴含复杂且极具象征意义的景观意象。而景观形式主义倾向于图形的变形、夸张,通过前后上下形态的不一致造成一种张力的意象,形成了视觉上的丰富。在这两种类型的景观之间,就是由各种不同比例记忆倾向主导的多种组合方式。

(一)言简意繁

审美意象的复杂性不仅可以通过复杂多变的元素与主题来实现,还可以通过极简的形式及表现方法呈现一种宁静、均衡、现代的氛围,使体验者产生复杂精神意象的体验。看似简单的元素及结构并不是简单的罗列,而是对本质的准确把握与深度挖掘,是删繁去简后的精华,是对材料本质的尊重与呈现,是对真实生活本真韵律的追求。因此,形式的单纯并不代表体验的简单,这同密斯的"少就是多"的名言有着共通性,去除各种"意义",而单纯的形体本身就是意义的存在,单纯反而显现出一种形式复杂所不具有的宁静,会产生震撼人心的力量。

极少主义景观通过极简的视觉语汇,可以引发超越背景和经历的广泛人群的丰富思考,因为它的宁静和朴实是根植于不同年代和不同文化传统中的。极少主义艺术家的作品在极少的形式、抽象的外貌等方式的统领下,通过不同的哲学观激发灵感,如远东文化中的冥想式宗教、意大利文艺复兴时期建筑师所偏爱的单纯几何比等。莱因哈特(Ad Reinhardt)、马丁(Agnes Martin)、瑞曼(Robert Ryman)、凯利(Ellsworth Kelly)、欧文(Robert Irwin)等艺术家会在他们各自不同的抽象性中添加一些潜意识的意义。在他们的一些作品中,节奏与重复模式更多涉及有机物的系统和诗的韵律(例如潮汐、心脏跳动、仪式的往复性质等),而不是冷漠和规律的机械性表现。大地艺术受极简的表现手法影响以及荣格的"集体无意识"和"原型"理论的影响,人文点、直线、圆、四角锥、螺旋等基本几何形式的意义根植于人类集体无意识中,大众可以通过无意识状态进行阅读,在此一些大地景观通过加减法的组合方式,通过简洁的元素传达了深邃的思想。

景观的极简设计可从以下三方面体现:①设计方法极简,在对项目资料的仔细研读及场地的深度调研后,通过详细的分析研究抓住本质与切入点,从而针对本质进行设计。②表达方式的极简,景观形式与组合以低调直接的方式呈现,剔除矫饰之物以及设计师不客观的情感表达。③确立极简的设计目标,最低限度地干预场地纹理及生态环境,低姿态介入。通过以上的极简主义设计手法产生了两种体验意象方式的景观类型。一种是通过纯粹的形式与静谧的空间引发体验者在其中神游、感悟，从而达到李泽厚所说的"悦神乐志"的审美阶段。如彼得·沃克是现代极简景观设计的代表性人物，受禅宗美学思想的影响，彼得·沃克经常在设计中通过简洁的自然元素，拉近人与自然环境的交流，以表达人类与宇宙神秘的联系。正如禅宗美学的思想"一即多，多即一""一花一世界""咫尺天涯""恼人春色不须多""万法皆空"等等。彼得·沃克的景观作品就经常通过这些看似不存在，却又随着季节、气候、时间随时改变的自然元素营造出丰富、意蕴深厚的景致。彼得·沃克曾在采访中说道："这好比你在一个花园，如果在其中放置太多物品，就会错失重点。这又好比一首诗，如果字数太多，就显得繁复没有重点，如果这是一句简短的俳句，我反而会觉得它充满力量。"另一种是通过低姿态的人工介入，弱化形式感、增强存在感，从而让体验者发现场地的多样性与丰富性，从而产生体验的乐趣。如伯特欧文所说："自然面对的问题是如何才能具备让我们再看看的潜在特质，我们需要做的是让人们参与到共同环境中，创造出这些潜在的体验。"

（二）言繁意繁

文丘里在《建筑的复杂性与矛盾性》中曾写道："我喜欢建筑杂而不要'纯'，要折中而不要'干净'，宁要曲折而不要'直率'，宁要含糊而不要'分明'，既反常又无个性，既恼人又'有趣'，宁要一般而不要'造作'。要兼容而不排斥，宁要丰富而不要简单，不成熟但要有创新，宁要不一致也不要直截了当。我主张杂乱而有活力胜过明显的统一。"[①]景观元素繁杂，可以丰富体验者的游览过程，形成视觉上丰富的多样性与对比性，从而创造生动的景观意象体验。

例如，保持一定的复杂性有助于表现建筑意匠的巧妙、工艺的精湛，使人感觉有看头。斯卡帕认为，节点无论明显或隐藏，它的形式都充满了机械般的现代工艺感觉，并形成了奢华的细部。丰富的景观设计语言也可以给体验者提供更多的信息，提供更多视觉上的丰富性与多样性。十七世纪意大利文艺复兴末期的巴洛克式园林，就是这种设计手法的代表，庭园洞窟、水魔术（水剧场、水风琴、秘密喷泉等）、造型树木等，通过这些丰富繁杂的设计语言，提供给体验者多种戏剧化的景观体验的同时，更特别给人一种标新立异的景观意象。

以上这两种方法无论是丰富细节、还是创造景观体验的丰富性，都试图从激发知觉体验方面创造体验者丰富的意象。还有一些景观设计师，试图在景观中加入各种含

---

① 沈守云.现代景观设计思潮[M].武汉:华中科技大学出版社,2009:129-130.

义,即使景观语言没有文学意义上的内容或含义,它也可能具有形式上或叙事内容上的意义和价值。克莱夫·贝尔提出艺术是"有意味的形式",意在表达景观的意义可以通过自身的形式语言来产生,如野口勇设计的加州情景雕塑园,设计师布置了一系列的石景,形成了系列石景关于加州南部海岸气候、地形等因素的象征意象。设计师通过材料与形式的符号处理,以及舞台布景般的组织,使体验者脑中呈现了一个个当地具有代表性的景观意象。除此之外,运用叙事的方法也有助于赋予场地意义,帮助人们读懂场地,认同场地。如斯图尔海德公园那样,让景观空间顺着伊尼德故事发生的时间顺序逐步展开,也可像凡尔赛宫那样从伊索寓言和古代神话故事中展现景观的主题,并围绕这些主题形成整体的景观氛围,从而形成不同体验者理解后的不同景观意象。

5.2.3　景观意象与内外语境

体验者对景观解读的过程是在景观符号与体验者之间共建意义的过程。在这个过程中,语境是影响符号解读的重要因素。语境以内在化、观念化、图式化的形式存在于体验者的景观体验过程中,只有与语境相关的意义、思考等意象活动才会被激活,而在激活的同时,体验者的语境也发生了相应的变化,因此,体验者对景观的解读是一个稳定的运动过程。对语境的构建可以通过内语境的方式引导体验者,即景观与社会文化的关系,包括导游词、社会评价等,也需要景观外部语境的引导,即对体验者的经验、记忆、图式等的激活,引发意义的产生。这些外部语境因素的汇合经常被称为"语义场"。它们直接影响到解释,但由于符号的种类众多,学术界没有统一权威的分类,只能将其大致分为两类:"场合语境"和"情景语境"。不同场合相同的符号可能具有完全不同的意义。例如:在湿地公园放置青蛙的雕塑,体验者会理解为是一种人与自然和谐、保护生物多样性、爱物动物的意义,但是如果将其放置在玛莎设计的亚特兰大市里约购物中心,体验者会更倾向于将其解释为尊贵和商店对购物者的态度等更多的象征意义。因此,语境会影响人对景观的理解,也是让体验者感知景观氛围的背景因素。

（一）内部语境与文化暗示

内部语境是社会文化环境对景观的制约,与符号学中的伴随文本类似,每个景观作品都有属于其独特的内部语境,同时景观也很难脱离社会文化环境单独存在,体验者在解读过程中都会受到隐含的文化语境的影响,在符号学中这种隐藏的内部语境被称为对文本的二次解读。景观的内部语境可以分成以下六类(表5-1)。

1. 副文本:副文本是文本的"框架因素",如书中的插图、标题、副标题,电影的片头、片尾、书籍的装帧、食品的包装等,在景观中,名人题字、景区内的讲解、介绍,对景区的评级等,景观的副文本往往直接影响体验者对景观的意象与评价。20 世纪 20 年代,研究者做过相关实验,将一些文学作品去掉署名发放给学生,让他们对诗作进行品读与评价,结果出人意料:这些受过良好教育的高才生,竟然会认为三流诗人的作品更好。这证明,我们在阅读文章、欣赏作品时,常常因为一些副标题的提醒,而有先入为主的意象与评判,这也说明景观副文本对景观理解十分重要。

2. 型文本:型文本也是文本框架的一部分,它指明文本所属的集群,即根据文化背景对景观的一种归类方式。如按使用功能分类,可将景观分为:广场景观、公园景观、滨水景观、居住景观等;按文化分类,可将景观分为:英国景观、美国景观、日本景观、中国景观等;按用地形态可将景观分为:面状景观、带状景观等。根据文化的不同侧重面,型文本可分成多种类型,它是景观与文化连接的重要方式,它也是程式化的一种模式,体验者在进行景观游览之前,会潜意识地将即将体验到的景观分到对应的类别中,而人们对不同类型的景观都会在心中有一个模糊的象,这个象也会间接地对景观体验产生影响。

3. 前文本:前文本是在其形成之前所存在的社会文化语境对文本解读的影响,是所有与其相关的社会文化形成的网络结构。例如许多大师的景观作品,都与他的生平、所处时代的社会环境、哲学环境、艺术环境、喜好,以及参考的古典或现代原型等有很大关系。它们会以不同的方式影响景观形态。如果要想深入体验某一景观作品,体验者对其前文本的学习也是十分重要的。

4. 元文本:元文本景观项目建成后,社会舆论对其有所评价,从而影响体验者的解读。在景观体验中,表现为在没有游览景观之前对景观产生的印象,如广告宣传、画册、书籍报刊等。这些先前的印象会对体验者游览景观的过程中产生暗示,如体验者之前如果看到景观某一角度的摄影作品,在体验过程中就会格外注意去寻找这一角度的风景。

5. 链文本:链文本是指体验者在进行景观解读时,在受到一些临时展览或偶发状况的影响下,对景观形成不同的解读。如在游览公园时,公园内有装置艺术展出,在游览完湿地公园时,体验者对生物多样性产生了兴趣,并在游览过后进行这方面的学习等。链文本不仅可以扩展、改变对某景观的意象,同时也可让这一景观意象成为某种代表性的符号。

6. 先文本:最具代表性的就是"山寨文化""恶搞文化""媚俗文化"等,其重要特点为大众都能从其内容上理解出一些非高雅的内涵。如福禄寿三星宾馆、京都人脸住宅、安徽乒乓球拍大厦等,对我们的文化传统、生活熟知的事物进行翻新复制,在体验者欣赏时,首先就会在脑海中形成其先文本的意象。

表 5-1 影响景观体验的内部语境暗示

内部语境类型	景观内部语境
副文本	名人题字、景区内的讲解、介绍,对景区的评级等
型文本	景观分类,如按功能分类,按文化分类,按用地类型分类
前文本	社会文化影响,如所处时代的社会环境、哲学环境、艺术环境等
元文本	社会舆论评价
链文本	临时展览或偶发状况
先文本	媚俗文化、山寨文化等

上述列举的影响景观的语境,除先文本外,任何表意的景观符号必然会携带其内部语境,每一个景观文本都要靠一些内部语境支撑才成文本,没有这些伴随文本的支撑,表意景观文本就落在了真空中,无法成立也无法被理解。即使杜尚的小便池那样的惊世骇俗之作,也是靠各种伴随文本支持才成为艺术品。如果没有链文本(放在展览会上),如果没有副文本(杜尚签约的一个假名),以及《泉》这个传统美术标题,它就不会被当成一件艺术品。同理,七里海国家湿地公园的副标题是国家 AAAA 级景区、天津最大的湿地公园;型文本:湿地公园、生态公园;前文本:七里海的基地分析、相关技术的借鉴、相关案例的学习;元文本:人们在体验之前就了解到可以到七里海进行钓螃蟹、观鸟、看鹿、接近大自然的活动;链文本:设计项目的成功,让更多的机构及民众注意到生态保护的重要性。

景观的内部语境是文化的产物,它对体验者对景观的意象及其解释产生了重要的影响,也就是在体验者浏览景观环境之前,已经对其有了一定的了解与评判,而这些将对景观体验时的感知、情感以及解释起到引导、暗示等作用。

(二)外部语境与景观情境

外部语境是符号文本之外的语境,是词语上下文的语言环境。它们会直接影响到对符号的解读。它包括两部分:①景观内部关系形成的语境。这指元素与元素的关系、元素与空间的关系、空间与空间的关系以及空间整体的氛围。它能对景观意义起到筛选、定位、补充、解释的作用。②景观与人的关系形成的语境。认知语言学认为,人的认知行为与环境之间存在一种相互作用的关系,语境并不应该是完全客观存在的。语境实际是一个心理结构体,是人在环境体验过程中形成的一系列事实或假设,其中包括从客观景观世界中归纳的景观信息,从记忆中提取的经验、观念等,所有的这些构成了景观的外部语境即当前的景观情境。

　　兰盖克指出,词语之所以有意义,是因为它激活了人相关的知识与经验领域并增加了自己的理解。我们对具体事物任何一方面的知识原则上都可以被激活起来,成为在某个特定场合理解表示这个事物的词语的一部分。同理,在景观体验过程中,体验者也因景观的客观信息引发了不同的记忆及经验图式,从而产生相应的意象与理解。如在景观体验过程中,人们看到椅子,会激活其休息、坐的使用功能的意象。但如果椅子的观赏尺度特别大,就会激活其观赏功能的意象,它的休息功能的意象会自动隐藏,体验者会将其当成装置物、雕塑去理解,就像在登山的时候,通往山顶的楼梯凳,人们也通常会激起凳子、椅子的功能解读,可见语境总会激起部分语义特征,同时隐藏另一部分的语义特征。同样的,人们看到稻田在田野里,会产生收获、生产等意象。但是将稻田元素引入校园中,它隐喻着农业景观,但更多地体现着一种同园林植物一样的观赏价值,如沈建大设计的稻田校园景观、中国美术学院象山校区的稻田景观。景观符号可能有诸多方面的解释,会形成多种意象,外部语境可以帮助体验者确定,在这个景观作品中,主要强调哪方面的符号解释。如在凡尔赛花园中有众多雕塑作品,每个雕塑作品都有不同的解读方式,如雕塑家是谁,雕塑用的什么材料,雕塑表达了什么内容,雕塑手法是哪种艺术形式等,但在凡尔赛花园的语境环境中,这些雕塑就主要强调了它们的象征含义。

5.2.4　景观意象之多元解读

　　加达默尔认为,文本只有运用读者能懂的语言才能被人理解与接受。当把景观看作是符号时,景观就是加达默尔所谓的符号文本,因此,景观也有自己的语言。

（一）意象多元之透明与模糊

　　透明是阿恩海姆首先提出的概念,他在《艺术与视知觉》一书中将透明性定义为两个单位间部分遮挡时产生的模糊视觉体验。他认为:"如果一个区域看上去既属于甲又属于乙,就显得自相矛盾了。因为这样一来,就失去了具有珍贵的明确性,从而使事物处于一种模糊不清的状态,……在重叠中包含着一组对立的矛盾:非完整性的重叠维持了事物的立体感,完整性的重叠破坏了事物的立体感。"[①]柯林·罗和斯拉茨基在《透明性》一书中,对"透明性"的概念进行了更加深入的阐释。书中将透明性分为现象透明和物理透明。物理透明是指物体本身能够被光线穿透的物理性质;而现象透明则存在于人的知觉

---

① （美）鲁道夫·阿恩海姆(Rudolf Arnheim).艺术与视知觉[M].滕守尧,朱疆源,译.成都:四川人民出版社,1998:163.

理解中,是人对不同层面的事物之间关系的一种把握方式,一种洞悉事物内在关系的能力。也可以理解为事物间存在一种叠合的组织关系,在这种叠合中,各图层共同占有的公共部分不但共同存在,相安无事,它们还能够不受损失地同时被感知。在《透明性》一书中,广义透明性的概念被解释为:"在任意空间位置中,只要某一点能同时处在两个或更多的关系系统中,透明性就出现了。"①景观作品具有一定的不透明性,或者说,它的透明性是有限度的,景观文本不可能像电影、小说、诗歌一样,而是用其特有的语言和自治的形式胜任讲故事的任务。景观文本用景观特有的质料、形式元素、空间序列、文化语义等,加以隐喻、象征、联想等修辞方法,来传达思考、号召、观点、理解的内涵,因此,形成了体验者理解上的多元与模糊,彼得拉兹认为,景观的透明性不仅在语义中体现,景观的意义随着语境和观赏者的变化在不停地变化着,也就是说景观的意义具有不确定性和模糊性。他的景观意义多元的思想,为人们理解工业废墟景观留下了广阔的天空。根据加达默尔的哲学解释学,理查德·哈格设计的西雅图煤气厂公园中的工业遗址,在不同的观赏者眼里,由于景观的透明与模糊以及体验者自身的偏见与视域的影响,不同的体验者产生的意象是不同的,如儿童可能将其看作是游戏设施,年轻人可能将其理解成充满多样性与历史遗迹的景观环境,而年长的人可能会引发一段段对于不同时期的记忆联想,也正是这种多元的解读丰富了景观环境的内涵,同时增加了体验者与环境间的双向互动。

(二)意象多元之视角与偏见

德国哲学家加达默尔提出了"效果历史"和"偏见"的概念,认为个体的历史理解力限制自身对事物的解释与理解。任何解释者都从属于历史的形态,因此会不自觉地用带有"偏见"的眼光去看待事物,因此,理解不可能是纯客观的。阿雷恩·鲍尔德在《文化导论》中也指出:"看总是文化的看,只有当表象具有文化意义的时候,对我们来说才是真实的。"②

每个体验者都有自己的"效果历史"与"偏见",因此,对于相同的景观体验一定会激发出各自不同的意象。文学家博尔赫斯将文本比作丛林中的不同岔路,认为丛林中虽然没有一条明显的大路,但是每个人可以根据自己的认知与理解,选择不同的方向,并且在每次面临新的岔路选择时,人们都有自己选择与决定的自由。将这个比喻引用到景观体

---

① (英)柯林·罗,罗伯特·斯拉茨基.透明性[M].北京:中国建筑工业出版社,2008:85.
② (英)阿雷恩·鲍尔德温,等.文化研究导论[M].修订版.陶东风,译.北京:高等教育出版社,2004:418.

验中,也是同样的道理,即使设计师已经在景观中规划好了欣赏的路径,也在每个区域设计了引发某一意象的小品、形式,但在游览的过程中,体验者会根据自己的兴趣自由选择路径,也会对不同景观符号有不同的理解。D. W. 梅尼格在《观者的视角:同一风景的十种版本》中,归纳了针对同一风景的十种视角:自然景观、居住景观、人造景观、系统景观、问题景观、财富景观、意识景观、历史景观、地域景观、审美景观。可见景观阅读不是寻求标准答案,因为这个标准答案根本不存在,不同的视角都是因为激活了不同的景观意象,因此在颐和园有人会看到传统文化,有人会看到风景秀丽,也有人会看到帝王腐朽。

5.3　意象符号之结构层

斯蒂文·霍尔认为:“一种观念,无论是合理而明晰的陈述,还是主观论证,它总要建立一种秩序、一个探索领域、一个有限原理。……组织的意象是一条隐蔽的线索,用确切的意图把无关联的部件连接起来。”景观语言符号的结构层是指景观意象符号构成的结构关系,它是景观意象符号中最精简抽象的部分,并与场所的文脉、基地的自然环境潜在相连,是符号中更本质、更具有观念的联系,也是元素层得以展开的基础。彼得·埃森曼就试图在建筑中用符号的结构取代意义,把建筑看作是由建筑构件构成的记号系统,并强调其内在性。本节从不同视角论述景观意象符号中存在的三种结构层,探讨景观意象结构层对整体意象符号理解的影响与解读。

5.3.1　意象秩序的复杂性分类

阿恩海姆认为:“复杂性是整体景观意象中各部分关系的多样性。多样性并不是指数量意义上的多。一个图形可由多种成分组成,有多种关系连接,但仍然可以是十分单纯的图形。整齐的玫瑰园就是这样。而很少几种成分之间仍然可以是极为复杂的整体,例如人工培植和修剪的日本松。”①秩序与复杂是相互对立统一的关系,秩序倾向于减少复杂,而复杂性又往往破坏秩序,但如果秩序缺少一定的复杂性就会使人觉得单调、无趣,而复杂性缺少秩序又会使人觉得杂乱无章。本节根据阿恩海姆的理论将景观意象的复杂性秩序分为四种,由简到繁依次为均质结构、并列结构、等级结构、随意性结构,不同的景观会因生成意象的复杂性秩序不同而引发不同的景观体验。

---

① 　阿恩海姆. 走向艺术心理学[M]. 郑州:黄河文艺出版社,1990:131.

（一）相似意象秩序——均质结构

均质结构是复杂性最低的意象秩序,当景观中各部分被一种意象均匀同质化,就产生了相似性意象。如草坪仅仅由于它那平整的总体形状、绿颜色和叶状质感就产生了秩序,开阔的水面、水泥路面,也是因为其同质均匀性而具有秩序。这种同质均匀性的质感视觉形象并不一定都是整齐平坦的。颜色混杂的花坛、野花点缀的牧场,都可以具有相同质感,因为质感相同,就意味着我们一般不会感知各部分的差异与特殊关系,而只是整体外观的相似。如果将距离拉大,从空中俯视,多数景物都倾向于具有相同的质感。如果结构中的各种成分都极为相似,或者各个成分的形状及其相互关系毫无规则,因而互相抵消,不能构成明确的图案,这种相同质感就产生了。从整体来说,景观与建筑具有两种不同的质感,因此,根据设计的需要,建筑师如果要强调人工建筑与自然的不同质感,就会把与自然形成对比的颜色、材质、形式赋予建筑;如果整体的意象希望缩小建筑与自然的质感差别,要么会让建筑采用自然的质地(如将爬山虎爬满建筑),要么会将建筑的几何形式用于景观。

同质均匀结构的相似性水平非常高,因此不能使它的各个组成部分有个性差异。由于各处都彼此相像,因此并不要体验者确定并认出各种组成部分。他自己的位置和行动也没有受到格局的限制。因此,同质均匀结构唤起的是一种不可言喻的情绪,而不是明确的反应,视觉和身体处于一种漫游的状态,产生一种初级自由的状态或一种广阔的空间感。如玛莎·施瓦茨的许多作品,在纽约亚克博·亚维茨广场中,玛莎用绿色木质长椅围绕着广场上六个圆球状的草丘卷曲、舞动,产生类似魔纹图案的均质景观效果,为周边人群提供了亲切、随意、自由的休息空间。在迈阿密国际机场的隔音墙上,玛莎凿出许多大小相同的圆润孔洞,并将空洞内填充各种颜色的彩色玻璃,呈现出均质的效果,在阳光的照射下,墙上五彩斑斓的孔洞呈现出自由活泼的生机。除了玛莎之外,还有许多设计也尝试这种均质的效果,如彼得·沃克设计的凯宾斯基酒店花园、林璎的"波场系列"大地艺术景观作品、索伦斯设计的斯德哥尔摩银行庭园等,这类均质的景观结构,都在自由的意象上通过不同的形式及处理手法增添优雅、流动、宁静的景观意象。

（二）独立意象秩序——并列结构

并列结构较均质结构相对复杂,在并列结构中,各部分分量相同,如树阵。不过并列结构中各种意象是不相同的,每种意象都占据了自己的一块地盘,显示出与相邻意象的不同。但是这种秩序由于还只处于低层次之上,仅仅由相邻区域意象、空间的单项联系所确立,容易出现无秩序的并列,因此,在设计中需要有具体的解决对策。

　　一种方法是通过空间的对比交替使相邻空间产生的意象形成对比,让体验者在欣赏、领悟意象的过程处于一个动态平衡中,既保证了意象的独立,又增加了空间的多样性。如明亮与阴暗、狭窄与宽阔、稠密与疏松、粗狂与精细等。一种方法是通过一种共有的意象与主题相连,这样即使每个区域的意象十分独立,也有共同点将他们组织在一起。以迪士尼主题公园为例,每个区域的主题意象都是一种并列结构的关系,虽然每个区域的娱乐、布景都根据不同的动画主题而不同,但是它们因为共同拥有动画和迪士尼出品的特质,因而在体验者游览过程中,不会觉得从一个区域过渡到另一个区域很跳跃,而是充满熟悉感。

　　并列意象结构消除了相似区域而产生的不稳定情绪、无方向和不明确的漫游,以富有刺激的交替和对比代之,部分地确定了游人的位置和行进路线,因而这种意象结构带给体验者的既有对方向和路径部分的明确,又可以通过空间变换产生连续不断的惊奇感。

(三) 主从意象秩序——等级结构

　　意象的等级结构是相对复杂的秩序。一般有一个部分是主导意象,而其他部分起到加强主导意象的作用。起主导作用的意象区域可以是景观构图的中心或中轴线。这种中心区域一般通过精心的设计传达出景观的整体理念、意象、精神,而其他各区域则将这种意象、氛围加以深化、细化,从而更加强调主体的意象。如凡尔赛花园,就采用一种严谨、等级制的构图关系,向远方延伸的轴线统领整个园林,其他区域的构图、结构都要从属于整体的几何关系,体现出一种理性、庄严、绝对权力及歌颂君主统治的意象。园林中精心编制的寓言空间序列,也是为了加强这一主意象。

　　等级结构是一种高度确定性的结构,每一部分都与它的中心意象相关联。在并列结构中,各部分彼此相似,而等级结构中通常包含许多不同的对应物,每一组与支配中心都有独特的关系。A. 普特曾说:"因为只有在整体的关系中,才能理解半边的作用,所以像等级结构这种组合性格局,必须从整体上观看才有意义。"这就是说视线不能被遮挡住。其格局要么小到一览无遗,如彼得·沃克设计的日本 Makuhari 的 IBM 大楼庭院,庭园正中的方形水池、水池中的沙砾铺装和睡莲共同营造了一个安宁、自省的空间氛围,在这里所有的景观元素都是为了服务这个主体的意象,这一意象统领了整个景观氛围。或者在尺度稍大的景观中,总体结构还包含着从属的结构,缓和强行的中心化倾向,每个附属结构都在缩小的尺寸上细化、加强中心的意象。如巴黎的雪铁龙公园,全园主要由垂直于塞纳河的三条矩形轴线统领,中间矩形草坪的轴线空间是全园的中心,它的起点是全园的最高点,可以俯瞰到塞纳河,由这条轴线空间连接喷泉、大草坪等中心节点,通过几何造型和自然要素营造出一种人类活动和自然资源间的平衡以及自然流动的意象,而从属于主轴线空间的两条次轴线空间分别通过一系列的温室小花园和六组跌水空间来从不同的侧面细化这一主要的景观意象。

（四）精准意象秩序——随意性结构

随意性结构从字面上来看好像是与秩序的对立,而且,如果意象彼此间毫无关联可言,那也确实如此。在本书中,将随意性解读为一种看似随意实则高度确定的状态,即独立状态。只有景观严密的规划才能达到。

枡野俊明曾这样说过日本禅宗园林中的石:"一块石头就能改变空间的表情,左右空间的印象。有时只要稍微地移动石头的位置,空间就能呈现出沉稳或冲突不协调的气氛。甚至角度也可以改变空间的宽窄感,变化出不同的个性。"他也曾写道:"我已经造访过京都龙安寺(图5-3)的石亭超过数十次了。我总是静静地凝视,脑中盘算着,庭园里的石头哪块移动之后会如何……。可是,这块移动之后,那块应该怎么办……,我的盘算总是不如意。常常想着这块石头应该移开,然后又犹豫'不,还是不应该移开'。"

意象的秩序系统是由景观意象引导的空间布局、秩序,通过设计让体验者感知意象,从而根据适当的秩序类型进行演绎创造。

图5-3　龙安寺庭园随意性结构

5.3.2　意象秩序的几何分类

玛莎·施瓦茨认为:"直角和直线是人类创造的。当我们在园林中加入几何时,就意味着我们把园林与人类的思想结合在了一起。几何清楚地定义了一个人造的而不是自然的环境。如果你想在自然固有的纷杂中遇到某些可读、可看的东西,那么最快捷的方式就是计入几何的秩序。"①几何秩序与有机物及自然的联系有关,它可以表达其内在的韵律、节奏等,熟悉的几何秩序包括序列、重复、方格网、线性表达等,本书在 Norman K. Booth 对景观空间形式设计分类的基础上,主要通过对格子结构、不对称结构、曲线结构的分类研究,探讨其对景观意象体验的影响。

（一）理性意象之格子结构

最早使用格子结构的是中世纪伊斯兰园林的"四分园",窄窄的水渠将园林分成一个或多个四分园,这是那一时期永恒的设计原型。四分园源于宗教的意象,即有一个明确的中心,同时能量从由中心到四面的方向或相反的方向流出或流入,代表能量的释放与汇聚。后来意象逐渐演变为一个普遍的具有宇宙象征意义的神圣空间。到了文艺复兴时期,四分园演变成了几何秩序排列与拼接的园林空间,由中轴贯穿,并由此成为经典公式,这一时期主要遵循人本主义思想,神性蕴含于自然秩序中,再加上阿尔伯蒂提出的"和谐理论",即各部分简约完美的和谐,因此,园林中的这一秩序主要表达的意象是自然界的秩序与和谐。勒诺特时期格子形式进一步发展变化,更加强调向远方延伸的轴线,格子的比例也更加严谨,各自内部也更加细化,形成不同的几何图案。这一时期格子的意象演变成理性、庄严、严谨的意象。到了现代,格子被运用于绘画、建筑、艺术、景观等不同的意象表达与系统组织中,尤其在景观中,格子是景观创造的重要结构基础。景观设计师詹姆斯·罗斯、丘奇、埃克博、丹凯利、彼得·沃克等都对格子的结构秩序与意象表达有不同程度的探索。

在现代景观中格子组织代表系统化与理性化的意象,最基础的格子是垂直的直线组与竖直的直线组相交,各元素之间呈现均等性而无差异性,所有的点、线或模具皆相同,整体表现出一种均质结构的特点,营造出一种自由、漫无目的漫游的特点。在此基础上,强调格子不同位置的点、线、面,进而就形成了格子组成的基本类型:

（1）线性格子:线性格子主要强调格子中的横向线条或纵向线条,是体验者在空间体验中又一种方向性与连续性,同时线条的间断又会给人以顿挫感。如沃肯伯格事务所设计的蒙太纳大街 50 号庭园,用水渠、树篱强调网格中的纵向几何线条,营造出一种简洁、明快的空间意象。

（2）网络状格子:网络状格子与模矩格子互为图底关系,前者旨在营造一种相互连接的移动的空间意象。如丹凯利设计的北卡国家银行广场中的绿植广场,通过网格化的格子布局以及网格内植物的种植,体现了一种大自然和谐秩序的景观意象。

---

① 　沈守云.现代景观设计思潮[M].武汉:华中科技大学出版社,2009:155.

（3）模矩格子：这种格子形式给人以重复及区域性的韵律感，同时，体验者的视觉感受因人的站立点不同，产生不同的视觉变化。如日本东京 Musashino 市 NTT 研发中心旁的庭园，设计师运用规则的模矩结构整合了樱花及地铺区域，整体隐喻了日本稻田的意象。

（4）点状格子：这一类型的格子结构虽将格线隐藏，但也会让体验者在潜意识中体验到一种精心排列的秩序感。如玛莎·施瓦茨设计的瑞欧购物中心庭园，设计师在水池与坡地上布置了 2 米间隔的青蛙阵，青蛙集体朝向一个方向，产生一种在秩序统领下的既幽默又令人震撼的拜谒感。

基于以上这些基本的格子系统进行变换，还可以得到复杂程度更高一级的格子变化系统，许多设计师都是基于格子的变化复杂系统来营造复合的意象以及复杂的秩序。这种复杂的结构大体分为以下几类：

（1）间距变化：这一变化是指打破格子间统一的间距，形成间距不等的空间变化，增加景观空间的多样性变化，在理性之上又增添了空间的趣味。如瑞士联合银行行政大楼广场，就是一个间距变化的格子结构，在此基础上，设计师根据场地的特征设计了这种间距变化格子的竖向高差变化，结合了草地、树木、水池及彩色球状雕塑，形成了一个明快、充满趣味性的休闲空间。

（2）组成变化：这一变化指调整格线的宽窄，改变模矩或焦点尺寸，再加之以颜色、形状等的变化，形成一种暗示阶层、韵律，产生视觉的复杂性的景观意象。如川纪黑章设计的石园，落地玻璃将建筑内庭和外部庭园形成了一体空间，网格结构也从内部的焦点变化过渡到外部线条宽度变化，通过组成变化结构的阶层意象，营造了主次分明的空间，同时外部线条的变化也增加了体验者视觉的移动与分辨，形成韵律感。

（3）方位变化：这一变化是指正交线与斜线相交、斜线与斜线相交、曲线与曲线相交等，形成流动感以及自然与人工结合的意象。如哈格里夫斯设计的万圣节广场，设计师利用地铺斜线相交的结构与两侧建筑的镜面玻璃外墙反射，创造了一个迷幻、流动并充满梦幻意象的世界。

（4）复杂变化：这一变化是指格子线偏移叠加、旋转叠加等形成多重格子系统。形成空间深度、错觉、复杂等意象。如矶崎新设计的筑波科学城中心广场，广场的地铺就使用了垂直格子线偏移叠加的结构，筑波广场原本就是将历史的片段拼贴在一起，而这种格子结构加深了一种时间感与空间感，营造出一种将这些拼贴的历史片段放入时间与空间的无限维度中的意象。

格子基本类型的分类如表 5-2 所示。

表 5-2　格子基本类型

格子类型	意象	案例
线性格子	方向性与连续性、强调、顿挫感	斯坦福大学科学研究中心(彼得·沃克) 剑桥中心屋顶花园 蒙太纳大街 50 号庭园
网络状格子	相互连接的移动	北卡国家银行广场
模矩格子	1. 区域与内涵 2. 重复、韵律感 3. 因人的站立点不同,产生不同的视觉变化	日本东京 Musashino 市 NTT 研发中心旁的庭园(日本稻田意象) 喷水景园
点状格子	1. 单独目标或地点 2. 一种均质结构,暗示着格线的存在	瑞欧购物中心庭园
复合		巴黎拉维莱特公园

格子变化类型分类如表 5-3 所示。

表 5-3　格子变化类型

原型	变化型	操作	意象	案例
正交等距格子	间距	调整横向或竖向线条间的差距	多样变化、趣味性、弹性	瑞士联合银行行政大楼广场
	组成	调整格线、模矩或焦点尺寸,形状、颜色等。	格线宽度的随机:暗示阶层、韵律、视觉的复杂性	石园
	方位	正交线与斜线相交、斜线与斜线相交、曲线与曲线相交等	具有可塑性和流动感,自然与人工结合的意象	万圣节广场
	复杂	偏移叠加、旋转叠加等形成多重格子系统	复杂性与深度	伯奈特公园 筑波科学城中心广场

（二）探索意象之不对称结构

非对称结构潜在地蕴含着一种探索的意象,体验者在体验过程中流线与视点不断变化,在沿途如果设置多个焦点以吸引人不断探索。这种结构激发人们向前探索新景色的好奇心,使景观体验者成为积极主动的空间参与者,而非被动的观察者。

1. 非对称正交结构

非对称正交结构是现代运动早期兴起的,最先开始于立体主义绘画,后来建筑师柯布西耶、密斯·凡德罗、赖特等人将这一结构应用到建筑领域,最具代表性的是密斯·凡德罗在 1929 年设计的巴塞罗那展览馆,之后非对称正交结构通过丹·凯利、丘奇、罗斯等人逐渐应用到景观中来。

在格子结构的景观体验中,体验者可以对景观体验有一定预知,而在此种结构中,体验者在体验的过程中不断改变视线方向,无法从某个视觉观测点将景观全部看尽。一些区域可能局部或完全地被植物、构筑物等遮挡住,勾起体验者的好奇心,同时非对称正交空间通常具有众多的焦点,这些焦点会被设计师有策略地设置在景观空间中,体验者会被这些有意为之的焦点潜意识的逐步引入下一个空间中。

在丹·凯利设计的达拉斯艺术馆(1983)的雕塑花园中,丹·凯利通过墙体对空间进行遮挡,花园被三道水幕墙分割成了数个“单独”的“屋子”,每个屋子都通过设计形成丰富的设计焦点:“屋子”在台阶式的地被层中种植了一颗橡树,橡树下面,有颜色艳丽的水仙花及覆盖到地面的常青藤和绿萝。水幕墙上也长满了波士顿爬山虎,水流缓缓从上面流下来跌入水池中,在如此干燥的自然气候下,引起了人们愉快的视觉感受。因此,体验者在视线的不断变换中,会被这种优美、温馨的景观潜意识地逐渐引领,主动体验。

2. 非对称多边形结构

非对称多边形结构,由于具有多面的特征,因此在设计中更容易创造出丰富的空间类型,提供更多样的意象组接方式。这种结构最初运用在现代家具设计中,后来被景观设计师逐渐引入景观场地设计中,创造出更加丰富的意象连接体验。由于多边形在项目中经常以不规则的形式出现,因此,体验者难以从一点感知到整体的景观意象,而且,曲折的外围会不断地改变体验者的视线,同时与平行的路径不同的是,多边形会将体验者的视野改变,要么收紧要么扩散,加强了空间的对比,丰富了体验者的空间意象,并加深了体验者的探索欲望。

西班牙巴塞罗那 UPC 大学校园北入口的设计改变了直线道路的方式,通过多边形变形连接的入口区并结合了地势的变化,不仅扩大了与绿荫接触的面积,创造了更多观赏校园的视点,营造了绿意多变、流动的景观意象,同时还通过多边形的变形遮挡了许多影响校园美观的空间。这种结构的易变性及灵活性,不论在观赏体验方面还是功能方面,都发挥了极大的潜力。

3. 非对称圆类结构

非对称的圆类结构是指当圆形组合叠加时,还会产生弧形、卵形等形式,从而形成不同的空间体验。圆形在古希腊时期就被视为完美的形式。文艺复兴时维特鲁威人还将圆形视为完美的比例应用于建筑中。杰里科曾在《图解人类景观》一书中写道:"在地球所有的符号之中,圆形是最富有象征和神秘性的。在景观的最高形式中,圆形激发出庄严、崇高的景观氛围。"景观设计者常常使用圆形的对称形式,增强景观中的枢纽位置,为体验者提供明确的方位信息。但是圆形的非对称结构创造了更加丰富的空间类型,呈现出更多样的意象,传送出源源不断的能量与动感。圆类结构可以通过不同尺度的圆类空间叠加组合形成空间序列,也可以通过一个个独立的圆形空间,通过彼此间合理的距离,形成一种富有张力的空间。

位于华盛顿大学医学院的艾伦·S. 克拉克希望广场,以两个内相切的圆形水池为中心。外面的大圆是一个种满莲花的水池;里面的小圆是可以步行进入的空间;小圆与水池接触的部分刻有狄金森的诗《希望》;小圆的地面是植入的光纤星系图。设计师通过圆形的组合将体验者拉进了一个静谧的时空,在这里寂静的星空和宁静的睡莲融合在一个平面中,将不可能的事情变成可能;在这里美丽的诗歌让心中充满希望。

(三)自然意象之曲线结构

曲线是一种诗意的几何形式,它可以代表许多自然生命、现象、特征,最容易让人产生生命、运动、自然意象。在英国自然风景园中,常用的设计元素有弯曲的园路、自然式的树丛和草地、蜿蜒的河流,形成与园外自然相融合的园林空间,让体验者产生融于自然、返璞归真、亲切宜人的景观意象。在现代景观设计中,曲线也是许多景观设计师常用的几何形式,如大地艺术景观经常用曲线来模仿不同的自然现象,如安迪·戈兹沃西创作的《红河》、帕特丽夏·约翰松创作的《博览公园泻湖》、林璎创作的《暴风王国波场》等,通过韵律优美的曲线创造出不同视角和不同理解下的自然意象。曲线还可以平衡几何形式所产生的人工意象,弱化僵硬、刻板、冰冷的意象,带来充满生气的生命力量。

曲线作为空间的结构,独特之处在于沿着曲线所持续呈现的推力和拉力。这种特殊的力量会让体验者产生特别感人的心灵悸动,尤其是体验者沿着曲线方向的视线,即使只是一种视觉体验也会充满了感动。除此之外,曲线两点之间的距离长度远远长于两点间直线的距离。因此,在景观体验时,可以延长体验者的观赏时间,并创造不同角度的视觉体验。

5.3.3 意象秩序的叙事结构

"叙事"一词最常见的含义就是讲故事。马修·波泰格认为:"叙事是人们形成经验和理解景观的一种基本方法。故事把对时间、事件、经历等无形感知同更为具体的地点联系到一起,由于故事把对地点的体验串联成各种有趣的关系,因而叙事能提供认知和形成景观的方法。"当个体在景观体验时,产生冥想、回忆、幻想、探索等意象活动时,就已经在理解或演绎景观故事了。叙事包含故事,即被讲述的内容,同时叙事也包括讲故事的方式,即故事的形式、组合、构造方式等。本书将叙事作为一种交流的方式,通过诗性结构、散文结构与圆形结构研究叙事结构对意象的生成与组构。

(一)诗性结构

景观的诗性结构是以设计者或体验者的心理情绪变化作为基本的叙事结构线索,从而使景观的形态具备一种诗性的品质。海德格尔认为作诗的本质是理解人在大地上的栖居。景观诗性源于自然,早期无论是东方还是西方,都在建造人们所追求的诗意的"天堂"。中国传统园林的发展是从对原始自然的写实到写意的模仿过程,无论是山水诗、田园诗,文人都将情思、情趣寄托于自然之上。西方园林是从对农业景观模仿开始的,再发展成后来英国的如画园林。诗与园林互为一体,诗人根据园林风光进行创作,园林根据诗文建造。当代景观设计会通过人工自然中诗性的结构来表达诗意的景观意象。设计师通过物化的自然界便与人类情感形成了多义的关系。

诗是最早的艺术形式之一,也是人们熟悉的艺术,但自古以来关于诗的定义,一直是学者们探索的主题。在对诗歌的探索中,学者们发现诗歌与情感的关系。诗人情感的表达需要借助诗歌的形式,如韵律、节奏、象征、比喻、想象等。同理,景观的诗性结构需要借助空间形式、空间序列、元素组织等来表达。

1. 朦胧恍惚的诗性结构

通过水雾气的运用,形成连接场地景观元素的朦胧诗性结构,营造超现实的意象。如彼得·沃克就十分喜爱运用水雾气,如美国惠好公司总部庭园的湖面、IBM 公司索拉纳园区销售中心入口处的半圆形抽象切开假山、日本播磨花园城高级科学技术中心内部庭园的水雾竹林、互助人寿保险公司总部庭园中心的圆形玻璃舞台喷泉等。这些景观通过水雾气缥缈不定、变幻莫测的特点,呈现给体验者一种虚静的意象。以哈佛大学唐纳喷泉为例,喷泉由 159 块石头组成完整的圆形平面,石群的中部具有喷雾功能,石块的安置具有一种超越地域文化的象征性。石群不仅以单体形态暗示了历史的重量,而且以平面的摆放方式制造了轻松的氛围。虽然石块呈现的是古旧的质感,但在草地及橡树材质的对比下,被奇妙地消隐去,同时,石群模糊的轮廓线营造出一种不安定的张力感。体验者经过此处时,石间的雾气立刻受到影响,圆形的完整不复存在,但如果身处其中又会被完整的圆状雾气包裹。不仅如此,时间、季节的变化也更加完善了作品的意象,作品在一日之内、一年之内都可以被感受到不同的意象。夏季,水雾在阳光的照射下形成彩虹,给体验者带来惊奇;秋季,太阳余晖与落叶在水雾的笼罩下变得安静、萧索;冬季,皑皑白雪覆盖了石头和草地,在水雾的映衬下显得神秘、寂静。作品完美地将人、场地、介入的人工景观以一种朦胧的诗性结构连接在一起,将忙碌的生活瞬间转化成一种超越时空的意象体验。

除此之外,利用地形也可以呈现出一种朦胧的诗性结构,营造一种时间、自然、宇宙的意象。美国纽波特的一处时隐时现的草地迷宫,只有 30 厘米的微小起伏,如同一个隐身的作品,很难引起人们注意,但它可以捕捉大自然瞬间的变化、昼夜的变化、四时的变化。一天中太阳位置的不同就形成不同的阴影起伏的景色;季节轮换会在落叶起风之时,在洼处积累落叶,从而形成落叶与青草对比的抽象图案。场地的景象完全是自然自己创造出来,而体验者一旦发现了这个作品就会惊讶于它仅用自身诗性的骨架就能反应自然任意时刻的诉说。

2. 留白的诗性结构

留白是对作品意境的创造,形成空间的层次感,给体验者留有遐想的空间。中国艺术无论诗词文章,还是园林绘画都十分重视这种空中荡漾,以虚为实的意蕴。虚白的空间不是真的"无",而是通过无、空来表达宇宙自然浩瀚之气,通过留白的部分形成体验者心灵与自然山水的双向交流与寄托。

景观中的"留白"并不是指空白,草地、水面、空白的墙面、窗洞等都是营造留白的方法。留白是设计师有意为之,蕴含着真心想要传达的思想。留白作为根植于中国传统绘画的艺术技法,在中国古典园林中得到充分的体现,空间秩序组织中虚实结合的运用表达了道家的宇宙观与时空观。尤其是园林中对漏窗的表现,通过漏窗达到借景、露景、隔景的效果:空虚的窗外有暗香浮动、浮光掠影、枝叶摇曳等,达到虚实相生引发无限思考的意象体验。在日本的禅宗园林中,这种留白体现在营造园林中思考、自省的场所即感受"余韵"的空间。留白的空间营造出了一种景观元素间的紧张感,这个部分往往使体验者心生好奇,受到吸引,然后思考,就形成了设计师与体验者间的交流,而这种体验往往是一种自悟的空间,每个人的感觉不尽相同。厄瓜多尔有一座位于山巅的瞭望台,名为云雾,源于山谷谷底绵延不尽的雾霭让群山和天空时隐时现。人们前来这里集会,在草地上休憩和谈心。瞭望台内部与结构运用了木材,而外部则全部由镜面组成。瞭望台由于反射了周围自然的风景,仿佛隐藏于自然之中。这个镜面的瞭望台就像一个展示自然的舞台,同时又像一扇心灵大门,它将人们的生活归隐于这片静默的草原。在镜面流动着的景象隐喻着自然和城市的双重意义,以无形胜有形的诗意沁润着人们的心灵。人们的视线仿佛迷失在遥不可及的景观中,而反射在镜面中的景色又近在咫尺。

3. 通感的诗性结构

通感是指一种感觉引起另一种感觉的现象,它是感觉相互作用的一种表现。日常生活中我们所说的温暖的笑脸、香甜的气味等都是通感。佛教有"六根互用"的说法,即任何一个感官都可以产生其他感官的功能。钱钟书在《通感》一文中指出:"眼、耳、鼻、舌、身各个官能的领域可以不分界限。颜色似乎会有温度,声音似乎会有形象,冷暖似乎会有重量,气味似乎会有体质。"

(二)散文结构

散文意象结构是指在景观的叙事中,没有贯穿始终的故事情节,意象符号的能指和所指不仅具有多面的意味,而且具有较大的随意性与模糊性,从而达到多元解读的效果。

1. 围绕中心展开叙事

在西方古典园林中,无论是文艺复兴时的意大利园林、法国勒诺特尔式园林,还是后来的英国如画园林,都在叙事空间的构建上延续着某种既有的传统规则,在景观空间的意象营造上都遵循一种整体的和谐和空间的秩序,以及一个中心的景观意象,其他单独的语汇都在中心语汇及句法规则的统领下围绕这一中心展开。虽然不少当代景观设计作品呈现非中心的结构特点,但是也有许多作品的叙事结构是围绕某一中心意象展开,并逐渐升华的。彼得·拉茨在设计北杜伊斯堡景观公园时曾说:"我在进行北杜伊斯堡景观公园设计时,是从写故事开始的。故事主要围绕在一座山上盘旋的猎鹰展开,渐渐地,我的头脑里浮现出如何处理助燃鼓风炉的思路。"[①]野口勇在"加州剧本"的景观庭园设计中,就以塑造加州的意象展开,通过布置一系列的石景与雕塑来表现主题意象,如北方的红木森林、南方的沙漠、东部的高山、壮丽的瀑布等。在这个微型的庭园中,每个意象都试图能唤起体验者对加州的一个记忆片段。设计师以加州为意象中心,其他意象均在这一主题下展开,充分体现了加州的气候和地形,唤起体验者对加州的意象,创造了属于每个人不同的加州回忆。

2. 散点辐射式叙事

无中心散点式叙事结构,是指根据意象本身的多义性和多向性特点,使其从一个放射点朝向多方辐射,在景观设计中,体现为设计师为同种事物、一个理念、一种观点等,创造了多种角度观察、理解的机会。

BUGA联邦园艺展项目,主要通过四个主题广场和一个平台区组合而成,设计师从

---

① 沈守云. 现代景观设计思潮[M]. 武汉:华中科技大学出版社,2009:173.

四个不同的观察自然的角度,营造了四个不同的充满趣味的活动空间。整个场地下陷,呈变形虫的形状。体验者首先可以观察到公园的整体样貌,体会到一种自然界动物的意象。进入公园中,有"草甸迷宫园",由巨大的芦苇建成,其间道路狭窄,只能通过斜坡和梯子穿梭其中,让体验者换一个视角,近距离观察尺度变异后的水生植物,由此创造了一种奇妙的景观体验。除此之外,还有由巨型牛仔靴脚印构成的"水潭中的生命园",以及"细胞园""动物足迹园"等。设计师用丰富的想象力展现了自然的多个侧面,以及多角度的观察自然的视角,潜在地改变了人与自然的关系,拉近了人与自然的距离。

3. 圆形结构

圆形结构在某种程度上隐含着具有原始文化象征的深层意蕴,生命的循环、文化的循环、人生的循环等意义。在景观设计中,这一叙事结构往往表明了对时间、生命、历史等哲学根本问题的思考,道·霍夫斯塔特在《GEB——一条永恒的金带》中将圆环结构比作怪圈并为我们做了精彩的描述:"所谓怪圈就是指这样一种现象,我们在某一等级系统中逐步上升(或下降),结果却意外地发现又回到了原来开始的地方。""怪圈的含义是在有限中包含无限的概念。它不仅仅是一个圈,而且是用有限的方式来体现无限的过程。"①

林璎设计的越战纪念碑,就是用这种圆形的叙事结构创造了每位观众和纪念碑之间独一无二的联系。体验者从现实中开始,沿着小路顺着反光的花岗岩墙壁向里走。一开始墙很矮,随着继续向里走,墙越高,墙上的人名也随着战争的持续变多,退伍回国的老兵会在墙上找到属于他或她的时间,战亡将士的亲友会在墙上找到失去的亲人的名字,前来悼念的其他人有各自自由的空间去想象那些参加越战的人们所作出的牺牲和奉献。在他们看到并触摸到石碑上所刻名字的瞬间,这种痛苦会立刻渗透出来,对亲人、友人的回忆会瞬间出现在脑海。当从回忆与痛苦中解脱时,前来悼念的人在反光的花岗岩墙壁上看到了自己的面容,花岗岩内部的时空似乎定格在了记忆的时间里,悼念者所存在的时空时间依然流淌。两个时空好像在刚才重合到了一起,但毕竟它们无法融合,活着的人必须要转过身面对光明,回到现实中来。作品成功地用有限的景观,创造了一个无限的记忆时空,体验者带着伤感从现实中来,在无限的记忆时空中释放了痛苦,最后又回到了现实。

5.4　本章小结

基于对符号学的理论研究,本章试图以意象符号的内涵、意象符号的元素层、意象符

---

① 郝朴宁,李丽芳.影像叙事论[M].昆明:云南大学出版社,2007:168.

号的结构层为研究框架,对体验视角下的意象感悟进行分析研究。本章将意象符号按抽象层次分为两级:①景观的结构层级,这一层级往往是高度形式化的纯几何形式,是把景观的某种特殊性质准确地抽取出来,表现出某种精神、情感的"力"场,具有高度抽象的形式。②景观的元素层级,这一层级相较于结构层更加具体,由于结构层高度抽象,可以同时表达很多事物,会引发体验者的发散性想象,因此,需要通过景观元素——相对具体的抽象,突出某一方面的特性、意义,从而引导体验者按这一方面进行意象展开。

景观意象符号的元素层与语义解释相关。根据雅各布森提出的符号文本的六因素分析方法,当六因素侧重不同时,就会有相应的意义解释产生,将景观意象的符号因素分为四种:景观符号因素侧重设计者和体验者时,景观体验倾向于情感意象的产生。当景观符号因素侧重景观接触时,那么景观的互动意象就占据了主要的支配功能。当景观符号因素侧重于景观符码时,那么由于受到元语言因素的影响,景观就会产生多解意象。当景观符号因素侧重于景观文本时,由于随意性结构的产生,使得景观呈现出诗性意象。体验者对景观符号的意象阐释,还受到景观语言的简繁影响,景观语言及其简洁的设计往往是对景观作品本质的深度挖掘和坦诚表现,因而往往引发超越背景和经历的广泛人群的丰富思考,形成对景观作品意象的多样创造。而体验者面对繁杂的景观符号时,总试图将其简约化,将繁杂的意象按照一个整体来理解、简化。景观意象的解释与生活中的各种原型也有密切关系,在景观中对原型的置换变形,不仅可以引发体验者对原型的联想,同时也可激发新的意象创造。

景观意象符号的结构层是欣赏者可以察觉到环境中的固有的形式关系,这种关系对元素层的语义解读有限制作用,同时支配了景观的整体意象。景观意象符号结构按复杂性分类可分为:均质结构(整个结构中贯穿一种共同的意象)、并列结构(组成整体的一切意象都同样重要,而且分量相同)、等级结构(每部分的意象都是按照重要性的等级分布)、随意性结构(意象高度确定的状态)。景观意象符号结构按几何秩序分类可分为:格子结构(系统化与理性化的意象)、不对称意象(探索的意象)、曲线结构(生命、运动、自然意象)。景观意象符号按叙事结构分类可分为:诗性结构(以设计者或体验者的心理情绪变化作为基本的叙事结构线索)、散文结构(意象符号的能指和所指不仅具有多面的意味,而且具有较大的随意性与模糊性)、圆形结构(蕴含对时间、生命、历史等哲学根本问题的思考)。

第6章

景观意象创构的原理与方法

　　本书第三章、第四章、第五章从理论分析的角度对体验视角下的景观意象创构进行了理论的梳理与分析,本章从景观设计的角度出发,将前三章的理论建构转化成景观意象设计方法。首先建构景观意象设计的概念、原理与适用性,在此基础上,通过建立意象资料库、空间情境的意象创构、沉浸体验的意象创构、视角引导的意象创构四部分对景观意象创构方法进行深入研究。

6.1 景观意象创构原理

6.1.1 景观意象体验设计的概念

意象在心理学层面的释义：意象与表象的概念相关。通俗地讲，表象就是人们在"心目中"看到的各种事物、听到的各种声音、闻到的各种气味等等。而意象是人的心理活动，存在于表象之上，是在表象的基础上形成的内心体验与创构之"象"。因而，从意象的视觉形成过程来看，它应该包括三方面的相互作用：①客观可见景观，即景观的物象或视象。②想象虚拟的部分，即主体对景观物象的展开。前两方面都属于人的知觉领域。③意象的表达构成，也是符号化的表达基础，它与历史文化及特定的时代文化息息相关。

意象在认知层面的释义：从认知学角度来看，意象是主体受到客观事物刺激之后，根据不同的感觉通道传来的刺激信息，在头脑中呈现事物整体结构及形象的过程。因而，一方面意象与感官对象相联系，感官通过对现实景观元素的筛选，产生视觉意象、听觉意象、触觉意象、嗅觉意象等感性材料，从而成为有效的材料信息组合体；另一方面，意象又不仅是感性的信息材料，它是思维活动的基本单位，它与主体的记忆、想象、情感等相互作用也会发挥虚构、推测和臆想的能力，来使对象的某些形态或内容发生变形或改观，添加补充新东西，从而在大脑中能动地认识事物的深一层性质，积极地实现观念中的对象改造。

意象在审美层面的释义：康德认为审美意象是一种"心意能力"，是由想象力引发的活动，它具有主观合目性，并可引发人的普遍共鸣；苏珊·朗格认为，意象是情感的符号；王夫之认为，景以情合，情以景生；叶朗认为，审美意象不是对客观世界的直接反映，而是充满感性与意蕴的审美世界，是情与景相互交融的世界。因而，可以得出如下结论：①审美意象的产生需要主客体同时在场，由于主体的想象投射或投入，使得审美对象显现，而这个审美对象即为主体与客体沟通时产生的意象世界；②审美意象的产生有赖于意向性的活动，需要现实世界不断通过信息材料，激活主体的情感及想象；③审美意象与个体的审美活动和艺术创造相关，表现出鲜明的个体体验性特征。

景观意象设计：景观意象设计是以意象为媒介将人、景、体验融合成一个动态完整的整体模型，研究人与景观之间的审美体验关系。它是人与景观的互动，引发知觉感受和情感想象，并进行意义的思考与理解的有效黏合剂；将景观意象世界作为审美体验对象、设计对象，将景观氛围、情感、意义、思考作为景观体验与创作的主要方面，从而避免人与景观间的分离与异化，以及人与景观间无交流、无反馈的体验。

6.1.2 景观意象体验设计的意义

景观意象体验设计是一种关注个体的景观设计方法。它将人与环境间的意象关系作为研究景观审美体验的出发点,这种意象性的关系将人与景观联系成一个动态流畅的连续统一体,而不是景观与体验者各自为政,没有联系与交流的状态。将景观意象看作一个认知—审美—体验的完整模型,目的是强调从景观中获取的感性材料与景观体验间的审美联系。将景观意象理解为景观体验过程中的审美对象,目的是将体验者从形式元素的"观看"中解放出来,真正体验到景观空间中所形成的氛围、含义、思考等。

6.1.3 景观意象体验设计的原理

景观意象设计的原理即为对景观意象知觉感知、情感感触、符号感悟三部分的分析研究。景观与意象,前者为实体的存在,后者为想象的现实。意象是景观与人之间进行双向交流的通道。影响景观意象形成的因素主要由三方面构成:意象知觉、意象情感、意象符号。景观意象的知觉感知是意象形成的开端,通过知觉对景观感性材料的获取以及体验者自身经验的加工,形成对景观整体综合的印象。景观意象的情感感触是意象形成的主导,通过知觉引发的情感,伴随回忆、想象将情感放大并投射到体验者自己身上,情感伴随意象产生的整个过程,它影响着体验者在景观中的情感趋势、对景观的评价及意向性行为。景观意象的符号感悟是意象形成的升华,它是对景观意义的探索及思考。由此,意象这一认知—审美—体验模型建立了与感官、直觉、潜意识、图式、景观氛围、时间、空间、记忆、沉浸、元素意义、结构秩序的联系。这些联系是影响人与景观之间关系的重要因素,也是体验者进行精神体验的重要媒介。它们是研究景观意象设计的基本原理。

6.1.4 景观意象体验设计的适用性

景观意象设计是针对景观体验过程中人与景观关系的异化提出的,这一设计方法的使用可以弥补人与景观间的审美关系断裂,通过景观意象与人、景之间的密切联系,拉近人与景观之间的关系。刘滨谊在《现代景观规划设计》中,将景观规划的工程实践规模从大到小依次分为5个层面,即宏观景观、中观景观、微观景观、文化弘扬、景观园林艺术,本书所研究的景观意象设计更倾向于针对各种规模中景观场所进行塑造,它着重于对景观审美意象的研究,即景观场所中美学品质的研究,包括:景观氛围、情感投射、场所意义等。审美意象是在认知意象的基础上,对景观意象的意蕴方面进行的探索。

与此同时,不可否认景观的形式设计、功能设计、技术设计等也是人与景观关系中的重要部分,这些都是意象设计得以展开的基础,并且,不同类型的景观对人与景观关系的审美需求程度也不同。例如,道路两旁的绿化景观,它与体验者间的关系可能只到达视觉美感的层面,而纪念景观、校园景观、办公景观等则需要满足使用者审美及心灵的需求,需要通过意象来达到人与景观间的深度交流层面。因而,不同类型的景观,意象设计的重要性不同,但无论意象设计是否是该类型景观的主要设计方法,被景观承载的意向性活动始终具有多样性与复杂性,这使得意象设计或多或少都会应用于景观设计当中。

6.1.5 景观意象体验设计的维度

景观意象设计具有两个维度:设计过程的意象创构及引发景观体验过程的意象创构。设计过程的意象创构是由内而外的方式,是将设计师的思考与情感融入一个明确的艺术结构,从而把景观符号化作景观意象。因此,意象有相对具体的形态、表达,也有相对抽象的观念、情感,同时还具有内在的意义、意味、意蕴等。而且意象的内在意蕴与其外显的形象是可以鲜活地结合到一起的,是一个流动相关的整体。体验过程中的意象创构,则与之相反,是由外而内的循环,体验者以设计师创构出的意象为起点,唤醒体验者的知觉感受,通过情感的带动引发回忆与想象,在与意象进行深度交流与思考后,形成了对意象符号意义的解释与反思。因此,设计师进行意象创构时,需要在脑海中生成一个体验者体验过程的意象,从体验者体验的角度,形成能激发体验者感知与解释的景观意象。

意象体验由引发到升华具有三个层面,即意象的知觉感知、意象的情感感触、意象的符号感悟。因此,设计过程的意象创构就是设计师将三方面的思考与构想融入到具体的形式、空间、秩序当中,将"意"包含在"象"之中,使"意"就像融于水中的盐,无形而有味。运用景观意象设计方法,首先,需要设计师建立丰富的意象资料库,在此基础上,可通过空间情境创构、沉浸体验创构、多元视角创构进行思考与设计。

6.2 建立意象资料库

6.2.1 捕捉瞬间意象

瞬间的意象也称"瞬时直觉",它的特点是突发性,不期而至,无迹可求。它往往是创造性意象的来源。瞬时的直觉意象产生于在对场地有了文献资料的研究后,对场地体验时的当下感知。林璎曾说:"在我的形象概念生成之前,找到一个能够说服自己的、可以用文字表达的、关于这个设计的定义。最重要的是要找出这个设计的本质,然后才是查看设计地点。因为我对设计的构图总是从看到场地的第一眼就开始了。"①意向主要包括两种类型:1. 对设计整体形态的模糊呈现,这一形态的产生,往往引发了某个主题的出现。2. 对某一细节、局部,或某一节点的设计产生灵思。爱因斯坦曾坦言:"我信任直觉。"彭家勒在《科学的价值》与《科学的方法》中指出,一个科学家要想有所发现、创造,应有很强的直觉能力。林璎认为,瞬间闪现的意念或灵思是她整个作品的灵魂。她在回忆设计越战纪念碑的过程时曾经表示,当时她突然有一种用刀将地面切开的冲动。当面对基地时她的脑中就本能地开始建造纪念碑:向上翻起的两翼、两个方向分别指向林肯纪念碑和华盛顿纪念碑;展示受难者的名字;等等,这时一种原始的暴力和痛苦好像就在那时被治愈了。这一瞬间的直觉创造包涵了设计师的体验、作品的形式、情感与力量。因此,林璎在谈及她的设计过程时曾说:"我的想法来得很快并且在产生时已完全成熟,我不对自己的想法进行再加工。在看到作品时,只要它完全包括最初的草图或模型中的精髓,我便认为它就是最成功的。"阿尔瓦·阿尔托也曾在文章中谈过他的潜意识设计方法:当面对设计难题时,他会将其放在一边,让自己进入一种潜意识的状态,凭本能去画一些孩子气的构图,让自己的构思逐渐形成,这些瞬时产生的图形虽然和最终的设计没有直接联系,但它们都潜移默化地影响了设计的构思与形成。

6.2.2　发现隐藏的意象

场地中的隐藏意象,往往是场地中容易引发体验者惊喜的部分,它是获取场地特性与多样性意象的重要方法。史尼卡拉斯在其教学提纲中写道:"我们的工作将是去倾听这些景观,并了解它们——它们的起源、繁衍、它们的状况以及它们的潜力等。我们需要与这些景观进行对话,以便了解它们如何对我们说它们,对我们说它们的幻想。"

戴安娜·巴摩里认为,景观设计不是在城市尺度上画分析图,而是应该关注并揭示城市中每片土地上最小尺度的差异性,并进行具体设计,以免将其同化。拉素斯也提出了"异质多重性"的概念,即通过设计让大众意识到平常看似无差别的事物中的多样性,以及使场所具有文化态度的多样性。捕捉场地中的隐藏意象包含两层意思:1. 通过设计师对场地的仔细观察、研读,发现场地中被知觉忽略的意象,从而在设计过程中使其显现。2. 发现场地自然因素与文化因素的差异性,从而在设计过程中将差异性放大。因此,对场地隐藏意象的揭示,不仅可以给体验者营造一个充满惊喜、意想不到的景观环境,同时,通过将场地中差

---

① 张克荣.林璎[M].北京:现代出版社,2005:32.

异性放大与对比,可以提供给景观体验者一个多语义的景观空间,让体验者用他们认为适合自己的方式来阐释体验,从而引发出多义、丰富的景观意象。

《镶金丝的线》(*Filigreed Line*)是 1979 年欧文为韦尔斯利大学的新英格兰阔叶林设计的雕塑作品。欧文在参观场地的时候就被眼前的寂静景象震撼了,因此,他认为无为之举才是与场地结合的最好方式。《镶金丝的线》造型十分简洁,整体是一条横穿湖边的不锈钢金属薄片,雕塑高度大多高出地面几英寸,最高的位置不超过 2 英尺,远远低于欣赏者观看的高度。同时,在不锈钢薄片上切割了大量镂空树叶图案,这种不规则图形进一步削弱雕塑的边界,在平滑的不锈钢材质与不规则图案间,在人工与自然间,在确定性与犹豫性之间可以体会到一定的张力。欧文在回忆中写道:"场地是乡村的和生动的。这样的场地完全不需要我在其中添加任何东西。所有我试图应用的只有我的观点,这是我能控制的潜意识程度最强烈的部分——同时我还要感谢金属不锈钢材料的反射性和湖面水面的波光,这样的环境好像经常从我们的感受中消失——我试图表达的是场地中蕴含的美感和直觉性的重要性成为既有存在的感觉。"三谷彻看过这一景观作品后说道:"20 世纪似乎没有其他艺术家像欧文这样考虑作品与场地的关系,在这一作品中,反映了场地的真实性特性,张扬场地本身的力量,从而使设计获得质的飞越。"当人们穿过湖边小路漫步前行时,就会发现作品上端的水平线几乎与湖岸完全重合,由此一来雕塑作品成了湖水在地面上的剪影,在此作品出现之前人们即使看到也没有意识到的形态,被欧文做了显现化的处理。因此,路径、人的视线、大地的起伏——作品是在与场地各元素展开准确对话。

6.2.3　观察材料意象

材料的选择与运用是影响景观意象意蕴的重要因素,本书提及的许多设计师如卒姆托、巴拉干、阿尔托等人,都对材料的使用与组合十分重视与慎重。日本庭园注重氛围大过形式,而且十分重视精神性,着重将精神性投射到空间中。枡野俊明认为庭园主要通过材料意象的选择及配置并以象征的方式营造氛围。枡野俊明认为,万物皆生命,自然界的材料都有是非道理,还有心,树有树心、水有水心,观察、理解并与自然界的材料交流是设计展开的根本,如何能够发挥材料的特质,展现材料的魅力,是要通过与材料深度对话得来的,设计中有一点点微小的变化,庭院的空间氛围就会随之产生变化①。他在《看

---

① (日)Shunmyo Masuno. 看不见的设计:禅思、观心、留白、共生,与当代庭园设计大师的 65 则对话 [M]. 蔡青雯,译. 台北:脸谱出版社,2012:120.

不见的设计》中也对材料的意象提出了自己独到的见解。

石头的意象：在禅的思考中，石头是不会改变的。它在定位之后，无论时代变化还是生活改变，只要不改变石头的位置它是不会变化的，因此，石头有"不动"的意象，因此，在园林表达中石头最适合表达不变的真理。

石组是庭园的骨架，它们的选用和组合方式会对空间的意象与氛围有巨大的影响。枡野俊明认为，每个石头都有自己的表情，都有前后、上下、左右之分。在设计时，首先要确定石头的顶面，这是能体现石头品格的重要部分；然后是前面，这是表达丰富表情的重要部分，需要面对人摆放。有些石头的顶部是平坦的，就会有沉静的意象。石头也分左右，有些石头右侧很有力道，有些石头左边更有特点。

这里需要根据场所的氛围将石头合理摆放。根据石头自身的表情和特点不同，它所适用的场所也不尽相同，有些适合石景，有些适合水景，因此，意象也随之发生变化。除此之外，"贤石"适于更广泛的场合，这种石头具有多种摆放方式，而且无论何种摆放方式都不会抹杀石头的特性。"役石"也叫不动石，是庭园中瀑布的结构中心，具有厚重的特点，摆放在瀑布口两侧，具有耐看的特点。在瀑布下落处摆放逆流而上姿势的鲤鱼石，意指修行的重要性，具有鼓励的意象。同时在庭园中的石头还有鲤鱼的意象。

植物的意象：在《看不见的设计》中，枡野俊明指出了在庭园设计中植物的三个主要职能：①柔和空间，拿人做比喻，石组像是身体的骨架，而植物如同衣服，休闲装、正装、时装等不同的打扮，会呈现出不同的感觉。因此，植物的搭配可以深深地影响空间的意象与氛围，像给石头穿了衣服一样使石头生硬的外形轮廓显得柔和。②弥补缺点，植物可以遮盖用地形状、石组等场地原始及设计过程中产生的缺点。③呈现季节感，植物是最能表现季节的事物，初春嫩芽的娇嫩、盛夏绿荫的清凉、秋天红枫的炫目、寒冬树木的凋零，这些都是不同季节的美景。只有植物可以用五颜六色的色彩来展现不同的季节。

择树与择石一样，都要与其进行深度对话、沟通，找出它们不同的"表情与品格"。除此之外树木还包括自然生长和人工栽培两种类型。有的树木看上去稳重雅致、有的笔挺精神等，树木可以传达风的意象，也可以体现空间的远近深邃，因此，设计师需要根据场地特点选择不同的树木，并发挥其特点。

水的意象：枡野俊明认为水是禅言中所说的"柔软心"，不论容器的形状是什么样，水总可以顺应容器的形状。在他的设计作品中，将水暗指"人心"的意象，风拂过水面掀起涟漪，是人的喜怒哀乐；水面倒映出周边的景色，一切景物映照在明镜的水面上，是真理的意象；水的流动，或湍急激流或山间潺潺溪流，是佛心的意象。水流动的声音可以清净人的心情，水的流动方式，或直落而下，或蜿蜒迂回等，都深深地影响了庭园的氛围。

枡野俊明在德国柏林的"融水苑"设计的水流,象征了德国的历史。在那部历史中,既有遭遇诸多磨炼与历炼的停滞期,也有发展迅速令人瞠目结舌的时期,他将历史以水流的形态象征化,沿着游览路径设置瀑布及水流,通过流水的形式和声音净化访客的心灵。

现代材料意象:枡野俊明认为日本庭园的审美意识和价值观无法和现代建筑融合,即使共在一处,也常常是楚河汉界,各不相干。现代建筑配合现代人的生活模式,呈现出利落、锐利、坚固、线条坚硬的意象。而日本木造建筑常常并不雄伟,却能和石头、植物、自然以及季节的变化相协调、均衡,呈现出共生、泰然的意象。

枡野俊明认为花岗岩是沟通现代建筑和日本庭园的桥梁。花岗岩可以有大尺寸配合现代建筑巨大的尺度,而且除了自然的表面还可以切割,表现出自然的力量和人的意志力,具备与现代建筑相符的利落感。枡野俊明因此通过花岗岩设计现代的枯山水,并在许多项目中得以实践,如:青山绿水庭、青岛海信天玺园林、金属材料技术研究所中庭等。

6.2.4　意象交流与创造

设计是一个自省的过程,在与他人分享内心意象的同时,会得到别人的反馈与启发,从而一步步寻找自己心中的答案。景观设计师之间相互分享关于项目的意象图片,可以激发产生更加富有创造性的意象灵感。例如,《阅读一个空间》尝试了一种新形式的意象创作。它的创作是受到两位设计师通过意象空间相互交流与启发。首先由林璎接触场地,画出草图;接着由林谭根据草图写下一首诗;之后围绕着林谭的文字,林璎再画出具体的形状。彼此不同的意象空间的相互碰撞,形成了可以激发体验者五感的趣味空间,随着公园的发展,现在这个阅读花园又增加了雕塑家 Tom Otterness 设计的大门及雕塑,艺术家 Scott Stibich 增添的粉色座椅群,以及不定期在园中的展览的装置艺术。阅读花园真正地做到了对体验者的启发,不同的艺术家的意象空间在这一个小小的空间中得到了实现,并激发更多姿的意象创造。

景观设计师与客户间相互分享头脑中的意象,是专业人员和用户凭借各自的经验、知识与需求,通过多方的意象交流,将模糊的意象逐渐清晰的过程,正像路易斯康所说的那样,在意象的交流过程中,了解客户所渴望的东西。从这方面理解,在意象的分享与交流过程中,设计师更像是一个引导者和乐队的指挥,设计师知道项目的实际状况以及各部分的差别,在交流的过程中分析理解客户所需的同时,引导客户更加明确、升华自己的意象,使双方的协作尽可能创造出令人惊讶的意象。如傅英斌设计的贵州桐梓县中关村的儿童乐园,设计师在建造过程中不但一直和村民交流、分享脑海中的意象,还把村民带入设计的创作、施工过程中,大家共同的智慧以及乡民对家乡的感悟及热爱使设计的成果充满惊喜,同时充满了温度、记忆、牵挂的意象。

6.2.5 加工体验性的记忆意象

凯伦·A.弗兰克写过:"设计师在做决策时,他们必定借用个人体验,这些体验通常储存为一些心智图像。这些图像可能来自童年,来自曾经去过的地方以及个人喜欢的建筑物。"体验性的图像就是指意象,它具有强烈的感官内容,比如光线、质地、颜色等。当在设计中表达这种记忆中的体验图像时,往往就会带有情感色彩和吸引感知的力量。弗朗西斯·唐宁在她的研究中发现,建筑师们所利用的图像带有感情、体验和客观信息。具有强烈感情色彩的图片,涉及的是一些让设计师产生过浓厚感情的地方、感到心灵得到升华的地方。体验性的意象具有强烈的感官内容,比如光线、质地、颜色和规模等。

记忆是动态的,具有独特的创造性。卒姆托在他的演讲中曾谈到记忆与意象对景观设计的作用,他认为,设计不是创造一个从未存在过的事物,而是唤醒已有的经验与感知、将它们重新认识与解读并整理加工的过程。每个人脑海中所存在的意象是基于个人经验的形式与意义的互现,它会基于对现实事物看法的转变,通过想象力对旧有的意象素材进行重新加工。这就是说,设计创作的过程是一个由"意象到意象的过程"。

设计师对景观的理解往往根植于孩提时代,在巴拉干的饮水槽广场及喷泉作品中,我们可以找到与其童年回忆相似的场景,一条黑色石头辅助而成的饮水道,一片独自耸立的纯白高墙,以及环绕场地的蓝色片墙,这些景观元素的背景是双排高大桉树。在拉斯·阿普勒达斯景观住宅项目中,巴拉干是以"马"作为构思出发的,为了让景观服务于居住区的居民,他为骑马者和马设计了一条小径,以及小径上的饮马池。我们感动于这个生动的作品,殊不知,这些造景元素都是巴拉干童年在墨西哥农场最熟悉、最亲切的东西。相同的景象也出现在他的圣·克里斯特博马厩作品中,这个迷人的马场感动人的,同样是那高高的墙、宽宽的门、窄窄的水道……巴拉干将其对童年美好的记忆,通过不同的景观元素展现在他的景观作品中,不仅如此,为了增加景观的丰富性和不同情感的表达,他还将一种景观元素进行多种变换与处理,以水元素为例,在巴拉干的景观作品中几乎都会有水的出现。他曾说:"泉水能带来平静、欢乐和恬静,它有着能煽动那些遥远而缥缈的梦的魅力,这就是其精髓所在。"①在巴拉干的设计中,水在他的手中不断地变化形

---

① 大师系列丛书编辑部. 路易斯·巴拉干的作品与思想[M]. 北京:中国电力出版社,1900:7.

态,在不同时间、不同视角,呈现不同的景致,有时简朴而宁静,有时热烈而浪漫。涓涓细流时而流入石制容器(巴拉干住宅的花园),时而流入一片平静的水域(奥尔特加住宅、特拉潘小教堂),时而流入毛石铺成的水池中(巴拉干住宅的平台、加尔维斯住宅)。有时院中有一个收集雨水的水池(巴斯克斯住宅、巴拉干住宅、普列托·洛佩兹住宅),有时则是一片水域形成空间的焦点(吉拉迪住宅的餐厅),有时候平静的水面涌入咕咕的泉水(拉斯勒达斯景观住区、圣克里斯托瓦尔马厩兼住宅),有时则被一块当地的黑色火山岩打破(普列托·洛佩兹住宅的游泳池)。巴拉干将这种真挚、深切的情感,投射到这些由儿时记忆转化而来的景观元素上,并将其不断地演绎与发展,让他的景观仿佛具有了一种魔力,吸引并感动着体验者们不断发现①。代表作品还有圣方济会礼拜堂、格雷夫兹住宅、克鲁布斯住宅。

林璎的大地绘画系列作品:《11分钟线》《肯塔基线》的灵感也是源于儿时家附近的山体史前部落的坟丘。儿时的记忆意象虽然埋藏在深层记忆当中,但是,一旦被唤醒,就会成为生动、富有情感的意象。体验性的记忆意象还源于对生活与自然的敏锐察觉和深切体验当中。生活中有许多充满魅力的事物,如音乐、电影、旅行、探险等,在进行相关活动时,会通过可感、可听、可触的体验,在某一瞬间打动我们的内心,从而使意象图像深深镌刻在记忆中,这些打动我们的场景与情绪,往往也可以让许多人产生共鸣,就像电影、音乐、书籍对人的作用一样,因此对这些埋藏在记忆中的生动场景,意象进行想象加工,据此往往可以创造出富有情感的景观。林璎对水元素也特别喜爱,长时间地观察和研究各种状态下水体的特征与差别,他的许多作品中都将这一元素运用其中。如《黄道》城市广场,林璎将水的三种不同的形态(气态、液态、固态)都融合在了作品中;在《艾伦·S.克拉克希望广场》中林璎设计了一个圆形的荷花水塘;"波场系列"的三个作品,林璎在草草地上呈现了水的斯托克斯波、沙滩边形成的涟漪波以及海浪。通过获得的体验性图像进行创作,这一系列作品虽然看似简单却有极强的感染力。

6.3 空间情境意象创构

我们经常在景观中忽略的弱意象其实对人们潜在的影响是巨大的。安东尼·C.安东尼亚德斯在《建筑诗学》中写道:"土壤的颜色,树叶的缝隙间洒下的阳光,一望无际的地平线,对天空有限和无限的认知,土壤散发的'气味'和周围声音的状况,鸟儿鸣叫的声音和颜

---

① 大师系列丛书编辑部. 路易斯·巴拉干的作品与思想[M]. 北京:中国电力出版社,1900:17.

色,宁静与喧哗,还有大部分时间内的温度,都会使一些人喜欢生活在某个区域内,而另一些人喜欢在某个区域外。"在这一时刻时间、空间、触觉、色彩、光线、味道、声音等知觉信息,全部融为一个整体,融汇到一个特别的体验记忆中。具有触及人类感官和灵魂品质的东西赋予了景观生命和灵气——它们通过光影、风、声音、质地、空间的温度和气味等感染人类。如果说可以使用的东西给了我们物质的需求,那么诗情画意般的东西则抚慰了我们的灵魂;如果前者提供给人类基本的生态条件,那么后者则抚慰的是人类的心灵。

6.3.1 情境渲染:非物质景观元素利用

1. 光影变化

马蒂斯曾说过:"总有一天,一切艺术要从光而来。"光影在景观设计中可以创造丰富的意象,光的照射赋予自然万物生命与热量,同时会让视觉形象扩张而突出,阴影则看起来沉重而内敛,易形成宁静清爽的意象。对于光影的认知一直都伴随着感性的认识,光影可以传达精神,也可以弱化实体削弱边界,它是景观设计师可能忽略却又十分重要的部分。光的衍射可以营造出林荫道树影斑驳的效果,使体验者产生沉浸、放空的意象;光的丁达尔效应可以在景观中产生光柱的效果,使体验者产生一种超现实的梦幻意象;光的反射与折射可以使景物在湖面中形成倒影,使体验者感受到和谐、静谧的意象(表6-1)。斯蒂文·霍尔曾这样评价光线:"没有光线,空间就会被淹没。光线的影和阴,光线的不同来源,它的不透明性、透明性以及反射与折射条件等缠结在一起去限定或者重新限定空间。光线使空间变化无常,它通过经验领域成为一种暂时的桥梁。一束黄光投射在一个简单的光秃体上或者一堵象牙白色墙面上的一个抛物面阴影,都呈现给我们一种心理学上的卓越的意象王国。"[①]

表6-1 光的情境渲染

几种常见光影类型	特征	代表景观氛围
光的衍射	斑驳树影效果	宁静、放空
丁达尔效应	光柱效果	梦幻、超现实
反射与折射	倒影	和谐、静谧

许多杰出的景观设计师都对光的运用具有知觉表现力。虽然光影的使用给体验者的意象感知带来一定的模糊效应,但是多义与丰富启发性的意象也会赋予空间更多的内

① (美)斯蒂芬·霍尔.锚[M].符济湘,译.天津:天津大学出版社,2010:8-9.

涵。斯蒂文·霍尔也曾说："尽管利用光线营造一个空间的半透明玻璃板给人们的感受有别于一个既定的意象，这种不相接并非出自意象与现象之间的分歧，而属于不同结论的交叉领域。"在景观设计中光影也是丰富空间意象的重要材料。玛莎·施瓦茨设计的"美国国家住宅和城市发展部广场景观（HUD 广场）"通过大小各异的同心圆构筑物，白天在自然光的照射下，形成了变化流动的景观空间，光线不仅进行了空间的界定与划分，同时还激发了大众的知觉，使体验者留意由于阳光的位置变化形成的动感趣味的光影空间，营造了场所热闹生动的意象氛围。正如美国建筑师约翰·波特曼（John Pottman）所说："在一个空间周围的光线能改变整个环境的性格。天然光线由于天气早晚和季节的不同，常在运动和变化。建筑师在设计时应理解各种光线的质和量对空间所起的影响以及对人所产生的效果。"①路易斯·巴拉干通过对光影的运用，将自然中的阳光与空气带进了我们的视线与生活当中。让体验者感受到了阳光与空气。它们与梦幻浓郁的彩色墙体相映成趣，产生了奇妙的效果。在饮马槽广场的水池处，一堵白墙是光影变化、舞动的舞台，光影呈现出丰富的表情及优美的舞姿。地面上的树影的明暗、墙面上的树影的律动、水中倒影的宁静，形成了一个光影表演的三维空间。隈研吾设计的那须历史博物馆通过光影的渗透与对比，塑造了空间的延伸并创造出了自然画的效果，促使体验者观察感知通过光影形成的不同氛围的空间，并通过静谧的氛围使体验者引发联想。

2. 风的捕捉

风是空气流动的现象，风能传递热能也能传递寒冷，风能送来湿润也能带来干燥，风能带来灾难也能吹走雾霾，在景观设计时需要考虑当地的气候、风向，通过设计可以合理利用季风条件，在炎热的夏天通过风来降温营造舒适的微气候，在冬天通过植被、构筑物、地形的设计削弱由风带来的寒冷。但是风不仅是影响城市微气候的因素，风同样是影响空间知觉、制造氛围、形成体验者不同景观意象的自然元素。在中国古典园林中，以风为题名的景观就很多，如：承德避暑山庄的"万壑松风"、杭州西湖的"曲院风荷"、扬州个园的"漏风透月厅"、苏州留园的"清风池"、北京香山见心斋的"畅风楼"等；日本枯山水园林也利用风对烟、雾及风的影响，来传达禅意中的弦外之音的意象。

风是空虚的，是无形的自然元素。风的流动性使景观具有了动态和时间的特征，从而影响了场所的意象，风的可变性和不稳定性也使得它与景观的关系极为特殊。对风这种形态的捕捉，可以塑造生动、富有变化的空间意象以及营造出动感、活泼的空间氛围，

---

① （美）约翰·波特曼，（美）乔纳森·巴尼特. 波特曼的建筑理论及事业[M]. 赵玲，龚德顺，译. 北京：中国建筑工业出版社，1982：66.

如 MAD 设计的室外空间作品——米兰大学 Cortile d'Onore 的中央庭院的"无界"长廊，就试图捕捉并翻译风和光线对环境的变化，这一室外空间长廊使用了一种氟塑料 ETFE 材料，从建筑的拱券空间向外伸展，形成波浪状的梯形屋顶。流动的弧线仿佛定格了风的瞬间，空间随着阳光的透射和风的流动不断变化，创造出温暖、灵动、自由的新空间，成为人们日常休憩交流的公共场所。人们可以在其中感受到受风影响的光影变化，使无形的风有了可感知的形态。对风声的捕捉，可以创造出景观中生动的音乐，营造出不同情绪变化的景观意象，如法国的"夜光风亭"，位于 Marquis de Sade 城堡 Lacoste 山的顶部，它由线形墙壁打造而成，墙壁上使用了简单的材料进行装饰，包括白色塑料管、铝环和丝线。亭子由非常薄的网编织而成，它可以随风摆动，为当地人建造了一处奇特的艺术设施。根据风速的不同，亭子的表面可以发出各种不同的声音，仿佛是天籁之音，吸引人们驻足倾听来自大自然的风声，装置是对风的捕捉也是对时间的记录。除此之外，基于风的破坏性而形成的景观，是对历史的记录，也是改变城市风貌的手段，1980 年，建筑师 Martin Strujis 与艺术家 Frans de Wit 为罗曾堡（Rozenburg）——荷兰一座港口小镇，设计港口防风屏障，然后就出现了罗曾堡（Rozenburg）挡风墙大地艺术景观，一千七百多千米的河岸线上，根据风的强弱序列布置了间距不等，共 125 个约 25 米高的弧形片柱，抵挡了约 75% 的强风。在这里虽然飓风是具有破坏性的隐形物质，但是由于风的存在而产生的城市大地艺术景观，改变了城市的意象，同时也记录了城市与风对抗的历史。

表 6－2　风的意象情境渲染

创构策略	风与光影	风的声音	风与自然气候	风的流动
特征	生动、韵律感	自然的声音	地域艺术	产生变化
景观意象	富有诗意、宁静的景观意象	产生惊喜、富有吸引力的景观意象	震撼、极具地域特征的景观意象	产生思考与记忆意象
代表景观实例	无界长廊	夜光风亭内部	罗曾堡挡风墙	看不见的迷园

3. 空间温度

卒姆托在《建筑氛围》中写道："我仍没法给这些东西命名，在我看来这些东西对于创造氛围至关重要,例如温度。我相信每座建筑都有特定的温度。"卒姆托认为通过设计和对材料的"调试",就可以设计出适合人们的温度,温度在这里可以是物理上的,也可以是心理上的,它存在于人们所看见、所感受、所触及的景物中。

在景观体验过程中,舒适的温度可以使体验者更好地释放知觉,感受周围的景观环境,从而产生更美好、更积极的景观意象,如在 Sunnylands Center &Gardens 沙漠植物园的设计中,设计师对每棵树的位置都经过了深思熟虑的思考,以确保每棵树都可以提供必要的遮荫环境。在景观中,休息空间和步道空间似乎是利用率最高且会一直伴随着景观体验的空间,因此,根据当地气候和季节创造温度宜人的休息空间和散步空间显得十分重要。奇普·沙利文认为当代对气候的技术调控使得我们对温度的依赖付出了较大的代价,但是现在人们与园林的关系却远比过去的人们要疏远,他认为在炎热的季节,婆娑的树影、清凉的微风、绚丽的花朵是有降温效果并将人们留在景观中使人产生清凉、亲切意象的有力元素;在寒冷的时节,对太阳光和热的捕捉延长人们户外环境的享受时间,才是真正通过设计来改变温度,从而达到影响人们产生的景观感受、景观意象的目的。这与卒姆托所说的"调试"有异曲同工之妙。空间的温度还可源于景观场所触发的不同回忆。如傅英斌设计的贵州贫困山区儿童游乐园,整个的建造过程就始终处于一种温暖、幸福的意象中。在该项目的建造过程中,让附近的村民参与其中,组织者们准备了颜料、水泥,允许村民们在空白的地方写写画画,小朋友们在水泥上印下植物的叶子和自己的手掌印、脚印,以及歪歪曲曲的字迹,参与其中的每个过程都是一段美好的回忆。因此,在以后的场所活动中,势必都会有各种温暖回忆的意象,这种由于回忆产生的温度会潜意识地拉近场所与体验者的距离。设计师通过制造场所记忆来调试空间的温度,从而影响意象产生。

4. 气味记忆

空间中的气味是我们在设计中常常忽略的部分,如果有人询问什么感觉器官在必要时可以免除掉,许多人一定会把感觉气味的器官摆在第一位。但是,有学者表示,我们只需一种物质的 8 个分子元素,就可以诱发神经末梢的嗅觉冲动,而且,记忆可以左右行为动机和记忆过程,当我们闻到什么,就会触动大量关于情感、喜乐和情节的气味含义,它会潜移默化地将某种与气味相关的意象呈现在脑海中。在每种气味的感知过程中,嗅觉都会参与其中,当一种气味被吸入时,嗅觉就会变得更加灵敏。帕拉斯玛曾写道:"鼻孔唤醒了被遗忘的画面,我们被诱入到一场生动的白日梦里面。鼻子让眼睛开始回忆。"正如巴什拉所写:"我独自徘徊在另一个世纪的记忆里,在那儿我能打开一个深深的,仍然只对我一个人保留着特殊味道的食橱,葡萄干的味道,风干在一个柳条编织的托盘中,那种葡萄干的味道无法用语言描述,是融入了许多记忆的味道。"

气味有助于形成场所认同,在实验中,受试者不仅可以认出自己的气味,还可以认出哪一种一直陪伴着他们和弥漫在家中的气味。气味对我们的幸福感、安全感和归属感都十分重要。陌生的房子由于没有自身的气味,所以我们经常觉得很迷惘,据说航天员允许携带家庭的气味到太空,以防想家。同理,一个群体活动区域的气味,也是集体记忆的一部分,如笔者上高中时,学校的校花是丁香花,上大学时,校花是海棠花,因此,每当在环境中闻到丁香花的气味,就想起了高中生活,由意象组成的一个个场景立即呈现在眼前,而当闻到海棠花时,又想起大学的校园生活。在海边生活的人,即使离开家乡,每当闻到海水的咸腥味时,就会产生思乡的情感……由此可见,本来体验者所处的景观空间没有什么其他的特点,一旦有某种熟悉的味道引发回忆的话,瞬间就拉近了体验者与景观间的距离。

5. 雾的神秘

雾气经由水汽化而来,具有若隐若现半遮挡的效果,景观中的雾气往往会引发仙境、神秘的联想。在彼得·沃克的景观作品中,雾气是其常用的营造神秘、变化效果的景观元素。在泰纳喷泉项目中,圆形石阵嵌于草坪之中,石阵的中部设置了喷泉。夏天,喷泉以水雾的形式出现;冬天,喷泉处则升腾出云雾状的水汽。石群表示了历史的重量,而水雾的质地同石块的质朴共同营造出一种寂静的神秘感,加之以背景的老建筑以及古树,营造出一种从远古到现在的时间流动感。在高级科学技术中心的古典庭园作品中,庭园由一大片沙海构成,中间升起两座高山,还有一小部分竹林,由于尺度的夸张,使得作品本身就具有超现实主义的意象,再配合从林中产生雾气的雾喷泉,营造的又是一种具有奇幻色彩的神秘氛围。在三角公园作品中,半圆形的路边广场由10面大型灯墙围成,墙体由不锈钢穿孔平板构成,里面嵌置荧光彩灯,营造出半透明的效果,夜晚,雾气穿过彩灯墙,营造出一种魔幻的神秘效果。

6. 时间体验

鲁道夫·阿恩海姆曾在《艺术与视知觉》中解释了事物与事件的区别,他认为事物与事件的区别主要在于因时间而产生的变化。如我们称火车站为一件"事物",而称一辆火车的到来为事件;一幅画或一个雕塑是"事物",而一场舞蹈表演就是事件。同理可知,在景观中,一把椅子是"事物",而我们走近一把椅子就是事件;时间是衡量变化的尺子,因为它能够描述变化。

韦伯辞典上讲,时间是"没有空间概念的延续,在其中事情从过去到现在再到将来一个连着一个"。时间也是"某事发生的点或段"。摩特洛克(John L. Motloch)指出"时间是环境体验的连续体,景观设计者进而探讨该连续体本质上的意义,当然设计师也应该设计出作为生态和认为作用力的时间点所反映的景观和自然环境"①。景观除了在自然状态下有时间的变化,时间也是欣赏者对景观体验的一个重要因素。相比于空间、光线、色彩、材质等,时间也许是感知世界的最根本线索之一。伯格森认为时间是生命的根本特征。凡是有东西存在的地方,就存在着把时间记录下来的记录器。②

(1)历时与共时

景观的历时意象是指以时间的流程来体验客观景观产生的意象。艾尔金曾指出:"人的意识在反应客观世界时也反映着它的时间特点:延续性和顺序性。"③梅洛·庞蒂在《知觉的首要性》中认为,感知体验为人们提供了从一个时刻到另一个时刻的通道,从而实现了时间的同一性。时间与空间的联系是内在的,这种内在性就是生活中的人自身。彼得·卡尔在《电影就像迷宫》中认为:"人们同时穿越了院子和过去的岁月",阐述的就是这种内在的逻辑。德勒兹谈到经常出现这种情况,当我们读一本书、看一场演出或一幅画时,尤其是当我们自己是作者时,我们会遇到类似的过程:我们正在构建一个转换的时面,它创造了某种连续形体或者一种多时面间的横向沟通形式,并在他们之间编制一个不可定位的关系整体。我们因此剥离出一种无年代的时间,抽取出一个可以通过所有其他时面捕捉和延伸的轨道、时面演变的时间。④

人对景观体验是一个空间序列的感知过程。体验者只能根据感知的每个景观空间依次进行解读,这一过程与伊瑟尔描述的游移视点相仿:"视点的转换产生了一种文本视角的聚合作用,像舞台上的聚光灯,追踪角色的表演,诸视点依次相互往复,成为赋予每一新前景以特殊的形状和形式的影响背景。当视角再次转移,这一前景也就被融进背景。它也经历修正,现已对另一新前景发生影响。每一相互衔接的阅读瞬间都承担着一个视角的转换,这就构成了包含各个相异视角、减缩的记忆,现在的修正和未来的期待不可分割的联合体。这样,在阅读过程的时间流中,过去和未来就不断汇聚于现在的瞬间。游移视点的综合运演使本文能够通过读者的思维成为不断扩大的连结之网。"⑤伊瑟尔的视点相当于本文中景观空间,它揭示了体验者在体验景观的过程中景观空间与体验者的相互作用。如体验者的空间体验轨迹为 ABC,当从空间 A 进入空间 B 时,或者说空间 B

---

① 摩特洛克,等. 景观设计理论与技法[M]. 大连:大连理工大学出版社,2007:95.
② 李雯. 卡罗·斯卡帕[M]. 北京:中国建筑工业出版社,2012:47.
③ 鲁宾斯坦. 知觉心理学研究[M]. 北京:中国科学出版社,1958:281.
④ 沈克宁. 时间·记忆·空间[J]. 时代建筑,2008(6):24-25.
⑤ 伊瑟尔,沃尔夫冈,金元浦,等. 阅读活动[M]. 北京:中国社会科学出版社,1991:138.

突出成为前景时,空间 A 就成为影响体验者感知的空间 B 的感知背景,它构成了观众的意象与记忆。而对空间 B 的体验,不仅会受空间 A 体验的影响,同时空间 B 作为新的前景会修正由空间 A 产生的意象。当对空间 B 与空间 A 进行相互作用体验时,同时又构成体验者对空间 C 的期待,从而影响对空间 C 的感知体验,当进入空间 C 时,空间 A 与 B 又成为空间 C 的背景,依此推①。

因此,现在的瞬间汇聚着过去和未来,修正与期待。由于体验者逐步进行空间感知,因此对景观空间的体验会通过体验者的不断感知与修正逐渐融合、综合,从而生成空间的意象。

（2）变化与循环

景观不同于建筑的一个方面在于景观需要时间来使植物生根发芽、开花、结果。景观通常在十年或者二十年后会更好;三十年后会成为一个很不一样的实体。这就是景观变化的线性时间②。变化是时间的副产品,鲁道夫·阿恩海姆曾在《艺术与视知觉》中说道:"时间就是衡量变化的尺子,因为它能够描述变化。"日本园林的审美和价值观就着重表达由时间引起的无常,通过无法保留、无法固定的变化来表达佛理、禅意中的思考。花开花谢、树木凋零这些由于时间产生无法驻足的美感,③是对时间的记录也是对生活的记录。

这种变化在景观中表现得最明显的就是白昼、四季的循环变化,日夜更替被太阳的轨迹强调着,但每年的生枝、开花的节奏往往比每天更为显著,特别是四季分明的地区和生长着落叶植物的地区。所有的景观都有着季节分明的意象,反映着一年的变化。体验者往往会感受到生活、工作区域周边景观四季的变化,如天津大学卫津路校区春天的海棠季,海棠花开满校园的各个角落,观赏的人群络绎不绝,到处都是白色、粉色的海洋;夏天会在柳絮漫天飞舞时悄悄来临;秋天集贤道两侧杨树的落叶会有一种浪漫的诗意;而冬天青年湖里的水生植物都会变枯黄显得格外凄冷。不同时节的景观有不同的美,会给人们在记忆中留下不同的意象。因此,当你观赏一个季节的景观时,常常会想到其他季节它的样子,这种时间的循环带来的意象交叠,往往会使景观体验更加丰富。

斯加特·列维伦茨（Sigurd Lewerentz）和古纳·阿斯普朗德（Gunnar Asplund）设计的在斯德哥尔摩外围的著名森林墓地（Woodland Cemetery,1915—1940）就着力强调季

---

① 胡妙胜.阅读空间舞台设计美学[M].上海:上海文艺出版社,2002:289.
② （美）詹姆士·科纳.论当代景观建筑学的复兴[M].北京:中国建筑工业出版社,2008:40.
③ （日）Shunmyo Masuno.看不见的设计:禅思、观心、留白、共生,与当代庭园设计大师的 65 则对话[M].蔡青雯,译.台北:脸谱出版社,2012:78.

节的变化,塑造不同季节的景观意象。如秋天白云蓝天在绿草地中显得格外清晰,而在冬天仅仅是被转化为一系列的骨架和柔软的白色等高线。季节的改变不仅仅是形式和颜色,还有感受到的空间界限。夏季榆树绿色的水平线固定着骨灰安置所的边缘,而在秋季变为显著的黄色,强烈地影响着我们对中央草坪的感受。在冬季,树叶凋落,草地直接强调着在围墙后松树林的边缘。冬季带来的限制结束着一年的循环,当春天万象更新的时候标志着它的结束。在这里时光流逝,而景观却在季节的更替中永恒地存在着。在它持续的存在和更新中,景观的意象也重叠、交融在体验者的脑海中①。

(3)冻结与浓缩

微缩景观把历史时间浓缩成清晰而连贯的空间时刻。小斯巴达花园从过去收集哲学和艺术史实,就像罗斯领地将四个世纪的查塔努加的历史聚集在一个广场上,或者像克罗斯比植物园将珠河盆地的自然历史聚集在 64 英亩的土地上,或者像德姆斯·贝里尔公园,从高地上下凹进去的地方象征着船坞,隐喻着公园基地的历史。林璎的《会议室》这个作品,是一个纪念碑的转化形式,设计师通过一段历史的自由时间线索,营造了一种更加轻松欢快的历史意象。文字是该作品形成体验者意象空间最主要的通道,林璎选择的历史记录、话语不是当地少有人知的史实、文献,而是一句句带有情境的话语,如:"早上 5 点天亮,短暂停航,等风起航。——阿特拉斯号航行日志,亨利·A. 布莱特曼船长,1860 年""去三一教堂;之后,我和露利在楼上工作室读书,后来一起开心的散步,还采了些野花。晚上我们聊天。——安娜·F. 亨特日记,1981 年""吃亏的买卖:给卖家铺石,立了一个烟囱,粉刷房子——约翰·斯蒂文斯账簿,1726 年"等。石基上的文字全部刻着类似这样的文字节选,而且全部选用当年使用的字体,一个个故事的场景会不自觉地跳入体验者的脑中,极具代入感并激发体验者想象。

所有这些空间表达方式冻结了时间,创造了一系列或一整套的情节事件以及连续叙事,而在叙事中,经过一段时间的沉淀,这些事件被并置在一个地方。就像高速摄影可以分解时间使人可以知觉到变化的意象一样,这些景观冻结并浓缩了时间,以创造清晰的理念建构联想。这种视知觉的叙事独特之处就是在空间里压缩时间②。

6.3.2　情境互动:创构具身体验

一般我们所理解的景观"观看"是关于景观实体与背景环境所展开的知觉活动,是一

---

① (美)詹姆士·科纳. 论当代景观建筑学的复兴[M]. 北京:中国建筑工业出版社,2008:42 - 43.
② 马修·波泰格,杰米·普灵顿,张楠. 景观叙事[M]. 北京:中国建筑工业出版社,2015:180.

种纯粹视觉的识别和感知活动,是一种聚焦式的视觉模式,在整个观看过程中无须其他感官的参与,视觉可以完成所有的认知活动。这种"观看"是在透视原理的基础上展开的,人在景观作品当中,以某个视角对眼前的景色进行观赏,这是一种对主体人的意志的强调,体现了笛卡尔的存在哲学"我思故我在"的哲理,通过个人的思考而非知觉证明一个人的存在,这是一种身体与思想分离的论点。梅洛·庞蒂提出了一种具身化的观看模式,解构了笛卡尔有关的存在哲学理论,认为我们应该通过身体了解我们自己以及周围的世界。他认为画家在创作的时候,是将身体的知觉感知到的信息转换成了绘画的内容,我们的身体是连接世界与个体的纽带,只有通过多种知觉系统对景观信息的搜集才能理解来自世界的复杂信息,这是一种将身体的运动与知觉系统紧密相连的观看方式。

感官觉察是人类经由周围事物所作出的意识反应,是感官系统借以组织有关空间概念的一个富有意义的过程。以视觉为中心的景观类型,景观元素外在形态、尺度、体量,往往会以先入为主的方式给体验者最直观的视觉冲击,而在这之后即使有身体上的体验,体验者也会将自己与景观作为分开的两部分来看待,例如,纪念碑式的景观,在很远处甚至一进入景观园区就可看到其高大的形象,体验者被它的形象、体量所震撼吸引,这时就已将线、面、体量等形式元素识别和感知为图像和画面,因此,景观的空间如何、有什么细节、有审美体验等就会相应忽略,即使有也不会影响体验者脑中已经形成的固有的意象。

具身观看是一种调动多感官体验的形式:"天气又潮又热,公园里午后的阳光让人眩晕。我走进了长满紫藤的凉亭,这里安静、凉爽,空气中还弥漫着青草的泥土气,我依靠在刚刚粉刷过的墙上,墙的颜色是浓浓的蜜糖色,暖风缓缓吹过,像鹅绒般柔软。"具身观看是区别于上述的纯粹视觉的体验,而是激发各种知觉与景观空间产生互动。当观赏者在欣赏景观时,他根本不满足于眼睛所看到的景象,要与景观进行进一步的交流,要用肌肤去感知这个环境,当进入路易斯·康设计的位于加利福尼亚拉霍亚的萨尔克研究所的户外空间时,会有种不可抗拒的冲动要走上前去触摸那混凝土的墙面,感受它鹅绒般的光滑和温度。丹·凯利设计的达拉斯喷泉广场(Fountain Place,1987),在还未进入时,就会先被流水声吸引,顺着潺潺的水声进入广场,会不自觉地在广场中与喷泉互动、嬉闹,会主动摸一摸跌水喷泉中的水波。夏天,人们喜欢待在公园里的树荫下,享受大树底下凉爽宜人的环境;冬天时我们愿意走到太阳下,体验被爱抚的温暖氛围,走在硬度、质感不同的铺装上所体验的不同脚感……这些通过多种知觉体验到的一个个场景最终都以意象的形式呈现在脑海中或保存在记忆里,形成难忘的景观体验。

在丹·凯利的设计作品中,他喜欢通过水景、植被、材料、光影及空间的变化来唤醒人的感觉系统。在芝加哥艺术学院南园的设计中,丹·凯利在种植池中栽种了各色花草:春天是橘红色的风信子;夏天是大红色的天竺葵;秋天是橘黄色的菊花;而冬天则是郁郁苍苍的常青藤树冠。简洁的花岗岩地面与建筑的基调吻合,引导游人从喧闹的街市平稳地过渡到相对安静的休憩环境。花园正中的雕塑前是一个矩形水池,竖排喷水高度变化不定,植物颜色与质感的变化丰富了观者视觉与触觉的感知,同时也刺激观者对时间的体验,喷泉则调动了观赏者听觉、视觉、触觉的体验,同时也形成了街市与宁静休憩环境空间的对比。

图6-1 芝加哥艺术学院南院

在喷泉广场的设计中,丹·凯利通过水景与树阵的巧妙结合,给体验者创造了多感官的景观体验,广场为网格结构,在跌落水池的网格的交叉点上分别设计了落羽杉树阵,在广场铺装的网格交汇处设计了喷泉,喷泉可以人为控制而产生不同的造型,在夜晚灯光的配合下形成诗意般的效果。在这里,跌水声、人声、光影、喷泉互动等激发了体验者不同的知觉体验,创造了令人印象深刻的体验感受。在达拉斯艺术馆的雕塑花园中,花园被三道水幕墙分割成了数个"单独"的"屋子",每个"屋子"都在台阶式的地被层中种植了一棵橡树,橡树下面有颜色艳丽的水仙花及覆盖到地面的常青藤和绿萝。水幕墙上也长满了波士顿爬山虎,水流缓缓从上面流下来跌入水池中,在如此干燥的自然气候下,引起了人们愉快的视觉感受,水纹荡漾在水面,映衬着空旷湛蓝的天空及朵朵白云,整个空间气氛宁静而温馨。

丹·凯利通过他对植物精深的了解、娴熟的设计,对水景多样化的使用,空间层次丰富性的设计,以及产生丰富充满意境的光影变换等,极大地刺激了观赏者的感官系统,丰富了人们的感觉体验,使得人的感官穿梭于不同景观元素传达的意象,产生了时间的体验,增加了情感信息的传输。同时,感官接收到的丰富意象又相互融合,继而加强了整体的意象与氛围。

在盖蒂中心中央公园的景观规划中,欧文根据场地条件及各种功能需求营造作品与场地的关系。他创造了一个通过自然元素激发体验者感官世界的花园,欧文在《审美为题》的纪录片中说道:"艺术用一种方式向你展示人们之前没有注意到的世界,它持续地捕捉周围的每个瞬间,直到人们惊讶地感知到;艺术将你再次带回这个世界欣赏。"中心公园在洛杉矶盖蒂中心的核心地带,共约 12 449 平方米。行走在步行道上,一边是天然山涧,一边是树木成行,参观者此时如同在享受一场视觉、听觉和嗅觉的盛宴。潺潺的溪流蜿蜒而过,穿行于姿态万千的植物之间,渐渐下行至广场,这里的叶子花属乔木极大提升了空间感,营造出一种亲密氛围。溪流穿过广场继续前行,流经石瀑或"落水槽"形成小瀑布并落入水池,水面星星点点散落的杜鹃花组成一座迷宫。极具特色的花园环绕于水池周围。花园的所有植物与用料均经过精心挑选,以此加强光线、色彩与反射间的相互作用。中央花园作为盖蒂中心的主要部分,欧文从 1992 年开始规划到中央花园 1997年向公众开放,中央花园已经演变为一个被精心种植和修剪的植物园。新增的植物不断地增加花园的色彩。在广场的地板上刻着欧文的名言"事物一直在变化,任何存在不会出现两次",提醒到访者要留意自然生命艺术的每个变化。

欧文在设计过程中常和工作人员说道:"这不仅仅是一座花园,它还是一个雕塑花园式的艺术品。"也正是欧文的这种创作态度,使他的作品既与众不同又令人印象深刻。

6.3.3　情境融合:从形式到空间

极少艺术对景观设计产生了深远的影响,彼得·沃克、玛莎·施瓦茨、林璎、哈格里夫斯等大量优秀的景观设计师都深受其理论和实践的影响。20 世纪 60 年代极少艺术蔚然成风,对现代主义艺术物性产生于作品内部的论题产生了巨大的破坏力,罗伯特·莫里斯明确指出了现代艺术与极少艺术价值与欣赏方式的区别:"现代艺术的意义和价值严格地位于作品的内部,而极少主义艺术的价值产生于对一个一定情境中的对象的体验,在这个情境中,体验者是其中的一部分。"[①]莫里斯认为极少主义最大的特点是体验者在观赏作品时建立了体验者与作品间的互动关系。弗雷德将这种互动归因于设计师场面调度的结果,这种方式将体验者的多种知觉系统激活。因此,情境空间产生于作品与观者之间的变量关系,是观者与作品间建立的知觉互动,是一种时刻变化的知觉体验,不可预知又变化无穷。在极少主义作品中每一个元素、每一个部分都是为情境而生,为引发体验者的知觉而存在,因此,只有体验者在场的情况下,每个作品才是完整的,这种体

---

① 迈克尔·弗雷德. 艺术与物性:论文与评论集[M]. 南京:江苏美术出版社,2013:161.

验在时间中持续,在过程中绵延。

在此意义上极少艺术与现象学的理论为景观体验打开了新的视域,道明了景观体验并非元素与形式本身,而是受其影响而产生的空间情境,这种空间情境包含了体验者、设计元素以及两者间的空间联系。空间情境的体验需要集合感官体验:触觉、气味、温度、光照、材料、质地和颜色等形成的综合意象感知,而非仅由物体本身产生的意象。这种空间情境体验是贝尔纳·拉絮斯所说的"氛围体验":"氛围是一个复杂和互动的艺术创作,光线是艺术家的一种手段。然后形式在光线下衍生出运动,并转化而产生氛围,因此只有氛围才是体验中真实的形式。"这也是索拉·莫拉说所的"分散点位体验":"如今的艺术领域是可以从产生于分散点位、多样化且异质的体验中进行理解的,因此我们对美学的接近是源自一种弱质的、断断续续的、边缘方式的,并拒绝每一次可能最终明确的转化为一种中心体验的转变的可能性。"这也是哈普林所说的"剧场":"对我来说,一个环境设计就像包括人们在内活动的剧场设计一样——一个供人们移动、绕行的动作以及歌唱的中心。"

中日古典园林的空间布局就是这种情境意象体验的典范,张永和在谈到苏州留园的游园体验时认为,他对留园的景色似乎没什么印象,所有的记忆都存在于层叠的空间中穿梭时不同心情与思考的转换中。布鲁诺·陶特在日本的时候也极力称赞桂离宫,但他极少提及形式,而大部分的体验感受都源自在桂离宫中不同空间情境中游览穿梭的过程,他认为这种体验是欧洲形式主义建筑无法企及的。

彼得·沃克在北京园博会设计的"有限/无限"花园,用当代的方式创造了生动有趣的情境空间,一个只有体验者与景观空间互动才完整的景观作品。花园整体由一个巨大的绿植圆环及穿越其中的直线步道构成。步道由两个双面的长条镜墙限定,步道上又间隔均匀地布置了一列树植,由此,体验者进入到步道之中,就会体会到由于两面镜墙相互反射而带来的无限层叠的梦幻效果,树列也在双向反射的作用下形成了没有尽头的树阵效果,使体验者完全沉浸到了这一材质物理特性造成的空间幻影中。而此时,在圆环外面的人又会看到另一番景象,两面绿植半环在镜墙的镜像后,分别成为完整的圆环。一个看似简单的作品,通过镜子与植物的巧妙组合,给体验者带来了难忘的知觉体验。

6.4 沉浸体验意象创构

6.4.1 冥想体验意象创构

本节中的冥想是指沉浸于当下的知觉意象、幻想意象以及沉思的行为。而冥想景观是指可以使体验者在其中发生冥想行为的场所。Julie A. Moir 在 *Temp Lative Place in Cities* 中提出了冥想空间中的七种特征：可意象性(imageability)、栖息感(inhabitability)、宁静感(tranquility)、运动感(movement)、分离感(detachment)、安全感(security)、亲切感(accessibility)。他认为情感氛围是一种主观体验，这七种氛围因素在其中没有具体的比重，应该根据具体的场地、观察及思考进而深入分析。

本节在 Julie A. Moir 提出的理论基础上，将这些特征融入三种情感氛围中，在冥想体验中，体验者的意象与景观氛围是相互促进和影响的，意象是体验者内心与外界环境进行能量交换的材料。本章着重讨论这三种情感氛围的景观特征，以及他们是如何产生三种不同类型的景观意象的。

（一）宁静感与空间微动

"宁静感"在冥想空间中，是指场所具有让人平静、安静的感觉，空间中的元素有抚慰人心、消除紧张情绪的作用。宁静感可以是悠长遥远的笛声、古寺庙中满地的苔藓，这些烘托出空间宁静氛围的元素；宁静感可以让人体验到时间的流过，是人类的本真；宁静感可以使人将占据身心的疲惫与压力搁置，转而聚焦更深层的意象空间：自然的意象、童年生活场景或者是其他时间画面。

宁静的氛围感需要景观中具有一些特定类型的刺激，这种刺激的目的就是加强感官对周围景观的感知，达到抚慰人心的作用。因此，形成宁静氛围的景观元素往往具有亲切感，温柔地触动体验者的知觉。宁静的空间氛围特征既不是静止的，也不是剧烈运动的，而是空间中的微动。如水元素就可以通过静水面的运动反射、微动、雾气以及水的细流来产生微动的效果，弗拉迪米尔·西塔设计的"光影剧场园林"，所有的元素都安排在地面的高度上，主庭院的地面铺满了绿色的大理石碎屑，在其上面又放置四块黑色大理石的方形水池，每个水池的表面都覆盖着一层水，水从大理石中央的孔洞涌出，缓缓流下石板，除此之外，石板的侧面还有光纤设备、造雾设备以及声响设备，缓缓涌动的水面反射着两侧竹子的竹影，时而升起的雾气与来自自然的声音，使得身处这一动态宁静的冥想景观中的人们，将注意力集中到这微缩的自然中，时间的意象、生命的意象，宇宙意象，会在脑海中不停地循环，心灵会随着能量的传递而净化。除了这种体验者可以看见的细微变化，宁静的空间中还有一种虚拟的运动，是体验者脑中的意象与景观中的对应物双向交流产生的，即人和景观之间的信息输入与输出，许多艺术家认为这是由于景观元素的组合产生了一种动态平衡而导致的。阿恩海姆就曾写道："每一种关系都不是平衡的状态，但它们一个接一个地组合成一个整体的结构时，就是一个平衡的状态。"这一结构是指外部环境的宁静及潜在活力形成的整体结构，即"虚拟空间运动感的意义正是从人与景观间的相互影响的活动中及平衡力中产生"。

宁静的氛围需要声音的协助创造,这种声音既不是无声的,也不是嘈杂的,而是来自自然持久而宁静的声音;如设计师经常通过叠水、瀑布的声音将冥想空间与城市嘈杂的空间分隔,如宪法广场两侧的叠水,即使广场周边的环境非常嘈杂,当坐在叠水对面的树荫里时,依然可以感受到片刻的宁静。

在丹·凯利设计的联合银行大厦前的达拉斯喷泉广场中,种植网络排列落羽杉的叠水、广场中央的喷泉方阵,创造出了不同韵律且有层次感的流水声,加深了环境中自然、宁静的氛围,人们穿行在波光树影间,听着喷泉、流水的声音,闻着大自然的气息,似乎所有的知觉都在瞬间被唤醒了,一幅宁静和谐的生活意象油然而生。

除了上述元素,墙的设计、颜色的组合与斑驳的光影,也是营造出宁静空间的重要元素,通常一些优秀的冥想景观作品会通过它们之间的相互叠加,给体验者营造出宁静而又富有意象想象的景观空间。墙不仅有限定现实空间与意象空间的作用,同时在冥想空间中,墙还是自然万物的屏幕,空间中的景物都可以在其上留下影子;色彩可以给空间带来愉悦感,改变光的颜色,同时也可以提升并创造不同的空间氛围,光影是营造空间氛围的无形力量,林荫道斑驳树影的效果,使体验者产生沉浸、放空的意象;光的丁达尔效应可以在景观中产生光柱的效果,使体验者产生一种超现实的宁静意象;光的反射与折射可以使景物在湖面中形成倒影,使体验者感受到和谐、静谧的意象……在巴拉干设计的拉斯·阿普勒达斯景观住区项目中,巴拉干将这几种元素相互作用产生的宁静氛围效果表达得淋漓尽致,该景观空间主要由红墙、贝尔广场、饮水槽喷泉等景观元素构成,建成的作品微妙而充满宁静的诗意,光线洒在墙上,时刻改变着墙体的颜色,水面、石头小径上,斑驳的树影融合了整个环境肌理,体验者置身其中会沉浸于当下的体验,引发各种意象的思考。

(二)分离感与空间界限

分离是指人们将自己从社会活动和思考中抽离出来,给自己创造出一个宁静安详的意象世界。安德烈认为:"分离是与世界稍微拉开一点距离,要学会对纷扰和喧嚣置若罔闻。"正如安德烈所说,这里的分离不是指僧侣的冥想、高僧的与世隔绝闭关修炼或归隐山林,而是指在城市生活的人们在景观冥想中,可以体验到片刻的精神与情感远离喧嚣的世界。巴拉什曾写道:"独自幻想,毫无边界的梦想是冥想的主题,这是冥想最主要的部分,在沉思的过程中,世界与我们分离。"唐纳德认为:"城市环境必须提供一种空间,当生活在当中的人想要独处、分享、发泄时,可以有一个地方让他们从当前的世界中抽离,但却没有永远隔离的危险。"冥想景观在创造了一种与周遭分离的感觉的同时,会使体验者对空间中的景观产生一种主动感知的精神态度,也就是抛开生活中的情感与思考,沉浸于当下的环境意象,歌德在《浮士德》中写道:"精神既不向前看也不向后看,当下才是我们的幸福所在。"

枡野俊明认为在冥想的空间中设计者需要通过巧妙的设计让体验者可以做到"内心的自然转换"。在设计 OPUS 有栖花园洋房时,他在入口到门厅间刻意留出一段距离,就是为了让进入其中的人,产生一种与喧嚣世界分离的意象,从而达到内心的转换。佩雷公园位于曼哈顿市中心,高楼大厦之间,占地仅有 390 平方米,设计师泽恩希望在见缝插针的袖珍地块中,给购物者和附近的公司职员提供一个休息、放松的宁静空间。他在长方形基地的近端布置了一个水墙,潺潺的水声掩盖了街道两侧嘈杂的噪声,两侧的建筑上爬满了攀援植物,作为垂直绿化遮挡住城市的光景,广场中种植了大量的刺槐,为在其中休息的人提供了树荫,成功地塑造了一个城市中心的微缩景观,成为人们可以暂时脱离城市喧嚣的"避难所"。除此之外,步移景异、空间对比,以及改变观赏高度等设计方法带来的变化体验,也是冥想景观设计中十分重要的一部分,由于风景与关注对象的变化,使得体验者专注于当下的风景,心情变化的转折以及变化的次数,就是内心与外界的交流循环,走在园林中,透过这些循环反复的体验,就可以在庭园中体验到清净,会认为入园时的烦恼与困惑根本微不足道,在舒服的空间中体验到的这些变换,能量的吸收与释放、意象与情感的交流,会让体验者感受到生活在当下的美好。

（三）栖息感与自然氛围

亲切感是营造具有栖息感环境的重要部分,景观中的亲切感主要来自自然的意象、质朴的材料、熟悉的环境、适宜的温度等。可以看出,亲切感是一个复杂的空间氛围,它也是各种类型的景观创作都需要考虑的部分,这里对自然意象进行着重讨论,城市中的自然意象显然是模仿自然而创造的"自然空间",但是模仿自然不仅仅是形态上的模仿,空间氛围、韵律、声音、光影等多种要素结合成的空间氛围才是可以真正产生自然意象的人造景观,而这些自然的氛围特征需要通过对自然的仔细观察与研究发现并运用。劳伦斯·哈普林在他的笔记中记录了一个景观设计师在观察自然景观时所体会到的自然景观的特征:①不同植物群落的分散产生了不可预测的韵律。②植物的颜色都是相互关联的。③微小的节奏变化不同于整体的韵律,如落叶。④声音是安静但持久的,并且会从不可预知的形态模式中传出。⑤所有的边界都是柔软的,一切都是原生的,没有人工创造或修理的感觉。⑥形态的变化通过生长或侵蚀来增加或减少。⑦没有完形的空间,空间与空间之间是流动的不存在界限。⑧光的变化十分丰富。⑨环境空间是自由的,人们可以以任何舒服的方式在其中活动,即使场地会有限制,但也不会强加或束缚人的活动。虽然这只是一个设计师对自然的观察,但可以发现,自然的特征是丰富多变的,设计模仿自然不仅仅是形态的模仿,自然的韵律、光影、声音、颜色等都是设计师需要仔细观察了解的,这样才能创造出一个可以产生栖息意象的人造景观场所。

阿尔托在景观设计中,通过材料和有机形态创造自然氛围。材料和表面有其独特的语言,不同的材料有其独特的质感,产生不同的感知体验。植物本身就代表自然,是景观中最常用的材料;石头给人以遥远的地质起源意象;砖使人联想到重力和建造的永恒传统;木材传达了一种自然生命的时间尺度,同时也传达了亲切温暖的意象;泥土,是源于大地的材料,具有质朴的自然意象。这些源于自然的朴素材料,本身就带有唤醒体验者潜意识的功能,塑造空间的特性,同时,这些材料也是最容易融入自然环境中的物质,即使极富表现力的体量与造型也会相对更好地融于环境中。

1. 意象与材料

巴什拉在他对诗歌意象所进行的现象学研究中,对"形态的想象力"和"材料的想象力"给予了区分的定义。他认为,从物质中产生的意象比视觉形象来说,更加会让体验者产生精神上的深入交流。材料的物质性会激发体验者的审美情感并激活潜意识。正如阿尔托所说:"伟大的思想是来自于生活中的小事,是从土地上生长起来的,我们的感觉会告诉我们那些原始的材料就是我们思想的基础。"阿尔托广泛地在自己的景观作品中采用可以激发人类潜意识的材料,尤其是砖、土、石、木这些传统的材料。因此,他的现代建筑与景观具有特别的亲和力与人情味。

自然、乡村、和谐等意象对应的元素有木材、砖、石、土等。

(1) 木材

从木材中体会的意象与人类的集体无意识有关,人见到木材会不自觉地感到亲切,会联想到自然。阿尔托十分善于使用木材,他的景观作品中总会在内院的建筑立面、地铺等景观元素中找到木材质与其他材料组合拼接的形式。如玛利亚别墅花园的建筑立面,窗口与阳台上组合排列的木条,点缀在毛石墙上,有种拼贴画的意味,同时木材质与花园内的草地、树木及攀爬植物相互映衬,一种和谐、自然的家庭生活意象油然而生。

木材料是阿尔托家乡的材料,同时木材来自自然,它具有拉近人与自然距离的力量,因此,阿尔托对木材料的使用,也可勾起观赏者的记忆,并产生一种自然温暖的意象。他在 1937 年巴黎国际博览会芬兰馆对木材料的使用,一下子就使芬兰馆与德国和苏联展馆的冰冷与严肃区别开。木头亲和的质感在使人感到了鲜明的民族特色的同时,也使观赏者倍感亲切、和蔼。

（2）砖、石、土

阿尔托对砖、石、土的使用,同样考虑了人类潜意识以及地域特点,这几种材料的粗糙质感与自然和谐相生。从 1945 年到 1953 年,是他创作的成熟时期,也称之为"红色时期"。在这一时期,他创造了许多以红砖为主要材料的作品。如珊纳特赛罗市政厅,其建筑外部主要的材料是裸露的红砖。红砖与植物的色彩对比相容,并与园内地铺冰碛土的粗糙质感叠加,形成了明显的自然与乡村的意象。在玛利亚别墅花园中,阿瓦托始终贯穿着材料的对比。木地板与粗糙的铺路石形成对比;毛石墙与草皮屋面形成对比……这种对比的方法将人工与自然紧密地结合在一起,更加突出了自然亲切、温暖之感。

2. 意象与有机形态

阿尔托景观中的有机形态,可以说是建筑形态的延伸与加强。阿尔托景观设计作品中的有机形态主要体现在两方面:①对自然形态的模仿与创造,在他的创作中,许多形态的灵感来自家乡的地形、等高线、树林、湖泊等。②对自然生长方式的模仿,阿尔托认为,有机生长的形式具有丰富性和无穷的多样性,用同样的构造、同样的材料、不同的组合形式可以创造出成百上千的组合形式。

意象 1:自然—自由。对应元素:草坡、折线台阶、圆形剧场、曲线、肾形造型

阿尔托曾说:"自然是自由的象征。有时自然会赋予保持自由的含义"。如果我们将阿尔托设计作品中传达出的自然意象归纳成一种表层意象,那么在自然背后隐喻的自由就是一种深层的意象。

多边形折线台阶是阿尔托惯用的一个景观原型,在他的景观作品中,折线台阶或独自出现,或与草坡喷泉等搭配出现,无论是以哪种方式出现,都会给人一种地形、地貌的画面感,同时折线形的灵动与方向感,又体现出了自由的意象。而草坡是一个自然界存在的形态,阿尔托在他的许多设计中都运用了这一方式。它传达出自然的意象,同时也隐喻了芬兰的山峦。

塞纳约基市教堂前广场中的折线台阶,隐喻了场地周围的平原,而在隔路相对的市政广场中,草坡与层层叠叠的大台阶结合,形成了广场上的高台,大台阶与广场间还设了喷泉,营造了自然与轻快的氛围。珊纳特赛罗市政中心,小巧而亲切的广场,其台阶和草坡,暗示着返璞归真的意象,是人类回归自然的理想。卡雷住宅中,东向的大台阶,不但可以遮挡外界的视线,让室内的使用者有安全感和自由感,同时,大台阶顺势而下又产生了一种奔向自然的感觉。阿尔托工作室办公区域外的花园,设计了半圆形的露天剧场,这一景观形态的使用,让人联想到罗马的圆形剧场和山体的等高线,将历史与自然的意象完美地结合在了一起。他所设计的纽约国际博览会芬兰馆的外墙,即内部庭院的墙体,就是采用曲折的造型手法。这种波浪造型,不仅形成了建筑的整体形态,同时也围合了一个边界动感的室外花园空间,刺激了视觉的感知,还象征了政治自由。

阿尔托设计的花园小品,许多都是用了肾形这一有机形态,体现出一种自由流动的意象。如坐落于松林间的玛利亚别墅,庭院中心是一个肾形的游泳池。游泳池没有基础,它由混凝土外壳组成,像一条船漂浮在混凝土中。泳池周围是绿色草地,十分灵动地展示出了一幅自然的图景。施德特别墅也用了肾形的水池作为莲花池,这一形态与别墅内院的古树、草坪以及池中的睡莲相结合,体现了自然的和谐而安宁。除了肾形的泳池,阿尔托同样将这一造型运用到了卡雷住宅的花坛上,花坛与其中的小雏菊相互映衬,明亮而清新,在周围树林的映衬下体现了一种自然明快的感觉。

意象 2:自然—生命、生长。对应物:U 形构图与围墙

阿尔托曾经说过:"苹果树上的花朵看似具有同一形状,但仔细观察又各不相同。我们应该从中悟出道理。"阿尔托在设计中也常将某一形体或个体进行变形或重复,来表达它们的自然差异性与生长的观点。这种观点在他的景观设计中主要体现在花园的 U 形构图与内院的建筑立面上。

现代建筑大师柯布西耶、莱特、密斯都力图打破方盒子,追求空间的流动性,而对于在北欧长大的阿尔托来说,对流动性的追求,不意味着方盒子的打破。首先,方盒子空间有利于北方人保暖。其次,方盒子可以给北方人带来一种安全感。因此,阿尔托设计的花园大多是 U 字构型,既满足了功能的需求,又能和自然相互联系,同时,这种 U 形构图传达出的安全与稳定的意象,让使用者身处其中有放松和无拘无束的感觉,这种稳定感可以更加突出和强调自由的意象。为了打破 U 形构图与方盒子的单调,阿尔托将他的有机生长思想融入其中,即将某一形体进行变形,每个 U 形平面都是变形后产生的,阿尔托夏季别墅花园、阿尔托工作室花园、芬兰年金协会花园等一些花园的 U 形构图,U 形变换的丰富性打破单调的感觉。

除了 U 形构图中体现的自然生命差异性的景观意象,在围合庭院的建筑立面上,阿尔托也通过细胞分裂的手法来表达大自然的生长方式,如他的夏季别墅花园墙面,就是由形状、大小、材料不同的砖以不同的方式拼接而成,好像墙上正在进行细胞分裂一样,这种分裂使形体重复、变换的出现,产生了自然生长的意象。

意象设计表达方式总结如表 6-3 所示。

表 6 - 3　意象设计表达方式

分类	氛围意象	对应元素	表达方式
材料	自然—乡村	砖、石、土	自然:粗糙质感与自然和谐统一 乡村:集体无意识
	亲切—自然	木材	集体无意识
有机形态	自由	U 形构图	用 U 形构图的安全感与稳定感衬托使用者在其中活动的自由意象
	自然—生命		9 种花园 U 形构图的变化隐喻了自然生命的差异性
	自然—生长	庭院建筑立面	建筑立面元素的重复与变化隐喻自然生长的细胞分裂
	自然—自由	草坡	自然:材质 自由:形态
	自然—自由	台阶	形态隐喻山峦、波涛、密林 自由:折线形
	自由—自然	肾形小品	芬兰湖泊的表达
	历史—自然	弧形露天剧场	历史:古罗马、古希腊的露天剧场 自然:材料

　　阿尔托所提倡的人情化设计,在景观设计中主要体现在景观的意象设计中。他的潜意识设计,是其创作的源泉,在他的景观意象设计中主要激发观者产生自然、自由的意象。他设计的景观意象对应物大体可以分为材料和有机形态两类,主要通过砖、石、土、木等材质来激发观者的触觉和集体无意识,从而产生自然、亲切的乡村之感。而有机形态主要包括 U 形构图、草坡、台阶等六种原型。他通过隐喻、衬托等表达方式来使观者产生自然、自由的意象。他的设计方法与思想对现代景观产生了重要的影响,启发了一大批景观设计师。

6.4.2　探索体验意象创构

（一）窥视剧场

　　窥视体验,反映在景观现象中,可以是由窗、洞形成的最基本的窥视感;可以是由于空间强烈的明暗对比,使得暗处的体验者感觉被隐藏了起来,以便观察明处的景色与人们的活动;可以是通过障景形成的空间露与藏,激发体验者继续探索;也可以是由于对半透明材料的使用,使得体验者不断形成另一侧的意象画面。这些窥视体验会不断带动体验者的好奇心理,并在脑中不断形成猜测的意象,或者形成一种瞬间强烈的知觉刺激而产生生动意象。如中国古典园林中漏景的使用就是一个代表例子,墙上的漏窗可以减少闭塞感,增加空间的层次,同时也向体验者透漏了另一个空间的局部,从而引起体验者的猜想与探索。在窥视的体验过程中,窥视者始终沉浸在高度知觉唤醒的意象世界中。在这里墙面和窗口一起构成了边框,边框一面将观察者隐藏起来,使观看者形成安全感,另一面将景观与观者隔离,观者得到庇护,却总是由于边框而只能看到片段、部分风景,因此又形成了边框的诱惑,激起观者进一步的观看欲望,促使观者形成想象意象。罗伯特·欧文设计的《9个空间,9棵树》是上述原理的不同表达。该景观作品位于波特兰市公共安全大楼的广场上,广场的设计受到了结构柱网和下部停车场的影响,因此空间容量受到了很大的限制,设计师基于现有的局限应用了表面覆盖乙烯材料的栅格创造出了9个连续的空间,这几个房间虽然被围合的栅栏限定,但是视觉上是模糊可达的,并在每个单独空间中的中心种植了开花的李子树,满足广场绿化的要求,3×3的单元格构图形式使得构图中心中央方格像锚一样,固定在场地中,同时形成了丰富的视线。在这个作品中蓝色的屏障是体验者进行窥视的边框,体验者可以在一个"房间"中窥视身处其他方格中的人,也可以窥视周围建筑及街道,在窥视体验中除了会产生这种单一的意象,同时还会由于空间的连接并置,以及红色李子树与蓝色屏障产生的引人瞩目的交织,形成一种多种窥视意象并置在一种扭曲的空间深度与宽度中的超现实意象,从而带动体验者的惊喜感和观看欲。

(二)解谜线索

悬念是在景观意象情节中打下的疑问号,它在打下疑问号之后,不是一下子提供答案,而是让读者将信将疑,思想上处在期待的状态中,引导读者去寻根究底,悬念可以产生空间诱导力,这种空间的诱导力不会让体验者产生压迫性和强制性,而是通过景观空间感知材料提供悬念与线索,引导体验者自发地产生某些行为和体验,这种诱导力是模糊的,因此,体验者会根据自身获得不同方向和程度的诱导力而对景观产生不同的解释,生成不同的意象。由于空间诱导力具有自发性和模糊性,因此,这也是一个关注个体体验创造多元景观意象的设计方法。由于沉浸是一个持续的过程,因此,空间诱导力需要与连续、精心组织的知觉体验配合才可以产生沉浸的效果。帕特里夏·约翰逊在美丽公园泻湖的设计中,建立了体验者与景观形态之间的探索联系,用景观元素激发的不同知觉体验不断诱导体验者与景观之间进行意象交流。如当体验者遥望达拉斯雕刻的时候,它看起来很大、很壮观,但当人们逐渐接近这个庞然大物时,视觉图案顿时消失,体验者的注意力随之转移到周围自然中的小东西中去：一只从水里冒出来的青蛙、一朵浪花、一只蜻蜓、雕塑空隙中显露的自然等，不管是什么都会强烈地吸引人们不同的知觉，从而使人完全沉浸在与艺术与自然的互动中。

景观中的悬念可以激起体验者对景观中不为人知的历史的好奇。"意外"获得的历史片段线索，会激发体验者的好奇心并进行意象猜想，试图在接下来的景观旅程中寻找答案。如帕奥罗·伯吉设计的 *Cardada：Reconsidering A Mountain*，设计师希望通过设计传达出一种人的好奇心，那种作为一个人想了解更多的感觉。

比如，当体验者来到 Cardada，首先映入眼帘的是马焦雷湖和湖中的小岛，这些岛屿非常美丽，但实际上这里除了拥有美丽的风景，还有非常有趣的历史，比如岛屿的第一个主人是一位俄国公主，她邀请了许多宾客。其中一位是伟大的作曲家弗朗兹·李斯特——她的音乐老师。在景观坪周围，设计师列出了与这些岛屿有关的图片和文字，但却不提供答案，以激发体验者的好奇心并唤醒体验者的感官使其从景观中获得更多的信息，使他们的思绪在意象时空中游走。林璎设计的《阅读一座花园》以文字为悬念，以文字和抽象图形为线索，创造出了一个引人入胜的趣味空间，阅读花园位于 Eastman Reading Garden 之中，是连接老图书馆与新图书馆之间的口袋公园，文字既回应了场地的背景与情况，也是景观的解谜线索，文字出现在通过花园的铺装地面、人行道、长椅和水墙上。林璎用英文的字、词创建了一个体验者的趣味意象空间。以字为线索、以字为通道，林璎将诗歌中的字词进行艺术化的处理。一部分是谜语促使体验者思考和发现，如石桌上的文字环、雕塑墙的文字在水中的倒影才是它真正的阅读顺序；一部分是抽象的拼贴画，如地面上由文字设计出的不同图案。他们既像线索又像将诗歌转化成音乐的音符，字词在这里超越了文字的内涵，带上了特有的颜色、情感、声音、重量，因此，从某种角度来说，林璎通过对文字与空间的融合，创造出了视觉、听觉、触觉的体验，正是这些体验的相互作用加强了每个人在这个趣味花园中不同的意象体验。

（三）惊喜与吸引

人常常因为适应性而产生审美疲倦，也许昨天还令人着迷的东西，在今天看来已经索然无味了。因此，人们总要不断去新的地方，尝试新的事物，寻找新的乐趣。亚历山大在《建筑模式语言》中提出了 253 种设计模式，其中有一种叫作"禅的观看"："如果有美丽的景致，不要在这些地方建造宽敞无比的窗户，这样就会把美景毁坏殆尽。相反，应该把面朝美景的窗子设在一些过渡性的地方——沿着过道、走廊、入口处、楼梯旁在两个房间之间。"这一模式源于一个佛教高僧的故事。他住在一座风景优美的山上，在山上建了一面从各个角度都遮挡风景的墙,只有在通往山顶的路上才能短暂地一窥美景。因此,即使日复一日地穿梭其间,美景仍能保持往日的鲜活。由此可见,即使再美丽的景色,长期观看都会产生无趣感,因此,在景观中,如果游览者体验的一直是相似的情境、雷同的景观元素、差不多的景观体验,那么在景观中难免会有无趣之感,因此,时不时的惊喜吸引,以及丰富多样的景观体验牵引,是让体验者沉浸在发现惊喜的探索意象中十分有效的方法。

北杜伊斯堡公园可以说是在景观设计中各个方面杰出的典范,在历史遗迹保护方面,彼得·拉茨对原厂地尽量减少大幅度的改动,并加以适当补充。工厂中的构筑物都予以保留,部分构筑物被赋予新的功能。新的功能与原始保留的部分和谐地结合到了一起;场地设计建立在可持续思想的基础上,在科学方法的运用下,保护及修复现有的环境资料;在节约资源方面,工厂中原有的废弃材料也尽可能得到利用,从而最大限度地减少对新材料的需求。除此之外北杜伊斯堡公园在景观体验方面也处处给游人带来惊喜,让体验者可以得到停留,愉悦地享受,一直处于探索-发现-惊喜-沉浸的状态之中。漫步在公园中,丰富多样的植被与旧工业时代的历史记忆扑面而来,高达80米的5号熔炉,犹如高塔一般,顺着通道,向上爬行,旧零件、旧机器、以前的空间一一展现在眼前,仿佛诉说着另一个时期的故事。登上顶部的高空平台,极目远眺,园区一览无遗。体验者会发现园区内有许多不同的区域,于是又进入到下一步的探索中,由旧煤气罐改造成的潜水公园,由原工业仓库改造成的巴洛克式花园、儿童游戏园,由原工业运输天桥改造成的观光道,可举行露天文化活动的金属广场,水景公园,原矿渣仓库改建的田园小景,利用原仓库墙体建立的通道滑梯,趣味雨水收集娱乐展示区……一个个将历史、生态、趣味结合的景观节点总能给人带来惊喜,并愿意停留、沉浸其中(图6-2)。如果说北杜伊斯堡公园是将历史、生态、娱乐三者经过艺术化的处理方式使体验者处于惊喜被吸引的沉浸状态,那么迪士尼乐园则是将电影的表现手法与儿童游乐场结合,并运用现代科技手段,通过营造一个梦幻、惊险、刺激的童话世界,使体验者处于惊喜被吸引的景观体验中,通过在集锦式的景观环境中融合了娱乐、消费、技术等大量的饱和信息与功能的方式使体验者沉浸其中。除此之外,设计体验中的偶然性也是创造惊喜意象的方法,三谷彻在出云博物馆的风土记之庭的装修中,就运用了这一手法再现了带状雪景的效果。雪在融化的瞬间,将宽广的草皮横切带做成了与土壤渗水性完全不同的东西,以表现出雪的融化速度上的差异所形成的带状效果。而这种效果的产生需要存在两种偶然的状态:①与特定自然条件状态的相遇。②无意中碰到的人,这些景观效果在体验者面前呈现的瞬间,影响整体意象的产生。

图 6-2　北杜伊斯堡公园丰富的景观节点

6.4.3　幻想体验意象创构

（一）局部失重与漂浮意象

斯托弗 · 诺兰在他的杰作《盗梦空间》中将"失重"描绘成穿越梦境、返回现实的手段。本节中的失重是指景观元素通过设计师的设计，使得重量感极大削弱，仿佛实体元素处于失重的状态，从而产生一种漂浮的意象，带领体验者沉浸在一种亦幻亦真的空间中，从而引发体验者产生不同的联想。

建筑师安德烈·卡西利亚斯设计的墨西哥城圣安琪尔区一栋住宅的室外空间感觉上显得轻盈而静谧，具有一种淡然而温暖的超现实意象，庭园中静止的水池给庭园带来了寂静的感觉，水池就像一面镜子，倒映着周围的墙与树木。当地火山石厚板制成的一串汀步石延伸至水中,石板巧妙处理得宛如漂浮在水中,给庭院带来了一丝神秘感,墙上的圆环装饰物通过金属条固定在墙上,从某些角度看,金属条恰好能被挡住,宛如静止悬浮于墙的前方,庭院好像有一种来自梦幻空间中的力量指引,充满了神秘的气氛。石上纯也在东京美术馆制作了一个大型的悬浮四角热气球装置,气球高9米,铝制骨架,外部包裹着高反射铝膜,体积和四层楼高的建筑差不多,其内部充满氦气,通过设计调整即使重达910千克也可飘浮在空中,气球的表面如同镜子一般反射四周的一切,气球在中庭中缓慢漂移。体验者置身其中,在变化的缝隙空间中游览,眼前这个夸张、放大的失重的金属气球,仿佛把人们引入一个不曾到过的空间。RO&AD Architecten设计了一座充气的漂浮木桥,位于挪威卑尔根的小岛,是连接堡垒和城市中心的通道,同时也是一个紧急的疏散道,由于木桥底部有充气装置,因此不需要底部支撑就可以形成漂浮效果。桥面也由高性能的材料构成,既可以防腐蚀,又可以根据与水面的接触关系灵活地自行调试,既方便拆卸与组装,又灵活轻盈。凸起的桥身贴近河水及周围的风景,因此水中没有桥的反射影像。一条弯曲的漂浮木桥,连接着一座十八世纪的城堡,周围却是自然的现代乡村图景,这个画面产生了亦梦亦真的超现实效果,通往城堡的漂浮木桥仿佛带领体验者穿越到过去,周围一切都没变,只有这条路是时光隧道,体验者很容易沉浸在知觉与意象的幻想中。

(二)奇异接合与震撼意象

超现实主义绘画的一个重要特征是将被画的物体以奇特的组合方式搭配。就像超现实主义作家通过词句随意拼凑形成某种特殊的效果一样,超现实主义画家通过任意改变一个物体的"环境",即改变它和其他事物之间的关系,并重新进行奇异的接合,使这一物体不再具有通常的意义,使人从一个新的角度、在一个新的"环境"中审视该物体,产生一种新的意象,从而达到对世界的新的认识和理解。常见事物的情境重构是二十世纪西方艺术的主流,马塞尔·杜尚、安迪·沃霍尔和贾思培·琼斯等人都是这种手法使用的代表,在景观设计中,这种产生震撼意象的接合方式,往往是通过改变人们习以为常的知觉体验,改变身边常常被视为理所当然的现象,让体验者以不曾想过的方式感知身边事物的能量来产生。

从20世纪90年代开始,奥拉维尔·埃利亚松(Olafur Eliasson)不断将景观、自然与艺术结合到一起进行创作,他的景观艺术创作往往给人们提供一个不同的视角重新发现已有的景观、自然、城市,让人们体验到一种奇妙的幻想空间意象与现实并置的奇异感受。这些作品强烈地震撼知觉,在奇妙的超现实情境中引发深深的思考。他认为,艺术可以改变人们对生活的认识,并产生思考、发出疑问。同时他也质疑生活中习以为常的事物。他曾将世界比作一台精密的永动机,而人们日常所感知到的天气、温度、颜色、味道、风景等,都是永动机的零件。人们生活在由永动机产生的空间中,对一切都习以为常,因而很少质疑每天所感知的真实性。1998 年,他将无污染的绿色染料倒入瑞典斯德哥尔摩的一条河中,创造出美丽又震撼的《绿色的河流》(*Green River*,1998)景观艺术作品,河流周围的城市一切都没有变,只是河水已不再是我们熟悉的样子,让体验者感受到了一种似曾相识又十分陌生的奇妙意象,人们在惊讶感叹这种超现实的梦幻美丽的同时,也会陷入对生态环境问题陷入深深的思考。2008 年,在纽约东河大桥桥面下,埃利亚松设计了著名的"纽约瀑布"景观装置,它是一个巨型的人工瀑布,具有强烈的视觉冲击。瀑布与大桥的结合,宛如将两个不同时空的景物拼合在一起,产生震撼的意象,瀑布的存在不只成为视觉上不可忽视的美景,同时用自然的方式改变了人们对自然与城市的认知方式,由于瀑布的出现,人们对距离的感知从视觉转变为听觉的认知,从桥的一端走到另一端,人对瀑布的叠水声的感知,会形成由强到弱的过程,让人们对日常的过桥感受发生改变,让人们体会到别样的纽约。埃利亚松的《你的彩虹全景》作品位于丹麦 AROS Aarhus Kunstmuseum 当代美术馆的环形天桥上,天桥的内外环被 360 度的全色系光谱玻璃围合,体验者在环形天桥上行走、观赏城市时被加上了不同颜色的滤镜,仿佛进入不同的电影片段,又仿佛进入一个彩色漩涡中,在某个奇妙梦幻的空间中欣赏一种超现实的城市意象,同时体验者所感知的图像会与位置和行进速度有很大的不同,色彩的变化取决于体验者的自身。奥拉维尔·埃利亚松如同一个施法自然的魔术师,让人们激活感知自然与环境的天性。他的景观艺术作品将人们沉浸在一个个震撼的超现实幻境的同时,又引发人们对生态、自然、城市的深深思考,从而改变并影响着人们的行为与思想。

6.4.4　记忆体验意象创构

(一)片段与整体呈现

景观中的片段表达可以是在当代的景观设计中插入片段的语言或概念,插入的这些元素可能来自另一个时代甚至另一种文化的片段,如美国波特兰坦纳斯普林斯公园中的"艺术墙",利用回收的铁路轨道旧材料切割拼装成,通过波浪造型强烈地冲击着人们对铁路的记忆片段,瞬间引发的记忆与联想使体验者脑中的记忆碎片不断拼接,使体验者陷入一段段回忆和思考中。抑或在被废弃的、历史的场地中,保留大部分的历史元素,将现代的手法、知觉方式融入其中,用伯格森的话来说,"过去可能而且将要通过把记忆插人现在的感受来发挥作用,因为它要从这样的事件借用活力"。① 这种处理方式在旧建筑改造、工业景观、生态景观及各种文化景观设计中经常被使用到,这就是利用人通过记忆的片段就可以联想出整体意象的特点。罗西认为人类生活是贯穿记忆、原型与情感的线索,他曾说:"我倾向于相信,自古以来,类型并不变,但这不是说实在的生活也不变,也不是说新的生活方式不可能。"②在这里他表达的是一种历史场景与当下生活间的剪接与碰撞,历史、当下、未来是通过生活的串联将其融为一体的。罗西认为建筑设计不应是一种随意、任性为之的行为,而应该基于历史各种原型的基础,经过变形、演绎创造出既有历史记忆又符合当下语境与生活的场所。卡洛·斯卡帕与他的片段建筑、景观是二十世纪设计史中重要的一部分,在参观斯卡帕作品的过程中唤起的情感反应片段纷至沓来,其精美的建造以及繁复的片段,让体验者徜徉在唤醒的记忆意象的世界中。他的作品中的片段,在体验者注视的时刻与片段表现的不同时刻间为观众打开了一扇窗户,通过一些方式不断地让观众意识到时间,包括历史的贯穿、个体事件的展开,以及短暂生命中一些熟悉的特征。在布瑞恩家族墓园设计中,台阶、通道、门窗、栏杆、材料接缝、水面、围墙、花池,所有的片段均被赋予实在的、独立的形式,凝结成持久的元素(图6-3)。布瑞恩墓园是斯卡帕将多重时序的涌现和对时间流逝的追忆、对美的喜悦之情、对日常琐事的细微感受和礼赞熔于一炉,以他造型艺术的技巧和材料的超现实并置,化为有形的景观建筑,改变了墓地建筑空间的体验,使墓地成为逝者静静安息的场所和生者乐于拜访、徜徉的宁静花园。

图6-3 布瑞恩家族墓园局部片段

(二)空无与记忆剧场

阿恩海姆认为,人们如果感受到了空无,那么也就一定感受到了某种应该在却不

---

① (美)斯维特兰娜·博伊姆. 怀旧的未来[M]. 南京:译林出版社,2010.
② 汪丽君. 建筑类型学[M]. 天津:天津大学出版社,2005:53.

在的幻影,它是作品的一部分。这种体验经常发生:一片空荡荡的背景,原来曾在这发生过什么激烈的事件,或者观看者觉得应该在这发生过什么激烈的活动,在这种情况下,背景就会看上去异常地静止。有时候,这种"空无"看上去好像孕育着某种事件,一触即发。所谓空无,就是空空一片,用知觉心理学的话来说,眼前出现了这种空空如也的刺激样式(或材料),往往被视为某种"不在场"的形式或元素的基底,而这种空无的刺激材料往往会通过景观空间中的氛围、暗示的元素等,激发情感反应,从而引发体验者用记忆意象补全整体景象,或通过记忆意象引导行为来补全由于人的参与才完整的景观作品。

若要使体验者启动记忆意象投射作用机制,需要满足两个必备条件。第一个条件是必须有氛围、元素、提示语的暗示,让体验者确知怎样填补遗留的空白;第二个条件是必须给观看者一个"屏幕",即一块空荡或不明确的区域,使体验者能向上投射预测的物象。这里的屏幕类似于中国水墨画中留白区域的"意在笔先","无目而若视,无耳而若听……实有数十百笔所不能写出者,而此一两笔忽然而得方为入微"。

劳伦斯·哈普林提出"戏剧舞台""即兴演出"的设计方法就是"空无"在景观设计中的发展与具体化。哈普林认为设计师设计的室外空间应该是一个舞台,它可以创造出各种氛围,激发知觉意象来将舞台上的剧目补充完整,有安静而沉寂的,有活泼跳动的,有坚硬与柔和的,有昏暗和明媚的……而这个舞台只有加入了人们的即兴演出即人的记忆意象与行为活动才是完整的作品。他所设计的波特兰系列广场就是三种不同氛围的舞台,生机勃勃的爱乐广场通过模拟自然形态的不规则的台地、休息廊、喷泉等景观元素创造了一个亲切、热闹充满生机的自然氛围,身处其中的体验者会很自然地在脑中浮现自然景观的意象,人们会主动地参与到环境中来,会想被瀑布喷泉淋湿,会想在广场中坐坐欣赏眼前这个欢快的场景。柏蒂格罗夫公园创造了一个安详宁静的氛围,眼前的草坪山丘与郁郁葱葱的树林,仿佛阻挡了人们心中的烦恼,在这里对自然的凝视或午后小憩,就是配合眼前风景舞台最好的演出;最后是演讲堂前庭广场,这里的背景是山涧峭壁形式的跌水瀑布,而高差错落的舞台,与捷克舞台设计者约瑟夫·斯沃博达为话剧《皆大欢喜》设计的话剧舞台有着极其相似的一面,在这里人们仿佛身处一个自然背景的舞台剧中,记忆深处的各种意象将浮现在观众脑海中。

(三)融合生活记忆

丹·凯利是为数不多既将对生活的热爱又将朴素生活方式融入景观的设计师。丹·凯利认为对日常生活的关注才是设计出出色景观作品的关键,设计由生活而来,只有充满生活气息的景观作品,才能向体验者传递真挚的情感。现代生活就是城市文化的一部分,因此,他对场所、自然文脉的认识除了基于场所的自然环境及历史文化,同时也将现代生活合理自然地融入进去。

丹·凯利景观作品中都有意地将这种文脉融入其中。如京都中心区规划(1998),雇主希望将风格不同的建筑,通过景观的和谐处理,使之成为一个特殊的有机整体。丹·凯利将日本的茶文化内涵引入设计中,茶道的本质是从微不足道的日常生活中感悟宇宙的奥妙及人生哲理,通过静虑从平凡的小事彻悟大道。由此,简洁与和谐成为整个景观设计的指导思想,设计师试图寻找合适的茶道中的形态元素以及对应的意象,使体验者从空间的形态、韵律、体验关系等领悟茶道中的哲理。丹·凯利通过水作为景观环境与意象语境的连接点,同时,营造出一种生活氛围。水在长岛的历史发展中有很重要的意义,它既是自然循环的标志,娱乐休闲空间中的重要元素,同时也是对日本禅宗园林的暗示,景观由水主导,形成了多种不同氛围的景观空间,隔绝了城市的吵闹声。对水景序列与位置的设计,也可以看出设计师对水景产生何种景观意象,是经过理性分析的。丹·凯利的水景布置都是以功能、以生活的使用为出发点经过艺术与文脉的融合,形成浸润城市文脉的城市生活意象。

在拉德方斯步行街(1978)项目中,丹·凯利通过水、植物、铺装等主要设计元素,在长达半英里的大道上,微缩反映了文化和历史;法国梧桐树和常青藤成为构成空间的主题,造型各异的水体喷泉激活了空间,尤其在中心地段由著名雕塑家安盖姆设计的水池雕塑,从另一个角度体现了"巴黎是世界的艺术中心"。同样,丹·凯利在消化和吸收了传统文化和设计理念之后,考虑环境在现代社会的实际要求,认为设计师的思路产生于生活和社会,应该随着时代变化及需求不断变化调整。在这种思想的影响下,丹·凯利的设计总能将浓浓的生活气息充分地融入到他的设计中,或为米勒住宅那种宁静而致远的世外桃源的生活感,或为喷泉广场那种浪漫、轻松充满森林气息的生活氛围。丹·凯利的景观设计保持了历史、文化、自然与现代生活的连续性,营造了一个体验的世界,增强了景观与人及周边一切的和谐。

6.5 多元视角意象创构

6.5.1 全知视角与限制视角

全知视角是指在景观中的某一角度或位置可以看到景观的全貌,所有景观意象将呈现在眼前,提供大量的信息供观者认知领悟。规模宏大的景观,一般都会有一个观景高点,可以俯瞰全部壮阔的景观。但丁(Dante Alighieri,1265—1321)在其《神曲》中预示了一种更为广阔的画面:叙述者在昏暗的树林里开始朝圣,在古罗马诗人维吉尔意味深长的引导下,穿过一个超自然的景观(它在最后出现),登上炼狱之山,全部景色尽收眼底,他为之兴奋。正如他给一位朋友的信中写道:"我唯一的动机是想看看登高远望是怎样的美妙。"[①]阿尔伯蒂在《论建筑》中提出一个思想,就是别墅应建在和缓的高地上,这样可以看到周围乡村的景色。美第奇别墅是第一个有意识利用基址潜力,将别墅建在山上的例子,在此以后意大利别墅只要有可能都建在山上。对景观全景意象的欣赏也是意大利文艺复兴时期景观的一大特点[②]。全景意象除了可根据地形优势来获得外,观景塔、望京楼、高架景观廊道等都是获得全景意象的重要手段。如德国曼彻斯特的绿缝公园的基勒斯山观景台(图 6-4),在不同的高度都设有可以停留赏景的平台,在不同的高度观者可以感受到不同尺度、不同视域的美景,临近的一个个小的私密空间的欢快感,喷泉水塘及熙攘人群的热闹感,绿缝公园艺术雕塑的美感,远眺优美秀丽基勒斯山的开阔感……此时观赏者会由于同时看到许多不同的景观意象,而同时迸发出多种情感,这些不同的情感在不停地轮换,这正是全知意象所带给观赏者的独特情感体验。

(a) 基勒斯山观景台　　　　(b) 远眺绿缝公园　　　　(c) 俯视近处私密空间

图 6-4　绿缝公园全知视角体验

　　景观中的限制意象是指观者对景观的观赏是根据设计者安排的景观空间进行的,在许多景观空间中,观赏者只能感受到这个空间内的景观意象或其他景观空间的局部,相比于全知景观意象,由于视域和景观元素数量的限制,观赏者将会对眼前空间内的景观进行细致解读,而设计师也是通过一个个不同空间内景观的设计来完成生动、具体的意象传达。由于空间的相互渗透,欣赏者会对下一个空间的景观充满期待,从而形成了空

①　伊丽莎白·巴洛·罗杰斯. 世界景观设计:文化与建筑历史:上[M]. 北京:中国林业出版社,2005:124.
②　伊丽莎白·巴洛·罗杰斯. 世界景观设计:文化与建筑历史:上[M]. 北京:中国林业出版社,2005:132.

间中情感的流动。

　　限制景观意象与中国古典园林造园手法中的步移景异极为相似，只是更加强调景观设计师在造园中对观赏者情绪的安排，以及观赏者情绪的流动。如中国古典园林中的漏窗和连廊，连廊和墙将园林空间分为此处与彼处，在连廊的引导下观赏者可以尽情地观赏一侧的景物，同时墙上的漏窗又可以向观赏者透露着另一侧的部分信息，使观赏者对另一侧的景观产生期待，因此，在情感上就产生了流动。

　　在景观设计中，景观叙事意象中的两种类型经常都会存在，旨在多角度、多侧面地提供给观赏者不同的情感体验。如凡尔赛花园（图 6-5），全园由横纵两条轴线及三条放射状路贯穿，并聚焦在凡尔赛宫前广场的中心。站在凡尔赛宫前平台上，沿着各条轴线看去，观者的情绪会由于景色的不同而变化，如沿着纵向轴线有拉托纳喷泉、长条形绿色地毯、阿波罗神水池喷泉和十字形大运河，空间严整，气势恢宏。中轴的视线空间极其深远，视线沿中轴线可达千米之外的地平线，观者的心境也将被引导至遥远而宁静的远方，而近处茂盛的树丛及修剪整齐的灌木丛，又会引起观赏者的好奇心，让观者对树林后的景观有所期待。

图 6-5　从宫殿观景平台俯瞰花园

　　沿着中轴线游览，可引发观赏者一系列的景观意象。引导观赏者向下的阶梯式台地、给游览增添神秘感的斜坡、叙述经典故事的雕像群、丰富的地表铺设、优雅的地毯草坪、晶莹闪烁富有诗意的水面、和观者的双脚产生互动的砾石、充满象征意味的喷泉、具有艺术动感的绿篱花坛、静静流淌的水渠及静谧的林荫道、丰富的植物配置、"讲述"着不同故事的树林及分隔空间……指引着观赏者进入设计师用景观意象安排的一个个不同的场景。

　　面对建筑正面的是整个园林的第一级台地,呈较窄带状,边界有 5 个各自有阶梯的台阶,其前方是水上舞台,它的结构布局给人以空间上很大的错觉。舞台的西面沿着中轴线布置了一系列的景观(图 6 - 6):首先映入眼帘的是太阳神母亲 Latona 及她的两个孩子阿波罗及狄安娜神像喷泉,紧邻两侧是两个平整如镜的花坛,然后是高一层称为德伊奥的花坛台地。这里形成了南北两个不同的景观视线:南侧是名为米蒂的宽阔花坛及色彩缤纷的植物拼接,2 个很低的圆形水池,与粉红色砾石步道形成明显反差,四季花卉更迭,色彩多姿……北侧景观更加多变,圆形水池、金字塔喷泉,顺着斜坡走到中间的步道上,两侧是长长的草坪,左右两侧安放着一排小型喷泉,其间点缀着象征不同神话故事的雕像……观赏者通过精心组织的意象群,与景观进行交流进行情感的传递与反馈①。

（a）位于中轴线上的喷泉

（b）坡道

（c）台地台阶

（d）太阳神母亲神像喷泉

（e）空间的渗透与围合

（f）低矮圆形水池

图 6 - 6　凡尔赛花园限制视角转换

①　吴泽民.欧美经典园林景观艺术近现代史纲[M].合肥:安徽科学技术出版社,2015:45,50.

6.5.2 生活意象与情境重构

迈克尔·布兰森在《地志景观》中写道:"有雄心的设计,其灵感来源往往是我们每天都会遇到或赖以生存的元素或对象;但由于我们对它的形状和本质关注太少,以至于感受不到特别之处。"常见意象情境重构是二十世纪西方艺术的主流,把艺术与生活及实物相混淆,打破它们间的界限。马塞尔·杜尚、安迪·沃霍尔和贾思培·琼斯等人是其中的代表,杜尚曾说:"我最好的作品就是我的生活。"他的挪用系列作品如:《泉》《秘密的声音》《加胡子的蒙娜丽莎》等,通过这些作品杜尚试图传达出这样一种观点:将生活中的一件普通的东西,换一个情境,一个视角,这件物品就可能失去原来的意义,而被赋予新的含义,由于生活是艺术的源泉,因此也可将生活中的事物经过巧妙的处理成为艺术品。波普艺术就是常见意象情境重构的范例。它体现了艺术家想要重新关注当代生活以及试图弥合与大众间的鸿沟。文丘里也在《建筑的复杂性与矛盾性》一书中大力宣扬大众化、通俗化。他在美国纽约时代广场方案中,把一只体积巨大的苹果放在四层楼高的基座上,他解释道:"这个表现性的雕塑大苹果,在形式上是大胆醒目的,在象征意义上也是无穷的,它既是大众化又是深奥的,以一个超现实的客体引起人们对玛格丽特或奥登伯格风格的波普艺术的回忆。"

景观设计中运用人们生活中熟悉的事物进行设计,往往可以给体验者带来亲切感,有助于体验者与景观进行交流,快速形成意象空间,同时,以全新的角度让人们体验习以为常的事物,也为体验者提供了多元的创造性的意象空间,每个人都可以按自己的理解,重新诠释对这一事物的看法,形成人与设计作品自由交流的意象过程。玛莎·施瓦茨就喜欢选用人们熟悉的历史或生活化了的景观符号来表达她的设计思想,如面包圈花园中的面包圈、瑞欧购物中心体院中的青蛙、冰岛雷克雅未克艺术展中的锡纸雕塑等,她认为景观除了实用的功能性外还具有情感的交流和对话的精神功能,而如果要想让景观发挥这方面的功效,那么景观必须为人们所用,无论是在情感上还是在精神上,因此,设计师只有表达得越直接越真实,才能与体验者进行直接与亲切的交流。克里斯多与珍妮.克劳德也经常运用这种体验方式引起大众的注意,大众也对艺术家提出的观点进行重新认识,如"包裹的国会大厦",当每个人在面对这个被包裹的国会大厦时,都试图在脑海中恢复帆布覆盖下的国会大厦的意象、搜索自己曾经与国会大厦的交集及情感经验,通过引发个体不同意象的方式达到了纪念的效果。《铁幕,汽油桶墙》作品,让民众联想到当柏林墙竖立时,民众与政府抗争的意象,每个人所联想到的场景意象显然不同,却达到了设计师想要表达的与政治抗争的意象以及民众与雕塑可以无障碍交流的设想。

　　林璎景观作品的存在感之强,可以调动体验者的感官,主要的原因是她在作品中选取的形式或元素都源于大自然和日常的生活,她虽然对这些元素进行了艺术化和抽象化的处理,却都可以被体验者辨识出来,如文字、水波、烟囱、星相等。她通过对普通事物的深入观察,并结合科学的手段,以不同的视角将它们展现在场地中,因此,这些元素会不自觉地让人产生一种亲切感、趣味感。

　　在波场系列中,三个作品都只用水波一种元素,但却是三个不同的角度:《波场》是对斯托克斯波的变形处理;《扰动》着重聚焦海浪在沙滩边形成的涟漪波上;《风暴王国波场》是对大海波浪真实尺度的模仿,置身于这些水波状的草地中,会让人产生一种奇妙的感觉,既在草地中又仿佛置身于水波之上,让人产生不同空间并置的意象。而且,作品会由于光线、天气、时间的不同形成多种阴影形式的变化,使得这个作品在不同角度可以有不同的意象体验。迈克尔·布兰森曾在文章中说:"《波场》受欢迎的程度,媲美一片沙滩或游乐场。学生们在这里休息、学习,陷在扶手椅一样的波形凹面里,或坐在波峰上。小孩将这里当成游戏的场地,玩类似捉迷藏的游戏。工程学院的学生在这里演出。"场地成功地影响了使用者的行为,让人们发现功能、创造功能,而这个过程就是塑造体验者意象空间的过程:景观赋予了使用者更多的创造、更多的体验。

　　德莱尼设计的世贸中心纪念林,分散在曼哈顿的五个区域,被设计种植二千余棵树,911 死难者的家属可根据设计师提供的树种名单,为罹难亲人选择纪念树种,同时,每棵树都刻着不同遇难者的名字、籍贯或与其相关的简要话语,这份绿色不仅为城市环境增添一份自然气息,同时也寓意死难者生命的延续、更为死难者家属提供了一个专属的记忆空间、一个感情可以释放和寄托的场所。

6.5.3　传统意象与类型演绎

　　古典建筑和园林具有悠久的历史和深厚的文化底蕴和丰富的文化内涵,它是现代景观设计的开始,对当代景观设计具有特殊的意义。因此,当代景观设计师十分注重对传统精神意象的继承,这是一种将传统的意蕴与当代的视界融合的设计方法。由于精神本身是一种高度抽象的符号,它往往是哲学、美学经历一代代发展演绎的精华,因此,对精神原型的当代诠释,具有十分重要的意义。

　　（一）传统精神意象的当代塑造

　　埃里克·董特认为,历史园林的价值每一处都是独特的,因此没有适用于全部历史景观总结或研究的方法,但是每一处历史景观长期以来形成的文化内涵和场所精神是确定的,因此设计师可以重新利用历史景观的精神内涵。如王澍设计的中国美院象山校区就是用现代的设计语言表达中国传统建筑文化的典范。王澍在采访中曾说:"校园设计的精神原型是灵隐寺对面的飞来峰,在飞来峰中有很多高低的山道,有很多的洞,洞里有很多佛龛,其实佛龛就是老师。佛教原始的形象就是老师与学生的关系,由这种关系引出一种场所精神,和精神意象,例如上课场所并不局限于教室,上课是开放性的,可以在走廊、屋顶上课,任何人都可以参与到课堂中来。"①设计师用现代的设计语言,完美地阐释了传统的建筑意象和大学的精神意象。

巴拉干曾说,任何时代地方艺术的始祖是神话或宗教中的非理性精神与内容。从摩尔艺术和阿尔罕布拉宫中,巴拉干得到了建筑与园林结合的设计理念。巴拉干常说,阿尔罕布拉宫和轩尼洛里菲花园对他的影响很大,这两座园林是他心目中的完美园林。他同样对墨西哥修道院中营造出宁静氛围的色彩着迷,而巴拉干的景观创作理念也是在吸收它们养分的基础上形成的。正如巴拉干在普利策获奖感言中所说:"费丁南德·贝克教导我们'庭院的灵魂应该是最大程度为人类的栖居提供静谧平静的精神的掩护所。'"巴拉干在他的作品中将地中海文化的静谧、现代空间的概念以及从墨西哥传统文化中吸取的精华进行了巧妙的结合;他的景观空间是令人愉快的;他的色彩的运用可以最大限度地引发体验者的知觉,并不断给人们带来惊喜,他对光线的运用,形成了创造诗意空间的重要手段,他认为自然是创作的基础,通过这一系列的组合达到一种情感体验——一种美学和精神上愉悦的传达。

(二)传统景观元素的当代语义意象

将传统形式巧妙地移植或拼接在当代的景观作品中,可以使当代景观与历史隐晦地联系在一起,让体验者感受到来自两个时空的文化碰撞。如:彼得·沃克设计的 IBM 索拉纳园区中的水渠园、丹·凯利设计的北卡国家银行广场中的喷泉与水渠等都反映了传统摩尔人的造园手法;克莱门特设计的巴黎雪铁龙公园中的花园、彼得·沃克设计的美国驻东京大使馆、玛莎·施瓦茨设计的戴维斯住宅园林等都吸收了日本园林的禅宗意境。巴黎雪铁龙公园将勒诺特园林的轴线转变为不对称与倾斜的轴线,运用到景观作品中,虽然轴线的存在感削弱了,但却通过轴线形成的视廊汇聚至凡尔赛花园的林荫道及轴线。美国著名景观设计师劳瑞·欧林设计的洛杉矶盖提艺术中心的花园,利用花篱这个古典设计要素,把花篱拼贴漂浮在清澈的水面上,花篱在这里具有古典元素的可识别性,但完全没有古典园林的优雅感,而具有后现代游戏化的特征。矶崎新设计的筑波广

---

① 徐璐. 造园与育人:访中国美院象山新校区设计师王澍[J]. 公共艺术,2011(3):52-55.

场混杂了许多古典元素的意象,广场总体借用了米开朗琪罗设计的坎皮多利奥广场的语汇,从而形成了欧洲城市广场的特征,下沉广场的瀑布又融汇了日本的枯山水文化语言,在小品和植物的设计上也有对希腊神话的抽象隐喻,在这里古典意象原来的意象消失,正如矶崎新所说"我利用了这些仅仅是形状的假面具",让体验者感受到一种空虚、虚无的景观。

（三）具有传统结构的当代表达

史前的天地景观如巨石柱构成的围墙,是祖先把各种天体在空中的位置与循环变化的季节图像联系起来,作为一种宗教节日的空间使用。大地艺术吸收了史前景观的表现形式,以大地与环境为背景,通过抽象的形式与丰富的材料进行艺术实践,表达或神秘庄严或引发社会思考的意象。大地艺术景观又深受大地艺术的影响,将生态原则与极简艺术和概念融为一体,将风景融入现代化的社会进程中,用现代的设计语言表达不同的意象。如野口勇设计的 Moere 沼公园,无论是垃圾填埋山、金字塔式的商业建筑、海洋巨型喷泉还是贝壳状的卫生间,都像是大地上的巨大雕塑,屹立在广阔的大地上,设计师用简洁的手法体现了生态环保的意象。彼得·沃克的景观设计作品继承了法国勒诺特尔式园林的构图方法与理性秩序的精神,在他的作品中有对法国理性、宏大精神原型的转译,如圣地亚哥的图书馆步行道,形成了校园的一条主要线形结构空间,校园中的不同方面凝结成一个整体,强调出了校园的主轴线空间。这使人联想到许多法国古典园林中笔直且延伸到尽头的轴线,如沃·勒·维孔特庄园贯穿建筑与园林的中轴线、尚蒂伊城堡从花园延伸的树林的纪念轴线、威尔顿花园的园林轴线等,既形成了一条视觉上统领全园的轴线,同时又体现出一种无尽延伸之感。

在他的作品中也有体现勒诺特尔构图均衡统一、比例和谐的作品,如德国慕尼黑凯宾斯基机场宾馆花园的绿篱就与勒诺特园林有异曲同工之妙。彼得·沃克将古典园林的绿篱形式,经过转换变形应用到现代直线几何构图的景观中,形成一种现代简洁的韵律。

6.5.4　自然意象与生态抽象

人类的认知方式与审美塑造始终跟随着大自然的脚步,无论是蒙昧时期,还是科学技术发展的当下,我们对世界的认识都要从周围的自然环境开始。景观设计的一个重要目标就是人与自然的和谐相处。"我认为景观设计就像在自然中行走一样。"丹尼尔·厄本·基利的此句话概括了其作品的基本宗旨,深刻地表述了他对设计主要功能的看法:努力将人们与空间、自然环境重新联系在一起。跟随自然而设计,按照自然的特征与规律设计,是每一位设计人员都应该明确的基本问题。自然是我们在世界上赖以生存的基础,尤其是城市化加剧的当今社会,人们对自然产生了更加强烈的向往。景观可持续设计结合自然、融于自然、跟随自然就越发显得重要。因此模仿自然、微缩自然、抽象、意向自然元素的景观设计手法一直延续至今。

景观的自然意象大体有两种类型:一种以形式和创意取胜,通过从自然界中抽象的景观元素获得人工自然的视觉效果。我们常用的形式意象多从自然界中提取,最终形成了既满足功能需求又具有特殊寓意的景观意象组合。如哈普林设计的爱悦广场就是将自然通过抽象化的处理而形成一处生动的受人欢迎的广场空间。哈普林认为自然环境的尺度与城市景观的尺度是有差异的,如果将自然元素直接挪用于城市景观,可能会显得不自然、不协调。因此,应该创造适合城市的景观形态特征。哈普林通过对自然细致的观察,将抽象与人工化的自然形式运用到广场的设计中,这也是众多经典古典园林所具有的特征。折线形的水池是对地形与自然山脉的抽象,同时这些抽象自然的造型不仅只有观赏的功能,还提供了丰富的休憩使用功能与激活知觉系统的功能。瀑布和流水、水中嬉戏与玩闹,富于变化的光影流动等,就像舞台剧的一幕幕场景。哈普林还为体验者创造了两种不同的身份与视角,使体验者可以沉浸在与景观的互动中,也可以使体验者作为观众,去欣赏这温馨、欢乐的生活情境。

另一种是以景观设计的生态性见长,以视觉生态的景观美学作为主要的审美标准,根据生态可持续的设计原则呈现出生态的景观意象。如雨水作为一种重要的水资源,在我国已经受到了越来越多的关注。雨水收集作为一种经济、有效、便捷的用水方式,已被我国越来越多的公园接纳并采用。它不仅缓解了公园用水的压力、节约了水资源、对地下水源进行了补充,同时也减少了暴雨时的雨水径流,减缓城市热岛效应,从而改善生态环境。德国北星公园的北星广场用地表明沟作为主要的景观要素,丰富的地表明沟形式将整个广场串联了起来,同时也将游人的注意力吸引于此(图6-7)。广场分为建筑入口广场、中心广场两部分,根据景观明沟的不同形式与位置,用台阶、墙壁与平台做成相应的搭配与衬托。按对角线斜切台阶的景观明渠是中心广场主要的景观节点。约60米的明沟斜嵌在台阶上,水流从其中流过,由于经过了不同段落不同形状的明沟,从而形成了多种水流形态,吸引游人持续关注明沟的样式与水流的变化,并与其互动。建筑入口广场的明渠景观是整个广场的景观高潮,1.8米高的旋转阶梯叠水墙连接着16米长的明沟水系,最终通入地下管道,而这其间又有三条连接涌泉且造型各异的明沟景观,让明沟景观渗透到广场景观的各个部分。

图 6-7　北星广场叠水墙　　　　图 6-8　北星广场的中心广场排水明沟

　　德国科布伦茨 BUGA 嬉水游乐场(图 6-9),是 BUGA 联邦园艺展的四个主题游乐场之一。不下雨时,孩子们可以在场地内尽情地嬉水玩乐。在这里水是被互动、被触知且现实有形的。下雨时,游乐场是地上雨水滞留池,场地内的雨水通过排水孔进入地下蓄水池中,帮助场地周围的径流快速排水。娱乐互动手段与雨洪管理的方式结合,不仅传达出生态雨洪管理的意象,同时又利用净化的雨水创造出一个个富有创意而又有趣的景观水空间,为儿童提供了产生沉浸体验的景观场所。

图 6-9　BUGA 嬉水游乐场雨水净化娱乐空间

6.5.5　揭示场所异质多重性

"Heterodite"(异质多重性)是拉絮斯对一种景观创造方法的命名,这种方法主要强调的就是景观的异质多重性。这种多重性包含两个方面:1. 揭示景观同一性中的未知感知,或者可以说通过设计让大众意识到平常看似无差别的事物中的多样性。2. 在景观设计中,场所具有文化态度多样性。在某种程度上这种创造景观的方法可以视为拉絮斯对社会的呼吁:要发现场地中的异质多重性,不要把世界上仅存的这些异质性消除掉。

在解释平常看似无差别的事物时,拉絮斯用一个实验解释道:"许多年前,我在兰德斯森林中拍摄了一套松树的照片制作的装置艺术作品,它们是按照规整的网络种植起来的,由于景观的同一性,以至于穿越公路被视为无聊至极……我花了一个月的时间,每天都对同一棵树,以同样的方式、同样的角度、同样的时间从东、南、西、北四个方向分别拍摄。因此,每张照片都是大小和比例相同的树皮,然后把这些照片排列在一起展出,结果显示,所有的照片每张都是那么的不同,以至于很难将同一棵树的照片组合在一起。"这些照片发现了这些树的差异性,以及人感知的机械性,并将大众忽略的感知重新展现在熟悉的事物中,因此,这一方法的设计重点是发掘同一性景观的未知感知,并将其简化成为可以被大众理解的感知,从而发掘场地的多样性以及创造未知的惊喜。

拉絮斯认为公众空间应该接受所有现有的以及那些以后将出现但我们现在却不能预知的文化差异。他认为异质性更有利于形成文化态度的多样性,这种多样性存在于游客和持有这种文化态度的居民中,包含当地居民与外地人以及保守主义者和革新者。在景观设计中,一片草地、一个构筑物都记录了曾在这里发生的社会变化,景观越是同质,景观经历变化与改革在场地中留下的痕迹就越少,但我们的社会包含了改革、时尚、个体差异及集体文化。因此,设计师应该懂得如何使景观包容社会的革新,同时又不危及场所的特性。拉絮斯在设计中会努力挖掘场地历史沉淀下来的文化差异,竭力显示被遮蔽的场所的多样性,并将往昔的痕迹呈现在大众眼前。他努力想成有关过去的场景或者每个片段可能延伸的图像,让每个人的想象对场所进行再创造,或者可以说通过想象形成的意象让体验者进入一个场所的一个又一个景观形式中①。

在意象设计中,弱化形式就是转变体验者视角,是体验者关注场地多样性的重要方

---

① 米歇尔·柯南. 穿越岩石景观:贝尔纳·拉絮斯的景观言说方式[M]. 长沙:湖南科学技术出版社,2006:119.

法。帕拉斯玛在谈到绘画与形式时曾指出:"在绘画中最大限度的色彩互动,需要一种弱化形式格式塔,它使得形式的边界变得模糊,因此允许色域间的无限制的互动。在视觉感知中,形象和背景间的相互作用,恰与形象的格式塔力度成反比。强劲的格式塔产生并维持了一个严格的感知边界,而被解放的无格式塔感知则减弱了界限与结构的影响,允许形式和色彩、背景和形象跨出边界而进行互动。"通过模糊形式的边界可以达到破坏、弱化形式的效果。在景观设计中,弱化形式可以增强人工介入与场地背景环境的交流,同时弱化形式也可以改变体验者的知觉,将体验者对形式的关注转移至场所本身。罗伯特·欧文在一系列对人感知的绘画作品实验中得出了这样的结论:"当画面的范围变得越来越弱,我的眼睛第一次清楚地感受到了长方形的画布。"因此,对形态的弱化是让体验者发现景观场所中除形态本身的丰富、多样性的意象。

　　形式的弱化可以通过设计师的多种巧思来完成,弱化形式的同时,也创造了场所的特性。在以自然环境为背景的基地中,运用当地自然材料所特有的粗糙及质朴的肌理,不仅可以将建造与环境相容,同时通过当地材料的引导与暗示将体验者的关注点转向基地本身与地域特征,形成具有地方特色的景观意象。如史蒂夫·马蒂诺设计的帕帕戈公园(Papago Park)位于美国凤凰城与斯科茨代尔的交界处,公园中的建造材料全部来自附近石场的花岗岩,公园主体结构由 198 米长的 7 条水渠及 5 个塔楼组成,以 Hohokam 的印第安人技术为基础建造的中央水渠汇集了来自从山上流下的水,最后将其分流至各支渠,塔楼按照夏季朝阳成线形排列,在这里水渠和塔楼的体量均较大,但是由于对传统花岗岩材料的使用,使得这些大体量的构筑物很好地融入自然环境中,同时又呈现了一种神秘、原始、亲切的景观意象。乔治·苏伯利诺设计的瓜达拉其维尔公园是 1992 年塞维利亚世博会的一部分。设计师利用大自然的资源,通过浮雕、植物和水景观的设计创作了一系列视野开阔,有不同空间感受的序列空间。

　　休闲场地内水池被座椅包围,座椅被造型草坡及植物包围,形成了层次丰富的感官体验;从建筑内向外眺望,视野沿着成排的白杨延伸,从大楼的主入口沿一条两边种满柏树的路眺望,可看到远处山峦重叠的美景……设计师利用通过自然材料设计而成的简单却有创造力的元素,将具有生命力的空间与形式注入原始空间中,激发了空间活力,也使体验者发现基地的自然风景景观。

　　弱化形式不代表景观不具有表现力,而是将具有表现力的形式融入景观环境整体氛围中,弱化形式还可以通过镂空、透明、低于视点、借助光影、反射等方法产生,形成富有诗意的景观意象。如罗伯特·欧文设计的"镶金丝的线",虽然雕塑横向尺度较大,但是通过设计师镂空、反射、低于视点的处理,使作品很好地与场地相融,同时,还让观赏者发现了风的痕迹以及湖水的边界线,成功地用艺术化弱化形式的方式,让体验者将目光转移到经常被忽略的风景,并得到浪漫的自然意象。

6.6 本章小结

　　基于三、四、五章景观意象理论的梳理与建构,本章试图从景观设计的角度,对景观意象创构的方法进行建构与分析。本章主要分为三部分论述。第一部分,明确景观意象创构的概念、原理与适用性。第二部分与第三部分分别为设计前期的景观意象采集与设计过程的景观意象创构,在景观意象理论研究的基础上,从这两个角度建立景观意象设计的工作方法与设计方法。

第 **7** 章

景观意象创构实证剖析

梅宁(Meining)曾写道:"景观不仅是眼前所展示的组成物,而且是我们心目中所呈现的意向与情感。"因此,将景观意象理解为景观体验过程中的审美对象,可以将体验者从形式元素的"观看"中解放出来,我们真正体验到的是景观空间中所形成的氛围、含义、思考等。帕拉斯玛曾说过:"如果我们想要体验出建筑的意义和感觉,成功的关键,就是建筑的效果必须能够与观赏者的意象相呼应。"如果观赏者对景观作品的体验仅存在于形式本身,那么人们在观赏时,脑海中所产生的那些表象就不可能牵动我们的感情,也不可能打动我们的灵魂。本章基于景观意象创构方法对纪念公园及办公庭园的几个实例进行分析,明确意象创构方法在实际景观项目中的具体应用,同时对天津大学卫津路校区校园景观中轴线进行实际调研和网络模型分析,建立意象因子与意象活动之间的网络关系,对体验视角下的景观意象创构方法进行应用的延伸。

7.1 符号与情感——纪念公园实例意象创构分析

纪念公园往往是保留和发扬城市文化、民族精神的场所。完整的纪念意义的表达需要包含纪念性景观的物质载体、纪念性景观所要传达的精神内涵以及来到景观场所中体验的人。景观信息激发体验者情感产生,从而进一步对景观物质形态的信息进行筛选与加工,形成饱含回忆、情感、思考、想象等的意象世界。在体验的过程中两个世界是并行存在的,它们不断相互激活、相互促进形成稳定的能量流动。可见,纪念性公园是以文化和情感为线索,通过景观元素的意象符号的表达,创造出可以激发人们强烈感知的场所氛围,引导、释放体验者的情绪,产生记忆、冥想等意象活动。本节主要通过对三个经典的城市纪念景观作品的剖析,分析由景观实体引发的意象空间的构建过程。

7.1.1 肯尼迪总统纪念园(North Carolina ,USA,1964)

约翰·肯尼迪在1963年11月遇刺后,英国政府决定在萨里郡的民主主义历史遗址兰尼米德(Runnymede)划出一块面积为0.4万平方米的土地为其建造纪念园。纪念公园位于北坡牧场的半山腰,虽然面积较小,但杰里科将这条通往纪念碑的山路,创造出了朝圣者道路的意象体验,使体验者在此领悟到生命历程-生命升华-生命永恒的全过程。景观中的每个元素都具有符号意象,他继承了寓言景观的设计方式,在景观中探讨了生与死的命题。事实上,只有了解文化背景的专业人士,才会理解这些深奥的意象符号,而作为城市的公共空间,一个需要文化传承的场所,适当的解释是必要的,虽然杰里科也曾指出,对符号的解释会破坏景观的魅力,但却换来了公众在游览时可以更容易进入情境,有助于对意象符号理解与思考。

1. 意象群

在肯尼迪总统纪念公园中隐藏着一个意象群,每个景观元素都是可以被解读的意象符号,具有丰富的寓意。设计师通过景观元素的意象组织:入口结实淳朴的小木门是对《天路历程》中大门的隐喻;手工开凿、形态不一的花岗岩方石铺满了蜿蜒曲折的石块路,暗指前来朝拜的人,并给人一种道路蜿蜒曲折,不易走的感觉;未做修剪、树种多样、形态各异的树象征着生命之源,树丛形成了一个接近封闭的空间,遮挡了前行的视线,使游人有种不知前路之感,产生了对前方风景的好奇心;重达14吨的石碑象征着灵柩;碑前的红栎树秋天变成血红色,象征对着肯尼迪致命的一击;碑文满铺纪念碑同时又深深嵌入,给人以庄严肃穆、沉痛的意象;石阶路给人以天梯的意象;长椅象征着总统及其夫人;荆棘树隐喻了总统遇难……

2. 情境营造

纪念公园的景观元素营造出了三种景观情境即："林荫道"情境、"纪念碑"情境、"休闲长椅"情境,每个景观情境都是通过主从意象秩序加以组织,三个主意象分别为:①通过"石块路"的体验而产生的"前来祭祀的人"与"曲折难走"的意象。②通过"矩形石块"的体验而产生的"石棺"意象。③通过"长椅"的体验而产生的"总统及夫人""灵魂"的意象。其他从属意象在强调主意象所传达的情绪同时,使其传达出的情感更生动、更震撼。三个情境通过线性几何结构的连接,实现了情感的逐步升华,最终形成了一首描写关于"生死"与"灵魂"的意象诗。

情境意象 1:通往神圣场所充满艰险的路　对应情境:林荫道

林荫道景观情境的营造主要通过入口、石块路、树丛三部分产生。入口是景观序列的起点,设计师选取木材料设计了一个结实、淳朴的小门,体验者推开小门在粗糙的质感与吱呀的声音伴随下,仿佛开启了一段"天路旅程"。接着,顺着石块路行走,石块路为手工开凿、形状不一,拼接成通往山上的路,暗示着民众跟随着总统不断前行,小路穿过了茂密的树林,阳光洒下忽明忽暗,营造出前方未知而神秘的效果。整个林荫道场景,会让人产生通往神圣之路会经过坎坷曲折的路途,但肯尼迪总统会与民众一道坚定信念不畏艰险的意象,如图 7-1 所示。

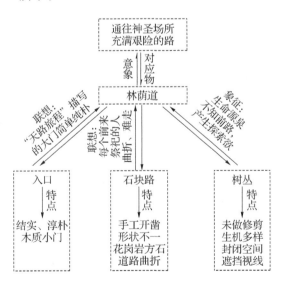

图 7-1　情境意象 1 示意图

情境意象 2:死亡、众人哀悼、庄严肃穆　对应情境:纪念碑

通过纪念碑产生的情境意象主要由巨型石块、红栎树、碑文、垫脚石产生。巨型石块是纪念碑的主体,碑文铺满并深深嵌入石碑,石碑整体放在一个小垫脚石上,远观像漂浮于地面,红栎树的枝叶笼罩着石碑。由此复合意象产生:石碑如石棺被众人抬起,深陷满铺的碑文传递着一种沉痛、庄严的情绪,在红栎树的笼罩下犹如看到了总统殉职的一瞬间,如图7-2所示。

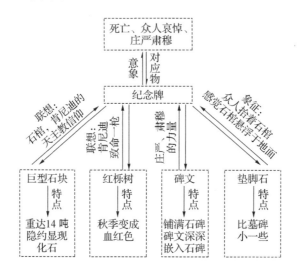

图7-2 情境意象2示意图

情境意象3:灵魂、平静、俯瞰远方、安宁 对应情境:瞭望长椅

通过瞭望长椅产生的情境意象主要由石阶路、长椅、荆棘三部分产生。石阶路直接连接纪念碑与长椅,长椅背面又长满荆棘,有如被设计师带入一个意象画面:总统殉职了,他的灵魂沿天梯升入天堂,依然俯瞰着美国人民,如图7-3所示。

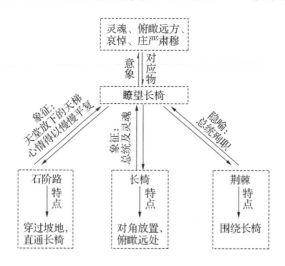

图7-3 情境意象3示意图

三个情境意象准确地对应了杰里科的设计构想——"生死与灵魂的对话"。三个复合意象都是通过路产生的情感作为意象间的链接与情感的延续,前者是崎岖难行的小路,是为前方:死亡、众人哀悼、庄严肃穆这一意象做铺垫,追求信仰的路上充满坎坷,有时甚至要奉献生命。而后面直线连接的石板路,是将死者的灵魂与天堂连接,在舒缓情绪的同时,将景观中的整体意象情感进一步升华。

7.1.2　美国 9·11 纪念碑公园(New York,USA,2011)

美国 9·11 纪念园位于美国曼哈顿世贸中心双子大厦遗址,由建筑师 Michael Arad 与 PWP 景观事务所共同协作完成,包括纪念展馆和纪念公园两部分,共占地约 3.24 万平方米,是世贸中心重建的重要部分(图 7 - 4)。以彼得·沃克为核心的 PWP 事务所在"空之思"这一概念的基础上,设计完成了纪念碑公园的部分。纪念碑公园主要有两个区域:纪念池和橡树林纪念广场。两个区域通过对丰富意象因子的组构,营造了一个可以进行哀思与纪念的场所,同时在繁华忙碌的城市中心创造出了一片宁静与可供思考的空间。

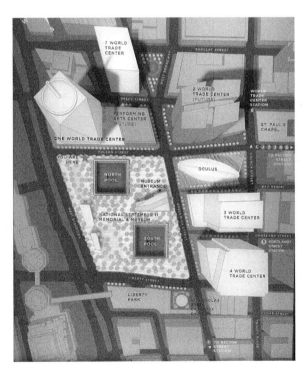

图 7 - 4　纪念广场总平图

1. 纪念池

纪念池是纪念公园的主体景观,是由双子塔留下的两个9米多深的坑改造而成,每个占地约4 000平方米,水池四周为瀑布,瀑布巨大的高差,使得瀑布跌落格外壮观,水流不断漫下使体验者感受到了时间与生命的消逝已一去不复返。瀑布水池中央的方形"黑洞"虽然在实际功能上是汇集水流供水流不断循环流动的,但在整体的氛围及意象的影响下,它仿佛是一个无底的深渊,吞噬了在灾难中丧命的人们,同时又像是一个可以连接过去的通道,顺着水流的下坠,最后跌落到黑洞中,一个个意象画面也随之展开,与双子塔有关的过去画面以及灾难场景一一呈现,使人们沉浸在回忆、悲痛和对生命意义的思考当中。

水池四周的青铜扶手上全部镂空刻着遇难者的姓名,可以让悼念者念诵抚摸亲人的名字,在雷鸣般的瀑布声中释放痛苦与思念。纪念池的灯光设计进一步加深并升华纪念的意义,如同火光一样的黄色灯光照在瀑布上,仿佛重现了爆炸时燃烧、跌落、变成废墟的场景,将人们直接拉入灾难时的恐惧、悲痛中,使体验者的心情沉重,并陷入深深的思考(图7-5)。扶手铜板上,从镂空的名字内映出的黄色灯光,又宛如一个个圣洁的光环,指引死者进入永生的天堂。

图7-5 瀑布水池光照

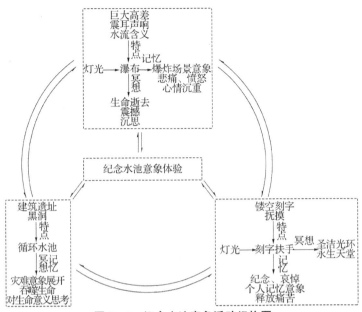

图7-6　纪念水池意象活动组构图

在纪念池的设计中,设计师抓住了引发回忆、释放痛苦的最本质元素——遗址与死亡者的名字,使其直击体验者的内心,在看到、抚摸到镂空的名字的同时,回忆的画面、思念与沉痛的情绪就瞬间产生,同时水元素作为一种极易让人产生联想的景观设计符号,经瀑布的设计与呈现,升华了体验的意义与内涵。设计师又极其巧妙地利用了弱意象元素——水声、光照与触觉,将体验者直接带入对生命的敬畏与遭遇灾难的痛苦中,整个纪念池犹如一首纪念诗,每个元素的利用都可以唤起引发共鸣的意象,所有的意象组织又浑然天成直击每位体验者的内心(图7-7)。

图7-7　刻有遇难者名字的扶手

2. 橡树林广场

由于9·11纪念公园位于纽约人口最密集的地区,因此,橡树林广场具有两部分的功能,首先它是一个城市公园,提供给周围工作、生活的人们一个宁静、舒适的休息空间;其次,它是连接纪念水池与城市的通道,是酝酿、平复情绪,并可以沉思以及举行纪念活动的地方。橡树林广场的设计采用了极简、削弱形式感的设计方法,削弱的形式感不仅可以更加衬托纪念水池的震撼,同时削弱的形式感有助于形成广场宁静的氛围,解放体验者对形式的关注,让体验者的目光散落在绿荫、草坪中,更易使情绪得到平复,找回内心中的宁静(图7-8)。

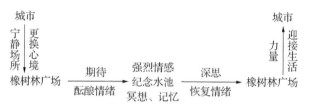

图7-8 情感历程图

在树种的选择上,整个广场经过精心考量,只选用橡树一种树种(图7-9)。橡树具有丰富的符号内涵:①橡树是美国的国树,可以代表美国的精神。②橡树具有粗壮的树干,可以传达一种坚毅、坚强的精神。③橡树的树冠在夏天可以提供片片浓荫,同时,秋天叶子会出现缤纷的色彩,丰富了广场空间,同时也传达了时间的意义。④精心选择后的橡树形态,在透视的方向形成一组组树荫拱廊的效果,可以唤起对原世贸中心底层标志性柱廊的回忆与联想。在材料的选择上,座椅与铺地均为同一种花岗岩石材,最大程度上弱化形式,形成整体的宁静氛围。

图7-9 橡树林广场

7.1.3　俄亥俄州大学周年纪念公园景观(Athens，OH，USA,2004)

该纪念景观位于俄亥俄州大学沃尔特大厅前的西侧绿地区域,是林璎为俄亥俄州大学周年庆典设计的一处具有纪念性意味的景观绿地,她取名为"输入"。该作品拥有着对个人化历史纪念的意义。林璎的父母是俄亥俄州大学的教授。这里是林璎成长的地方,林璎上中学的时候开始在这里学习计算机,她与哥哥在这里拥有许多回忆,林璎的这件作品的主题就是纪念那段岁月。

林璎设计过一系列纪念性的景观,这些纪念景观都暗含了一个潜在的时间线索来引导体验者的意象活动。她曾说:"我宁愿我的建筑设计是一场穿越空间的运动,而不是静止不动的一个时刻。我设计的建筑是凭经验在其中,房间是由一个到下一个这样涌现出来的,而不是将一系列相近的空间串起来。""越战纪念碑""公民权利纪念碑""女性之桌"三个纪念碑景观,由于每个作品所要纪念的主题、事件都有特定的时间段,因此,这三个作品是以特定时间架构为线索的。如"越战纪念碑"的时间线索是从 1959 年开始到 1975 年止。不同的名字也是不同的时间点,退伍回国的老兵会在墙上找到属于他或她服役的时间,战亡将士的亲友会在墙上找到失去的亲人的名字,回忆和他们在一起的时间,前来悼念的其他人也有各自自由的空间去想象那些参加越战的人们所作出的牺牲和奉献。但所有人的意象都会和设计师特定安排的时间架构有关。她设计了另外两个纪念景观:俄亥俄州大学周年纪念景观、安妮皇后广场纪念景观。它们则是以潜在自由的时间线索,来引导意象活动的,在这两个作品中引发意象活动的时间线索是自由的,体验者通过文字的阅读,会生发记忆中不同的时间点与文字相关的回忆。安妮皇后广场纪念景观作品是一个纪念碑的转化形式,它虽然也有特定的历史时间背景,但设计师运用的是一种新的表达时间的方式,更多的是一种发散的意象联想。

林璎选择的历史记录、话语不是当地少有人知的历史,而是一句句带有情境的话语。石基上的文字全部刻着类似这样的文字节选,而且全部选用当年使用的字体,一个个故事的场景会不自觉地跳入体验者的脑中,极具代入感并激发体验者想象。

在俄亥俄州大学周年纪念景观中,整个景观由草坪中 21 个上凸或下陷的长方体组成,这些或凸或凹的方块是林璎在俄亥俄州大学学编程时数字打卡孔的变形,它是记忆的一部分,同时也是意象呈现的屏幕。这些方块可分为三组,每一组方框的边框刻着与记忆相关的字词,以及解释记忆地图的诗句。每个草块都是一个记忆的片段,多个草块组合起来,就好像将记忆并置,连成了一个记忆地图。刻在长方形边框上的文字,没有选取学校的大事记,而是用生活化的语言描述林璎兄妹在成长过程中与雅典城、俄亥俄州大学相关的记忆,看起来这些文字仅是个人化的回忆,但是个人记忆根植于群体记忆的共享框架中,而这些具有体验性生动的文字,实际上比预期的更具有普遍意义,会引发体验者不同的意象画面,更容易让在这里生活过的人产生共鸣。体验者进入草块当中就好像进入一块回忆的世界中,文字写下的许多地点、人物、时间、事物等,也能唤起住在这里的人属于他们不同的记忆,虽然身在林璎的那段回忆中,但却好像看到了自己与文字在时空中的影像。同时这些草块也激发了体验者根据自己的经验与想象展开创造性的意象活动。

林璎在俄亥俄州大学周年纪念景观的设计中,没有按照惯常将历史人物、历史事件作为设计的主题,而是转换了设计的视角,纪念回忆中的日常生活点滴,这种对记忆中印象深刻的日常生活的纪念,反而更加拉近了景观环境与体验者间的距离,这些对日常生活的回忆文字虽然是完全个人化的回忆,却通过共同的群体记忆,引发出在此处生活的人各自不同的回忆意象。

7.2 感知与冥想——办公庭园实例意象创构分析

办公场所一直是人们生活中重要的组成部分,随着经济以及城市化的快速发展,人们投入了更多的精力及时间在工作中,而如何让员工可以减缓精神压力、缓解疲劳、产生放松愉悦的心情成为办公景观需要提供的重要功能。唐纳德认为:"城市环境必须提供一种空间,当生活在其中的人想要独处、分享、发泄时,可以有一个地方让他们从当前的世界中抽离,但却没有永远隔离的危险。"办公空间需要营造出愉悦身心的氛围,并可以让工作者产生一种主动感知的精神状态,从而在繁忙的工作与压力中片刻抽离出来,沉浸在当前的意象之中,由此获得片刻的放松与心情调试。办公景观按使用类型分类可分为行政办公及科研办公建筑的附属绿地,独立机构等独自拥有的庭园景观,商场、娱乐、金融、餐饮等建筑形成的综合商业景观,以及企业、产业园区等众多类型。

7.2.1 高级科学技术中心庭园(Nishi Harima, Japan, 1997)

高级科学技术中心位于日本兵库县播磨科学园城中,整个科学园位于偏远山区,被大山环绕,但由于大量树木被砍伐与梯田的修建,使得自然环境遭到破坏,因此,整个科学园的建造需要将建筑与景观融于周边森林与大山中,实现与自然的和谐。高级科学技术中心庭园是围绕会议中心与宾客住所而设计的庭园。庭园主要分为三部分:①由序列化的绿色小山丘组成的火山庭园。②位于矶崎新设计的建筑内部庭园。③沿散步道形成的景观带。彼得·沃克在庭园的设计中实现了庭园与更大的自然环境之间交流的神秘联系,从而暗示了大自然的力量与人们对自然的崇敬之情。他通过庭园景观元素神秘、潜意识的组合,创造了多变的意象空间,形成了充满暗示、发人深思的景观空间。运用水的声音、石头的组构、风的侵蚀变化、色彩多变的图案、雾的变化、莫测的光线等,形成一种简洁原始的表意形式,通过呈现一种不受任何意识的干扰或无意义的"纯粹"状态,实现人与自然的沟通。

1. 火山庭园

火山庭园是到达高级科学技术中心最先经过的景观,以日本的火山为原型。排列 3 列共 33 组绿色土坡与顶端带有红色灯泡的柏树的组合,让人联想到如纳斯卡巨画和英格兰巨石阵这些早期的大地景观原型,在彼得·沃克的大部分作品里都不难见到这种与原始环境交流和与自然沟通的形式。整齐的组合暗示着自然、宇宙的秩序,形成一种自然庄严、神秘而又具有纪念性的氛围。整个广场利用基地的自然条件、灯光等弱意象,使体验者形成了变化的意象感知,在建筑内俯瞰犹如一组组奇特神秘的自然密码;雾气产生时,又仿佛迷失在原始而神秘的大地景观中;夜晚柏树顶端闪烁着红色亮光,象征着火山的岩浆与火光,形成一种独特的神秘氛围。极简的表达方式,极大地丰富了体验者的感知。

2. 建筑内庭园

建筑的内部庭园继续延续着神秘氛围的意象。庭园由沙石布满,中心部分是石山和苔藓山,石块与木条分别构成的线条穿过两山之间,临近建筑还设计了七条抛光的石线组与竹林。整个构图形成了一种潜意识的形式,营造出了一种梦幻般的超现实意象,加之使用雾这一弱意象来营造氛围,使整个庭园呈现出一种亦梦亦真的情境,激发体验者不同的意象活动。内部庭园通过极简的潜意识表达方式与禅宗园林的冥想氛围,引发了对原始与人文的思考,从而产生了一种强大的精神力量。

3. 沿散步道景观带

景观带主要由绿植与水景构成,水景沿散步道展开,绿植围绕建筑周围,两处水景跌落水池与蛇形溪流继续延续了神秘与梦幻的氛围,蛇形溪流黑白条状相间,蜿蜒曲折与阶梯台地式的地形形成对比显得生动而梦幻,溪水汇入跌落水池中,水池中漂浮着种植单棵树木的圆形平台,整个造型有如梦幻般的组合,神秘、宁静,吸引着体验者的注意,进而引发其思考。

彼得·沃克在这一办公与生活庭园中,运用三种不同的形式表达,呈现了统一、令人神往的景观空间。运用潜意识的构图方式营造了一种自然与原始的朦胧神秘氛围,表现了庭园与自然环境间一种潜在的关联,同时通过灯光、雾气、风等弱意象的渲染,使整个场所更加神秘、宁静,从而引发体验者的意象思考,产生强大的精神力量。

7.2.2　金属材料技术研究所庭园(Ibaraki Prefecture,Japan,1994)

金属材料技术研究所的"风磨白练的庭"是枡野俊明创造的以石为主要意象材料的庭园。金属材料研究是一种精密而孤独的工作,设计师在设计的过程中,希望将工作人员的心理状态融入其中,给研究者们创造一个可以"静心"的场所。枡野俊明通过石组、点缀的草地以及喷雾效果,营造了一个充满象征意味的办公庭园空间,庭园中充满了突破自身的紧张感与寂静。庭园在这样一种氛围中给人提供了一个寂静又充满魅力的景观空间,使工作人员留意到平时没有注意到的风声、雾气、石头,并从中解读出勇往直前、奋发图强的精神鼓舞,这时可以在无限的自然空间中感受真正的自我。

枡野俊明在"风磨白练的庭"中设计了严密的意象符号系统,看似随意散落放置的石块,实则有高度的逻辑组织性,是意象符号结构中的随意性结构,每一个石块的位置与组合,每一个造型与材料的选择,都是对意义、氛围、情感的组织,从而形成一个生动的场所意象。金属与人的关系让枡野俊明想到了美国西部的淘金浪潮。他认为淘金者辛苦工作,与研究者们全身心投入工作的精神是相同的,而这个场所就是使人身心恢复活力,便于交流的地方。他用石组描绘了一个淘金浪潮的景象:人们为了实现一夜暴富的梦想进山淘金,淘金之路十分艰难,散落四处的岩石被沙漠覆盖,零星的植物随处生长,到处都是干旱的河床,大家都去唯一的水源地寻找水源,只有到那里所有人才能重新恢复力量。

在庭园中,多边形石块拼接而成的流线型石板路是干旱河床的象征,碎石粒象征着沙漠,建筑代表水源地,而石组代表淘金者朝向水源前进。所有的景观元素营造出了充满层次的景观空间,同时也表达出了充满哲思的意象,就如同石组一样,只有不畏艰辛才能获得最终的胜利与解脱。

7.2.3　北卡国家银行庭园(North Carolina,USA,1985)

北卡国家银行庭园位于佛罗里达塔姆湃的商业中心区,紧邻塔姆湃河,占地约 1.8 万平方米,是由周围建筑及运河形成的三面围合空间。庭园既为在此处办公的人服务,同时也向公众开放,是一个可以漫步、停留和小型聚会的场所。广场正对面是由哈里·沃夫设计的 33 层楼高的商业大楼。丹·凯利在反复考察后,用一系列栅格与网络结构庭园空间,使其与城市道路系统相联系,并将商业大楼的序列延续到庭园当中,网格结构使庭园与周围的环境紧密联系到了一起。北卡国家银行庭园是丹·凯利极具代表性的设计作品,这种空间与场地的划分,成为一种景观意象符号,使其景观作品充满了理性与秩序感,而这种设计理性的产生源自于他对基地情况的感知与了解、客户的要求以及建筑师的建议,丹·凯利曾经说:"最好的设计一定是从表述清楚的结构出发的;在我看来,这种结构就是土地上的人性化秩序的体现。"也就是说,场所中的理性空间需要通过人的感性与精神自省融合,只有体验者与场所融为一体,才会是和谐的人景关系,才能感受到永恒的体验。

1. 庭园入口

从街道进入广场首先要经过设有方形水池的边道,该处是一处过渡性的空间,同时也是为体验者设计的一个转换内心意象的空间,让体验者形成从嘈杂的城市环境到一个放松宁静庭园的内心意象转换。水池中漂浮着栽种单棵植物的小平台,水池倒映着周围建筑和五光十色风景的倒影,吸引体验者的视觉,并引发其对庭园的好奇,产生探索的欲望。穿过水池,还要经过一座庭园与城市的隔墙,隔墙进一步将城市与宁静的庭园空间分隔,这种分隔不仅是实体景观的分隔,同时也为体验者的意象空间设立了边界,限定了冥想的范围,与体验者内心其他的经验进行划分。

2. 庭园内部空间

庭园内部空间主要通过横向的网络结构,包括草坪、地铺、线性水渠、涌泉交织成复杂的地面几何图案,连同纵向花卉、树木等丰富的植物层次,形成了一系列令人着迷、能令人产生丰富意象活动的空间。道路网络的横向进深与植被的纵向延伸形成对比,更加凸显空间的深远与神秘。800 棵随机种植的紫薇树,形成了丰富且无规律的树荫,空间的明亮对比与渗透形成了空间的层次感与知觉的诱导力,这些不规则的光影变换叠加在由严格逻辑产生出的网格结构上形成一种强烈的空间张力和宁静的氛围,给体验者提供了丰富的知觉体验。在草坪与地铺中又穿插有流向运河方向的线性水渠及圆形涌泉,给整个环境增添了自然的声音,与水景互动的体验,增添了轻快愉悦的节奏与韵律。

1986 年,丹·凯利接受罗宾·卡森(Robin Karson)采访时曾说:"你必须唤醒人们,使他们更加感性,使他们去感受大地,这就是我们生活在这里的理由。"北卡国家银行庭园设计始于对场地的调研,而后结合周边环境与场地特征形成网络结构的形式。这种理性的几何网格结构的层次设计,产生了各种网络的意象叠加,带给人们丰富的空间体验,同时这种几何网络的使用,使得随网格布置的景观意象自然地产生了重复、对比、扩张的组合效果,加强了环境中的情感与氛围,丰富了景观中意象的内涵。设计师通过简洁的设计元素的组合、对比,巧妙地利用了空间中的弱意象如树影的变换、镜面水的反射、周围环境的光影、涌泉的微动与水声等潜移默化地引导体验者的知觉感知,使体验者沉浸在当下的景观意象体验中。

参考文献

[1]叶朗.美在意象[M].北京:北京大学出版社,2010:73-78.

[2]徐守珩.建筑中的空间运动[M].北京:机械工业出版社,2015:111-148.

[3]布鲁姆,摩尔.身体,记忆与建筑:建筑设计的基本原则和基本原理[M].杭州:中国美术学院出版社,2008:49-60.

[4]帕拉斯玛.碰撞与冲突帕拉斯玛建筑随笔录[M].美霞·乔丹,译.南京:东南大学出版社,2014.

[5]詹姆士·科纳.论当代景观建筑学的复兴[M].北京:中国建筑工业出版社,2008.

[6]郑时龄.建筑理性论建筑的价值体系与符号体系[M].台北:田园城市文化事业有限公司,1996:15.

[7]苏珊·朗格.艺术问题[M].滕守尧,译.南京:南京出版社,2006:129.

[8]夏之放.文学意象论[M].汕头:汕头大学出版社,1993:165.

[9]吴晓.意象符号与情感空间:诗学新解[M].北京:中国社会科学出版社,1990.

[10]侯幼彬.中国建筑美学[M].哈尔滨:黑龙江科学技术出版社,1997:259-273.

[11]史蒂文·布拉萨.景观美学[M].北京:北京大学出版社,2008.

[12]林玉莲,胡正凡.环境心理学[M].北京:中国建筑工业出版社,2000.

[13]俞孔坚.理想景观探源风水的文化意义[M].北京:商务印书馆,1998:72-73.

[14]袁忠.中国古典建筑的意象化生存[M].武汉:湖北教育出版社,2005:78.

[15]白洁.记忆哲学[M].北京:中央编译出版社,2014:104-166.

[16]丁峻,等.认知的双元解码和意象形式对大脑的立体交叉性探索[M].银川:宁夏人民出版社,1994:3-8.

[17]原研哉.设计中的设计[M].朱锷,译.济南:山东人民出版社,2006:75.

[18]王一川.意义的瞬间生成西方体验美学的超越性结构[M].济南:山东文艺出版社,1988:6-10.

[19]凯文·林奇.城市意象[M].方益萍,何晓军,译.北京:华夏出版社,2001.

[20]约翰·斯科特.社会网络分析法[M].刘军,译.重庆:重庆大学出版社, 2007:12.

[21]卡特琳·格鲁.艺术介入空间都会里的艺术创作[M].姚孟吟,译.桂林:广西师 范大学出版社,2005:53-56.

[22]王向荣,林箐.西方现代景观设计的理论与实践[M].北京:中国建筑工业出版 社,2002.

[23]伊丽莎白·巴洛·罗杰斯.世界景观设计Ⅰ:文化与建筑的历史[M].韩炳越, 等译.北京:中国林业出版社,2005:11,101.

[24]卡蒂·坎贝尔.20世纪景观设计标志[M].北京:电子工业出版社,2012:9.

[25]汪裕雄.审美意象学[M].沈阳:辽宁教育出版社,1993.

[26]陈超萃.设计认知:设计中的认知科学[M].北京:中国建筑工业出版社, 2008:43.

[27]皮埃特·福龙.气味秘密的诱惑者[M].陈圣生,张彩霞,译.北京:中国社会科 学出版社,2013:198.

[28]徐苏宁.城市设计美学[M].北京:中国建筑工业出版社,2007.

[29]牛宏宝.西方现代美学[M].上海:上海人民出版社,2002:480-497.

[30]刘先觉.现代建筑理论:建筑结合人文科学自然科学与技术科学的新成就[M]. 北京:中国建筑工业出版社,1999.

[31]凯文·思韦茨,伊恩·西姆金斯.体验式景观:人、场所与空间的关系[M].赫广 森,校;陈玉洁,译.北京:中国建筑工业出版社,2016.

[32]津巴多.津巴多普通心理学[M].6版.北京:中国人民大学出版社,2013:467 -490.

[33]李道增.环境行为学概论[M].北京:清华大学出版社,1999:145.

[34]张春兴.现代心理学[M].3版.上海:上海人民出版社,2009:130.

[35]马克·维根.视觉思维[M].孙楠,张伟,译.大连:大连理工大学出版社,2007.

[36]沈克宁.建筑现象学[M].北京:中国建筑工业出版社,2008.

[37]张志辉.设计心理学[M].天津:天津人民美术出版社,2010:15.

[38]尤哈尼·帕拉斯玛.肌肤之目:建筑与感官[M].3版.刘星,任丛丛,译;邓智勇, 方海,校.北京:中国建筑工业出版社,2016:64-71.

[39]吴欣.景观启示录:吴欣与当代设计师访谈[M].北京:中国建筑工业出版

社,2012.

[40]迈克尔·魏尼-艾利斯.感官性极少主义:尤哈尼·帕拉斯马,建筑师[M].焦怡雪,译.北京:中国建筑工业出版社,2002:198.

[41]《外国美学》编委会.外国美学:第 12 辑[M].北京:商务印书馆,1995.

[42]朱永明.视觉语言探析:符号化的图像形态与意义[M].南京:南京大学出版社,2011:49-51.

[43]卡伦.城市景观艺术[M].刘杰,编译.天津:天津大学出版社.1992.

[44]洪汉鼎.理解与解释诠释学经典文选[M].北京:东方出版社,2001:12.

[45]汉斯-格奥尔格·加达默尔.真理与方法:哲学诠释学的基本特征[M].洪汉鼎,译.上海:上海译文出版社,2004:387.

[46]莫里斯·梅洛-庞蒂(Maurice Merleau-Ponty).知觉现象学[M].姜志辉,译.北京:商务印书馆,2001.

[47]张祥龙.当代西方哲学笔记[M].北京:北京大学出版社,2005:191.

[48]王逢振.视觉潜意识[M].天津:天津社会科学院出版社,2002:167.

[49]拉斯姆森.建筑体验[M].刘亚芬,译.北京:知识产权出版社,2003:25,30-32.

[50]伊恩·伦诺克斯·麦克哈格.设计结合自然[M].芮经纬,译.天津:天津大学出版社,2006.

[51]阿诺德·伯林特.生活在景观中:走向一种环境美学[M].陈盼,译.长沙:湖南科学技术出版社,2006.

[52]肯尼思·弗兰姆普敦.建构文化研究论:19 世纪和 20 世纪建筑中的建造诗学[M].王骏阳,译.北京:中国建筑工业出版社,2007.

[53]胡妙胜.阅读空间舞台设计美学[M].上海:上海文艺出版社,2002:278.

[54]梁宁建.当代认知心理学[M].上海:上海教育出版社,2003:206.

[55]格列高里.视觉心理学[M].彭聃龄,译.北京:北京师范大学出版社,1986:208.

[56]孟彤.景观元素设计理论与方法[M].北京:中国建筑工业出版社,2012:74-89.

[57]戈登·卡伦.简明城镇景观设计[M].王珏,译.北京:中国建筑工业出版社,2009.

[58]邬烈炎.视觉体验[M].南京:江苏美术出版社,2008:110.

[59]冯炜.透视前后的空间体验与建构[M].李开然,译.南京:东南大学出版社,2009.

[60]Frank K A, Lepori R B,莱波力.由内而外的建筑:来自身体、感觉、地点与社区

[M].2版.屈锦红,译.北京:电子工业出版社,2013.

[61]成玉宁.现代景观设计理论与方法[M].南京:东南大学出版社,2010:244.

[62]诺伯格·舒尔兹.存在空间建筑[M].尹培桐,译.北京:中国建筑工业出版社,1990:107.

[63]仇学琴.现代旅游美学[M].昆明:云南大学出版社,1997:7-9.

[64]彼得·卒姆托.建筑氛围[M].北京:中国建筑工业出版社,2010:27-33.

[65]黄水婴.论审美情感[M].北京:文津出版社,2007:70-75.

[66]李泽厚.美学三书[M].合肥:安徽文艺出版社,1999:527-529.

[67]休谟.人性论[M].关文运,译.北京:商务印书馆,1980:13-25.

[68]朱光潜.美学文集:第2卷[M].上海:上海文艺出版社,1982:53.

[69]朱蓉,吴尧.城市·记忆·形态:心理学与社会学视维中的历史文化保护与发展[M].南京:东南大学出版社,2013:32.

[70]斯维特兰娜·博伊姆.怀旧的未来[M].南京:译林出版社,2010:56-81.

[71]陈丹青.退步集[M].桂林:广西师范大学出版社,2005.

[72]马修·波泰格,杰米·普灵顿,张楠.景观叙事[M].北京:中国建筑工业出版社,2015.

[73]王彩蓉.世纪哲学话语:影响21世纪的当代西方著名哲学家及思想[M].北京:中国时代经济出版社,2010:8.

[74]吉尔·德勒兹.电影2:时间-影像[M].谢强,等译.长沙:湖南美术出版社,2004:74-86.

[75]贡布里希.艺术与错觉图画再现的心理学研究[M].林夕,等译.长沙:湖南科技出版社,2000:285-292.

[76]奥利弗·格劳(Oliver Grau).虚拟艺术[M].陈玲,译.北京:清华大学出版社,2007:21.

[77]段伟文.网络空间的伦理反思[M].南京:江苏人民出版社,2002:73-76.

[78]方东树.昭昧詹言[M].汪绍楹,校点.北京:人民文学出版社,1961.

[79]曹林娣.静读园林[M].北京:北京大学出版社,2005:11-18.

[80]詹姆士·科纳.论当代景观建筑学的复兴[M].吴琨,韩晓晔,译.北京:中国建筑工业出版社,2008.

[81]罗西.城市建筑学[M].黄士钧,译.北京:中国建筑工业出版社,2006.

[82]宫宇地一彦.建筑设计的构思方法:拓展设计思路[M].马俊,里妍,译.北京:中

国建筑工业出版社,2006.

[83]枡野俊明,章俊华.日本景观设计师枡野俊明图集[M].北京:中国建筑工业出版社,2002:65-81.

[84]乔弗莱·司谷特.人文主义建筑学情趣史的研究[M].张钦楠,译.北京:中国建筑工业出版社,1989.

[85]波泰格,普灵顿.景观叙事:讲故事的设计实践[M].张楠,许悦萌,汤莉,等译;姚雅欣,申祖烈,校.北京:中国建筑工业出版社,2015.

[86]林璎.地志景观:林璎和她的艺术世界[M].北京:电子工业出版社,2016.

[87]陆邵明.建筑体验空间中的情节[M].北京:中国建筑工业出版社,2007:116.

[88]柳鸣九.未来主义超现实主义魔幻现实主义[M].北京:中国社会科学出版社,1987:133.

[89]吴风.艺术符号美学:苏珊·朗格美学思想研究[M].北京:北京广播学院出版社,2002.

[90](美)阿恩海姆.视觉思维:审美直觉心理学[M].滕守尧,译.成都:四川人民出版社,1998.

[91]池上嘉彦.符号学入门[M].张晓云,译.北京:国际文化出版公司,1985:3.

[92]鲁道夫·阿恩海姆.艺术与视知觉[M].滕守尧,朱疆源,译.成都:四川人民出版社,1998.

[93]游飞.导演艺术观念[M].北京:北京大学出版社,2011:181-185.

[94]巴特.符号学美学[M].董学文,王葵,译.沈阳:辽宁人民出版社,1987:34.

[95]沈守云.现代景观设计思潮[M].武汉:华中科技大学出版社,2009:132-163.

[96]索绪尔.普通语言学教程[M].高名凯,译.北京:商务印书馆,1980:89.

[97]程金城.原型批判与重释[M].兰州:甘肃人民美术出版社,2008:150-154.

[98]钱念孙.文学横向发展论[M].上海:上海文艺出版社,2001:178.

[99]夏秀.原型理论与文学活动[M].北京:中国社会科学出版社,2012:222-230.

[100]赵毅衡.符号学原理与推演[M].南京:南京大学出版社,2011.

[101]杨志疆.当代艺术视野中的建筑[M].南京:东南大学出版社,2003:105.

[102]里尔·莱威,彼得·沃克.彼得·沃克极简主义庭园[M].王晓俊,译.南京:东南大学出版社,2003.

[103]荣格.荣格文集:让我们重返精神的家园[M].冯川,苏克,译.北京:改革出版社,1997:7-11.

[104]卡西尔. 神话思维[M]. 黄龙保,周振选,译. 北京:中国社会科学出版社, 1992:174.

[105]霍埃. 批评的循环文史哲解释学[M]. 兰金仁,译. 沈阳:辽宁人民出版社, 1987:74-75.

[106]三谷彻. 风景阅读之旅:20世纪美国景观[M]. 北京:清华大学出版社,2015:14 -28.

[107]张健. 大地艺术研究[M]. 北京:人民出版社,2012:152.

[108]阿恩海姆. 走向艺术心理学[M]. 丁宁,等译. 郑州:黄河文艺出版社,1990: 137,139,140.

[109]王晓俊. 西方现代园林设计[M]. 南京:东南大学出版社,2000:17-18.

[110]Geoffrey Jellicoe,Susan Jellicoe. 图解人类景观环境塑造史论[M]. 刘滨谊, 译. 上海:同济大学出版社,2006:386.

[111]刘滨谊. 现代景观规划设计[M]. 南京:东南大学出版社,2005:308.

[112]郝朴宁,李丽芳. 影像叙事论[M]. 昆明:云南大学出版社,2007:168.

[113]施旭升. 艺术即意象[M]. 北京:人民出版社,2013.

[114]张克荣. 林璎[M]. 北京:现代出版社,2005.

[115]陈望衡. 艺术创作美学[M]. 武汉:武汉大学出版社,2007:326.

[116]马克·特雷布,丁力扬. 现代景观:一次批判性的回顾[M]. 北京:中国建筑工业出版社,2008.

[117]《大师》编辑部. 建筑大师MOOK丛书:彼得·卒姆托[M]. 武汉:华中科技大学出版社,2007:26.

[118]郭屹民. 建筑的诗学对话·坂本一成的思考[M]. 南京:东南大学出版社, 2011:129.

[119]荆其敏,张丽安. 建筑学之外[M]. 南京:东南大学出版社,2015:73.

[120]莫里斯·梅洛-庞蒂. 眼与心[M]. 北京:商务印书馆,2007:128.

[121]迈克尔·弗雷德. 艺术与物性论文与评论集[M]. 南京:江苏美术出版社, 2013:161.

[122]克里斯托弗·布雷德利-霍尔. 极少主义园林[M]. 杨添悦,王雯,孙玫,等译. 北京:知识产权出版社,2004:60-71.

[123]大师系列丛书编辑部. 路易斯·巴拉干的作品与思想[M]. 北京:中国电力出版社,2006:69.

[124]安德烈.冥想[M].北京:生活·读书·新知三联书店,2014:19-23.

[125]张永和.作文本[M].北京:生活·读书·新知三联书店,2005:5-6.

[126]吴功正.小说情节谈[M].北京:文化艺术出版社,1985:116.

[127]曹宇英.幸福景观[M].江苏凤凰科学技术出版社,2016:61.

[128]桢文彦,三谷彻.场所设计[M].北京:中国建筑工业出版社,2013:196.

[129]李雱.卡罗·斯卡帕[M].北京:中国建筑工业出版社,2012:43-44.

[130]曾伟.西方艺术视角下的当代景观设计[M].南京:东南大学出版社,2014:108.

[131]马丁·阿什顿.景观大师作品集[M].姬文桂,译.南京:江苏科学技术出版社,2003:54-72.

[132]杨春时.艺术符号与解释[M].北京:人民文学出版社,1989:242-243.

[133]摩特洛克.景观设计理论与技法[M].李静宇,李硕,武秀伟,译.大连:大连理工大学出版社,2007.

[134]昂温 G,昂温 P S.外国出版史[M].陈生铮,译.北京:中国书籍出版社,1988:70-75.

[135]朱志荣.古近代西方文艺理论[M].上海:华东师范大学出版社,2002:38.

[136]鲁道夫·阿恩海姆.对美术教学的意见[M].长沙:湖南美术出版社,1993:4.

[137]斯蒂芬·纽顿,段炼.西方形式主义艺术心理学[J].世界美术,2010(2):100-105.

[138]施旭升.艺术创造动力论[M].北京:中国广播电视出版社,2002.

[139]曹方主.视觉传达设计原理[M].南京:江苏美术出版社,2005.

[140]陈望衡.当代美学原理[M].武汉:武汉大学出版社,2007.

[141]恩斯特·卡西尔.人论[M].甘阳,译.上海:上海译文出版社.2003:33.

[142]斯蒂芬·霍尔.锚[M].符济湘,译.天津:天津大学出版社.2010:8-9.

[143]景园大师劳伦斯·哈普林[M].林云龙,杨百东,译.台北:尚林出版社.1984:197.

[144]邵志芳.认知心理学理论实验和应用[M].2版.上海:上海教育出版社,2013:33-61.

[145]亚德斯.建筑诗学与设计理论[M].北京:中国建筑工业出版社,2011:120.

[146]赵和生.建筑物与像:远程在场的影像逻辑[M].南京:东南大学出版社,2007:132.

[147]杜夫海纳.美学与哲学[M].孙菲,译.北京:五洲出版社,1987:53-54.

[148]汪丽君.建筑类型学[M].天津:天津大学出版社,2005.

[149]Shunmyo Masuno.看不见的设计:禅思、观心、留白、共生,与当代庭园设计大师的65则对话[M].蔡青雯,译.台北:脸谱出版社,2012.

[150]度本图书."心"景观:景观设计感知与心理[M].武汉:华中科技大学出版社,2005:50.

[151]Norman K. Booth.景观建筑之基础:运用敷地设计语言整合形式与空间[M].张玮如,译.台北:六合出版社,2014:177.

[152]《Domus国际中文版》编辑部,一石文化.与中国有关:建筑·设计·艺术[M].北京:生活·读书·新知三联书店,2012.

[153]波利亚科夫.结构-符号学文艺学方法论体系和论争[M].佟景韩,译.北京:文化艺术出版社,1994:181-182.

[154]奥尔里奇.艺术哲学[M].程孟辉,译.北京:中国科学技术出版社,1986:65.

[155]罗家德.社会网分析讲义[M].北京:社会科学文献出版社,2010:16.

[156]倪梁康.胡塞尔现象学概念通释[M].北京:生活·读书·新知三联书店,2007.

[157]鲁道夫·阿恩海姆.视觉思维审美直觉心理学[M].郭小平,译.长沙:湖南美术出版社,1993:4.

[158]夏建统.点起结构主义的明灯:丹·凯利[M].北京:中国建筑工业出版社,2001.

[159]王鹏.经验的完形:格式塔心理学[M].济南:山东教育出版社,2009:154.

[160]米歇尔·柯南.穿越岩石景观:贝尔纳·拉絮斯的景观言说方式[M].长沙:湖南科学技术出版社,2006.

[161]高普,亚当斯.情感与设计[M].北京:人民邮电出版社,2014:18.

[162]李开然.景观纪念性导论[M].北京:中国建筑工业出版社,2005:7.

[163]伯顿,沙利文.图解景观设计史[M].天津:天津大学出版社,2013.

[164]枡野俊明.日本造园心得:基础知识·规划·管理·整修[M].康恒,译.北京:中国建筑工业出版社,2014.

[165]赛维.建筑空间论如何品评建筑[M].张似赞,译.北京:中国建筑工业出版社,1985.

[166]加斯东·巴舍拉.空间诗学[M].龚卓军,译.台北:张老师文化事业股份有限

公司,2003.

[167]邓位. 景观的感知:走向景观符号学[J]. 世界建筑,2006(7):47－50.

[168]徐璐. 造园与育人:访中国美院象山新校区设计师王澍[J]. 公共艺术,2011(3):52－55.

[169]王紫雯,陈伟. 城市传统景观特征的保护与导控管理[J]. 城市问题,2010(7):12－18.

[170]卡蒂·林斯特龙,卡莱维·库尔,汉尼斯·帕朗,等. 风景的符号学研究:从索绪尔符号学到生态符号学[J]. 鄱阳湖学刊,2014(4):5－14.

[171]严敏,严雪梅,李浩. 景观设计中的"潜意识":英国景观设计师杰里科的作品解析[J]. 建筑与文化,2013(5):72－73.

[172]朱利安·卢夫勒,李品人. 空间的稀释(2003—2004)[J]. 建筑师,2008(6):87－89.

[173]马迎辉. 胡塞尔、弗洛伊德论"无意识"[J]. 江苏行政学院学报,2015(3):32－39.

[174]张春燕. 想象与情感:论休谟的美学及其影响[J]. 西北师大学报(社会科学版),2014(1):95－99.

[175]沈克宁. 绵延:时间、运动、空间中的知觉体验[J]. 建筑师,2013(3):6－15.

[176]衣凤翱. 论电影受众的窥视审美体验[J]. 河北科技师范学院学报(社会科学版),2011(4):63－66,79.

[177]赵毅衡. 形式直观:符号现象学的出发点[J]. 文艺研究,2015(1):18－26.

[178]费菁. 极少主义绘画与雕塑[J]. 世界建筑,1998(1):79－84.

[179]侯冬炜. 回归自然与场所:早期现代主义与西方景观设计的回顾与思索[J]. 新建筑,2003(4):16－18.

[180]方振宁,彼得·沃克,李师尧,等. 自然就是融合着万物[J]. 东方艺术,2013(17):10－13.

[181]俞孔坚. 寻常景观的诗意[J]. 中国园林,2004(12):28－31.

[182]林箐,王向荣. 地域特征与景观形式[J]. 中国园林,2005(6):16－24.

[183]聂珍钊. 论诗与情感[J]. 山东社会科学,2014(8):51－58,154.

[184]顾孟潮. 诗化建筑(园林)哲人:冯纪忠——品读《冯纪忠百年诞辰研究文集》之二[J]. 华中建筑,2015(10):6－10.

[185]张永和. 坠入空间:寻找不可画建筑[J]. 中国建筑装饰装修,2009(3):48－49.

[186]隈研吾,绿瀛.让建筑消失[J].建筑师,2003(6):29-34.

[187]陆邵明.拯救记忆场所建构文化认同[N].人民日报,2012-04-12.

[188]张鹏媛.通感于景观设计中的作用[J].现代园艺,2013,20:120.

[189]李方正,李雄.漫谈纪念性景观的叙事手法[J].山东农业大学学报(自然科学版),2013(4):598-603.

[190]张昊.情感空间的塑造与表达[J].四川建筑,2010(2):37-39.

[191]任灵华.西方美学意象发展历史研究[J].文学教育(上),2008(1):118-119.

[192]江畔.劳伦斯·哈普林城市景观创作的戏剧化理念研究[D].哈尔滨:哈尔滨工业大学,2013.

[193]张瀚元.彼得·沃克简约化景观设计研究[D].哈尔滨:哈尔滨工业大学,2010:29-44.

[194]王丽莹.墨西哥建筑师路易斯·巴拉干的思想与创作历程[D].天津:天津大学,2012:52.

[195]郑闯.从埃利亚松的作品谈起[D].杭州:中国美术学院,2013:7.

[196]谌利.消隐于环境中的建筑风景[D].南京:南京大学,2013:34.

[197]陈丽莉.电影建筑:消解·想象·情节[D].郑州:郑州大学,2011:45.

[198]丁帆.当代建筑透明性的形式逻辑与表现手法研究[D].天津:天津大学,2012.

[199]朱橙.物性、知觉与结构[D].杭州:中央美术学院,2016:58.

[200]赵战.具身观看:视觉设计的新媒介变革[J].装饰,2011(4):88-89.

[201]李若星.试论具身设计[D].北京:清华大学,2014:128-129.

[202]白桦琳.光影在风景园林中的艺术性表达研究[D].北京:北京林业大学,2013:198.

[203]叶茂乐.五感在景观设计中的运用[D].天津:天津大学,2009:10.

[204]刘馨泽.基于联觉理论的绿道设计与实践[D].秦皇岛:燕山大学,2015:39.

[205]张立涛.现代景观设计中隐喻象征手法应用研究[D].天津:天津大学,2014:37.

[206]张昕楠.卡洛·斯卡帕[D].天津:天津大学,2007:125.

[207]刘璐璐.雅各布森的语言符号学和诗学研究[D].南昌:江西师范大学,2013:60.

[208]姚雪艳.我国城市住区互动景观营造研究[D].上海:同济大学,2007.

[209]张习文. 伽达默尔视域融合理论研究[D]. 济南:山东师范大学,2012:22 - 25.

[210]张蕾. 景观意象理论研究[D]. 哈尔滨:哈尔滨工业大学,2014:20.

[211]张卫霞. 弗洛伊德精神分析美学思想研究[D]. 桂林:广西师范大学,2007:27.

[212]王楠. 视觉图像的心理规律初探:从阿恩海姆的"图"到贡布里希的"图式"[D]. 上海:上海师范大学,2010:39 - 43.

[213]刘爽. 建筑空间形态与情感体验的研究[D]. 天津:天津大学,2012:8.

[214]庞璐. 事件型纪念空间的设计研究[D]. 北京:北京林业大学,2011:25.

[215]张川. 基于地域文化的场所设计[D]. 南京:南京林业大学,2006:19.

[216]傅英斌. 从场地到场所:环境教育主题儿童乐园设计[EB/OL]. (2016 - 12 - 15)[2020 - 06 - 01]. http://www. cajcd. cn/pub/wml. txt/980810 - 2. html,2016 - 12 - 15.

[217]Francis M. The garden as idea, place and action[M]// The Meaning of Gardens. Cambridge, mass: MIT Press,1990.

[218]Spirn A W. The language of landscape[M]// The languages of landscape. Philadelphia: Pennsylvania State University Press, 1998:1 - 2.

[219]Thwaites K, Simkins I. Experiential landscape: an approach to people, place and space[M]. London:Routledge, 2006.

[220]Designing with light and shadow[M]. London: Images Publishing, 2000.

[221]Grau O. Virtual Art: from illusion to immersion[M]. Cambridge, Mass: MIT press, 2003.

[222]Halprin L. Notebooks, 1959 - 1971[M]. Cambridge, Mass: MIT Press, 1972.

[223]Csikszentmihalyi M. Beyond boredom and anxiety[M]. New York: Jossey - Bass, 2000.

[224]Appleton J. The experience of landscape[M]. Chichester: Wiley, 1996.

[225] Schmidt C M. David Hume: reason in history [M]. Philadelphia: pennsylvania State University Press, 2010.

[226]Wolschke - Bulmahn J. Nature and ideology: natural garden design in the twentieth century[J]. Garden History, 1998,68(2):219.

[227]Boym S. The future of nostalgia[M]. New York: Basic Books, 2002.

[228]McIntosh C. Gardens of the gods: Myth, magic and meaning[M]. London:

IB Tauris，2004.

[229]Kaplan R，Kaplan S. The experience of nature：A psychological perspective [M]. Cambridge：CUP Archive，1989.

[230]Bachelard G. The Poetics of Reverie：childhood，language，and the Cosmos [M]. Boston：Beacon Press，1971.

[231]Dijksterhuis A，Nordgren L F. A theory of unconscious thought[J]. Perspectives on Psychological Science，2006，1(2)：95 - 109.

[232]Zube E H，Sell J L，Taylor J G. Landscape perception：Research，application and theory[J]. Landscape Planning，1982，9(1)：1 - 33.

[233]Mace C A，Jean-Paul Sartre. The psychology of imagination[M]. New York：Routledge，1972.

[234]Nohl W. Sustainable landscape use and aesthetic perception-preliminary reflections on future landscape aesthetics[J]. Landscape and Urban Planning，2001，54 (1)：223 - 237.

[235]Tress B，Tress G. Capitalising on multiplicity：A transdisciplinary systems approach to landscape research[J]. Landscape and Urban Planning，2001，57(3)：143 - 157.

[236]Appleyard D，Lynch K，Myer J R. The view from the road[J]. Economic Geography，1996，42(3)：276.

[237]Conan M. Landscape design and the experience of motion[M]. Devon：Dombarton Oaks，2003.

[238]Ian Thompson. Can a landscape be a work of art? An examination of Sir Geoffrey Jellicoe's theory of aesthetics. [J]. Landscape Research，1995，20(2)：59 - 67.

[239]W Malcolm Watson. The complete landscape designs and gardens of Geoffrey Jellicoe[J]. Reference Reviews，1995，9(5)：34.

[240]Van de Velde F. Things made strange：destabilizing habitual perception[D]. Cambridge，Mss：Massachusetts Institute of Technology，2014.

[241]Zhe Huang. Clearly impossible counstructing the phantom [D]. Cambridge，Mss：Massachusetts Institute of Technology，2012.

[242]Julie A. Moir. Contemplative place in cities [D]. Cambridge，Mss：Massachusetts Institute of Technology，1973.

［243］Christopher D, Janney. Soundstairtwo: the practice of environmental/ participatory art ［D］. Cambridge, Mss:Massachusetts Institute of Technology,1973.

［244］Kristen L. Ahem. The synthesis of architecture and landscape:Designs for a Cemetery ［D］. Cambridge, Mss:Massachusetts Institute of Technology. ,1985.

［245］Hiroshi Okamoto . Time, speed and perception: intervals inthe representation of architectural space［D］. Cambridge, Mass: Massachusetts Institute of Technology,1992.

［246］Sofa Rebeca Berinstein. Projects on the geometry of perception and cognition ［D］. Massachusetts Institute of Technology,2008.

［247］Diane Alexandra Shamash. How can art change the meaning of the city? An examination of an installation in a public setting, Compton Court, MIT ［D］. Cambridge, Mass:Massachusetts Institute of Technology,2008.

［248］Spens M, Jellicoe G A, Palmer H. The complete landscape designs and gardens of Geoffrey Jellicoe［M］. London:Thames and Hudson, 1994.